理系受験
専用

化学の

Frameworks for Chemistry Entrance Exams

解法フレーム
［理論化学編］

首藤大貴・犬塚壮志
Daiki Shutou　Masashi Inutsuka

かんき出版

はじめに

「知識はつけたのに、なぜか問題が解けない……」
「公式を覚えたのに、全然、計算問題が解けるようにならない……」
「いつも模試で時間が足りない……」

　私がよく耳にする受験生の"お悩み"です。
　実はこの"お悩み"、勉強を始めたばかりの受験生ではなく、むしろ、勉強を頑張っている受験生がよく口にする定番の"お悩み"なんです。
　言い換えると、勉強している受験生だけがぶつかる「壁」なのです。

　遅ればせながら、本書『化学の解法フレーム［理論編］』を手にとっていただき、誠にありがとうございます。著者の犬塚壮志です。
　現在私は、東京都豊島区巣鴨にある「The ☆ WorkShop（ワークショップ）」という大学受験専門塾の経営に携わる傍ら、「JUKEN 7（ジュケンセブン）」という学習コンテンツを提供する総合サイトで講師も務めています。

　元々私は、駿台予備学校で講師として10年間登壇していました。駿台在籍時には、主にお茶の水校や市ヶ谷校などで、医学部や薬学部などの医療系、さらには早慶理科大など最難関私立大を受験するクラスを受けもっていました。
　ありがたいことに、数多くの生徒のみなさんが受講してくれたこともあって、季節講習会の化学の受講者数は業界トップとなりました（映像講義は除く）。
　なぜ、それほど多くの生徒のみなさんが、私の授業を選んでくれたのか？　私は、「入試問題を分析すること」と「解法スキルを習得させること」を徹底的に突き詰め、それが生徒たちに評価されたのだと考えています。

　しかし、予備校の授業は、その教室にいる生徒のみなさんにしかお話しすることができません。そこで一人でも多く、先ほどの"お悩み"を抱える受験生に伝えたいという思いから、これらの分析や解法スキルを本としてまとめることにしました。

●お決まりの「考え方」「思考パターン」を身につけよう

　本書の最大の目的は、「良問を通して解法スキルを体系的に学び、最短で習得すること」です。

　あくまで、問題を解くことだけにこだわったノウハウと習得方法を、「フレーム」という言葉を通じて伝えていくことが目的です。

　「フレーム」とは、ざっくりいうと、「解き方」や「考え方」のことです。
　「問題を解く」という行為は、決まった考え方や思考パターンが存在します。こと入試問題においては、それは非常に顕著です。

　一方、「知識」は体系的に教えている本があるのに、なぜか「解き方」を体系的に教えている本は、ほとんど見当たりません。ですので、本書はこの「フレーム」を使って、再現性（苦手な人でも再現できる）と汎用性（類題にも転用）を最重要視した解き方を指南していきます。

●効果は実証済み

　実は、浪人時代の私の化学の偏差値は30台でした。謙遜抜きに化学が得意とは言えない成績でした。
　本書に載せた解法フレームは、そんな偏差値30だった私が、70を超えるまでに成績を劇的に上げることができた解き方が原型となっています。

　そして数年が過ぎ、予備校講師になった私は、この解き方を講義の中で実際に教えてみることにしました。その結果、偏差値40台から東大へ、偏差値30台から医学部へ合格する生徒が続出しました。
　つまり、私がつくった「解法フレーム」は、だれでも使えて、効果があることが証明されたのです。

●最小限の労力で最大限の成果を

　彼ら彼女らに共通するのは、限られた勉強時間の中で知識をできるだけ詰め込

3

もうとしたのではなく、汎用的な解法スキルを効率よく習得したことにあります。

　「1を学んだら、10解けるようになる」。最小限の労力で、最大の成果を。いわゆるレバレッジ（てこ）を効かせること。これこそが、学習で最大の価値だと私は考えています。

●本書の進め方

①本書は初めから丁寧に読み進める必要はありません。

　「本書の使い方」を読んだら、「もくじ」から、みなさんの気になるテーマを選び、そこから読み始めてください。

　各テーマでは「解法フレーム」の説明がありますので、そこをざっと目を通したら、そのテーマにあたる「実践問題」をさっそく解いてみてください。その際にはフレームをどう使えるのかを意識してください。試行錯誤する分には構いませんが、3分以上手が止まってしまうなら、すぐに解説に移ってください。

　初見では「目標時間」は気にしなくて構いませんが、最終的にはその目標時間内に解けることを目指してください。

②答えが合っていなかった場合、解説は読むのではなく、やってください。

　手を動かしながら、計算式の流れを自分自身で確認することが重要です。その際、つまずいた箇所や見落としていたポイントなどに気づいたら、本書にどんどん書き込んでください。本書を汚く使ってくれたほうが、著者としては嬉しく思います。

③答えが合っていたとしても、解説は必ず目を通してください。

　みなさんの解き方がフレームの解き方と同じだったか、違っていたのか。違っていたら、どう違っていたのか。答えが合っていても、たまたま今回合っていただけで、他の問題に対応できるかを謙虚に考えてみてください。

　もちろん、私の「解法フレーム」よりも、汎用性・再現性の高い解法で目標時間内に解くことができたなら、それはあなたにとって非常に価値のある解法を見つけたことになります。それはぜひ本書にメモしておいてくださいね。

本書が、あなたの第一志望合格を達成するための最強の武器となることを確信しています。

謝辞

本書の制作にあたり、駿台予備学校の三門恒雄先生には、助言・校正の面でご協力いただきました。ご多忙中にも関わらず、本書のために多くの時間を割いていただき、本当にありがとうございました。

The ☆ WorkShop、JUKEN7、駿台予備学校の諸先輩方やチームメンバーがいたからこそ、本書を出すことができたと思っています。本当に感謝の気持ちでいっぱいです。

そして、勉強嫌いだった自分をここまで育ててくれた福岡の両親、いつも陰ながらサポートしてくれている妻の綾香とお義父さん・お義母さん。家族の支えがあって今の自分がいます。心より感謝申し上げます。いつまでも健康でいてください。

そして、私の生徒たち。今現在も目の前で授業を受けてくれている生徒もいれば、カメラの向こうで受けてくれている生徒。すでに大学生や社会人になっている元教え子たち。キミたちがいなかったら今の私はいません。本当に本当にありがとう。これからの時代はキミたちの手で牽引していってくださいね。心より応援しています。

追記

本書は、2020年8月に27歳の若さでこの世を去った首藤大貴先生との共著となります。生徒のことを一番に考え、化学をとことん愛した彼のデビュー作であり、遺作となります。

首藤先生のノウハウや想いが詰まった本書を、どうかあなたの力にしていただければ、共著者としてそれに勝る喜びはありません。

2021年3月吉日 犬塚壮志

［ ダウンロード特典　知識問題演習 ］

特典1	物質の分類
特典2	物質の分離
特典3	周期表
特典4	周期律
特典5	物質の三態
特典6	結晶と非晶質
特典7	コロイド①（大きさ）
特典8	コロイド②（電荷）
特典9	酸化還元の定義
特典10	平衡序論

カバーデザイン◎根本佐知子（梔図案室）
本文デザイン◎二ノ宮匡（ニクスインク）
DTP◎ニッタプリントサービス
編集協力◎北林潤也・今関研一郎（オルタナプロ）

ダウンロード特典について

この本の特典として、本文には掲載できなかった「知識」を中心に扱った単元を問題演習で確認できる「知識問題演習」をパソコンやスマートフォンからダウンロードすることができます。全部で10単元を読むことができるので、本文と合わせて活用してください。

ダウンロード方法

1 インターネットで下記のページにアクセス

パソコンから　▶　URL を入力
　　　　　　　　https://kanki-pub.co.jp/pages/cflame1/

スマートフォンから　▶　

2 ダウンロードボタンをクリックして、パソコンまたはスマートフォンに保存。

3 ダウンロードしたデータをそのまま読むか、プリンターやコンビニエンスストアのプリントサービスなどでプリントアウトする。

特典内容　知識問題演習

特典1	物質の分類	特典6	結晶と非結晶
特典2	物質の分離	特典7	コロイド①（大きさ）
特典3	周期表	特典8	コロイド②（電荷）
特典4	周期律	特典9	酸化還元の定義
特典5	物質の三態	特典10	平衡序論

本書の特長と使い方

本書の内容は、化学［理論化学］の問題の解き方に特化しています（ですから、高校化学で扱われる知識を体系的に学ぶ内容にはなっていません）。各単元の問題を解くために必要な考え方を「フレーム」として習得し、それを実際に使って解いてみる「実践」を繰り返すことで、あらゆる問題に対応できる力を効率よく身につけることができます。

本書を有効活用し、大学入学共通テストから難関私立大、難関国公立大2次試験まであらゆる試験に対応できる実力を獲得しましょう。

テーマ
2 化学の基本法則

> 問題を解くために必要な考え方を「フレーム」として提示しました。知識を身につけたつもりでも、なかなか点数に結びつかない場合、せっかくの知識が十分に使いこなせていないことに原因があります（そのような受験生をたくさん見てきました）。この考え方を身につければ、知識の実際の使い方がわかり、同単元のどのような問題にも応用できるようになります。

フレーム2
◎化学の基本法則の関係性

各基本法則が、どの法則を前提として（影響を受けて）提唱されたのか、以下のフローチャートで理解しておく。

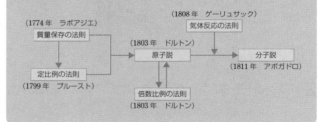

> 身につけた「フレーム」を「実践問題」を解くことで、確実に自分のものにしましょう。「目標時間」を設定しているので、解くときの目安にしてください。3回分の記録が取れるので、1回目に時間内で解けなくても、2回目、3回目でスピードアップできるように目標を明確にしましょう。

実践問題　　　　　　　　　　　　　　　　　　　1回目　2回目　3回目
　　　　　　　　　　　　　　　目標：10分　実施日：　／　　　／　　　／

次の文を読み、以下の各問に答えよ。必要があれば次の値を用いよ。

原子量：H = 1，C = 12，O = 16

18世紀後半から化学の世界では、いろいろな基本法則が発見された。　ア　は質量保存の法則、　イ　は定比例の法則を発見した。　ウ　は、倍数比例の法則を発見し、これら3つの法則を説明するために原子の存在を考え、原子説を提唱した。ゲーリュサックは　エ　の法則を発表した。しかし、原子説では　エ　の法則は説明できなかった。ところが、　オ　は「同温、同圧、同体積の気体中には、同数の分子を含む。」と仮説を提唱した。この仮説はその後、正しいことが認められ、　オ　の法則として知られている。

問1 文中の　ア　～　オ　の中に人名または適切な語句を記せ。

問2 一酸化炭素と二酸化炭素を使って、倍数比例の法則について説明せよ。

問3 上記（**問2**）の化合物のように倍数比例の法則を説明することのできる化合物を1組、おのおのの化学式で記せ。

17

問 4　水素と酸素が反応して水が生成するとき，反応する水素と酸素，及び生成する水蒸気の体積比はいくらか。

問 5　問 4 で求めた体積比を説明する上で，「同温，同圧，同体積の気体中には，同数の原子を含む。」とした場合，どんな不都合が生じるか。その理由を記せ。

（2009 熊本（後））

解答

問 1　ア　ラボアジエ　　イ　プルースト　　ウ　ドルトン　　エ　気体反応
　　　オ　アボガドロ

問 2　例えば，12 g の炭素に結合している酸素の質量は，一酸化炭素では 16 g，二酸化炭素では 32 g である。このとき，結合している酸素の質量比は 16〔g〕：32〔g〕＝ 1：2 と，簡単な整数比になる。

問 3　NO と NO_2（その他にも，SO_2 と SO_3，PbO と PbO_2 など多数ある。）

問 4　水素：酸素：水蒸気＝ 2：1：2

問 5　水素 2 体積と酸素 1 体積から水蒸気が 2 体積生成する上で酸素原子が分割されるが，これは原子説における「原子はそれ以上分割できない」という点に不都合が生じてしまう。

[解説]

問 1　この時代で提唱された化学の諸法則を以下にまとめておく。

質量保存の法則（ァラボアジエ，1774 年）
　「化学反応の前後において，物質の質量の総和は変化しない」という法則。

定比例の法則（ィプルースト，1799 年）　※「一定組成の法則」ともいう。
　「同一の化合物であれば，その化合物を構成している元素の質量の比は常に一定である」という法則。

原子説・倍数比例の法則（ゥドルトン，1803 年）
　質量保存の法則や定比例の法則を説明することのできた仮説・法則。

原子説
・物質はそれ以上分割できない微小な粒子からなり，この粒子を原子とよぶ。
・各元素に対応する原子が存在し，同種の原子はすべて同じ大きさ・質量・性質をもつ。
・化合物は，2 種類以上の原子が一定の割合で結合してできている。

「実践問題」の解説です。コンパクトでありながら、ポイントをついた解説をしっかり読み込めば、「フレーム」の実際の使い方がわかり、たとえ間違った問題があっても修正点がどこにあるかがはっきりわかります。解けた問題も、解けなかった問題もしっかり確認しましょう。

「理論化学」分野で、知識中心に押さえたい単元をダウンロード特典としてまとめました。本文と合わせて活用すれば、効果は倍増します。

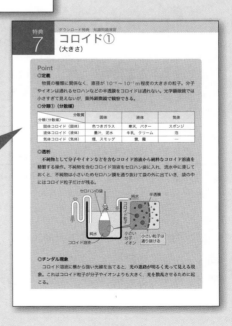

特典 7　ダウンロード特典　知識問題演習
コロイド①
（大きさ）

Point

◇定義
　物質の種類に関係なく，直径が 10^{-9} ～ 10^{-7} m 程度の大きさの粒子。分子やイオンは通れるセロハンなどの半透膜をコロイドは通れない。光学顕微鏡では小さすぎて見えないが，限外顕微鏡で観察できる。

◇分類①（分散媒）

分類（分散質）	固体	液体	気体
固体コロイド（固体）	色つきガラス	寒天，バター	スポンジ
液体コロイド（液体）	墨汁，泥水	牛乳，クリーム	泡
気体コロイド（気体）	煙，スモッグ	雲，霧	―

◇透析
　不純物として分子やイオンを含むコロイド溶液から純粋なコロイド溶液を精製する操作。不純物を含むコロイド溶液をセロハン袋に入れ，流水中に浸しておくと，不純物は小さいためセロハン膜を通り抜けて袋の外に出ていき，袋の中にはコロイド粒子だけが残る。

◇チンダル現象
　コロイド溶液に横から強い光線を当てると，光の進路が明るく光って見える現象。これはコロイド粒子が分子やイオンよりも大きく，光を散乱させるために起こる。

テーマ

1 原子量

フレーム1

◎原子番号

原子番号＝陽子の数＝電子の数

※原子は原子全体で電気的に中性のため，正の電荷をもつ陽子の数と，負の電荷をもつ電子の数は必ず等しい。

◎質量数

質量数＝陽子の数＋中性子の数

◎最大収容電子数

内側から n 番目の電子殻に入ることのできる電子の最大数。

$2n^2$ 個

◎電子配置

典型元素（$_1$H 〜 $_{18}$Ar）…電子は内側の電子殻から順に入っていく。

遷移元素（3 〜 12 族）…最外殻電子2個（or 1個）の状態をキープし，内側の電子殻に順次入っていく。（※ 12 族を含めないこともある）

◎原子量

天然に存在する元素の多くは同位体（⇨ P.21）が存在するため，これらの同位体の相対質量（^{12}C 原子を基準としてその他の原子の質量を相対的に比べた値）にそれぞれの存在比をかけて，平均値を求める。

原子量＝（各同位体の相対質量×存在比）の総和

実践問題　　　　　　　　　　　　　　　　　　　1回目　2回目　3回目

目標：15 分　実施日：　　／　　　　／　　　　／

［Ⅰ］　質量数 40，陽子の数 18 の原子の原子番号，電子の数，中性子の数，価電子の数，元素記号を記せ。

（2009 慶應・医）

［Ⅱ］　^{56}Fe^{2+}について，以下の問いに答えよ。

問1　中性子の数を答えよ。

問2　陽子の数と電子の数の和はいくつになるか答えよ。

（2013 愛媛 改）

[Ⅲ]　次の文章を読み，[(ア)]・[(イ)]には元素記号，[(ウ)]〜[(ク)]には整数を入れよ。

　原子中の電子の配列のしかたを，水素原子から原子番号順にみていくと，電子は原子核に近い内側の電子殻から順に配置されていく。しかし，[(ア)]原子からは，電子はM殻が完全に満たされる前に，外側のN殻に配置される。次に，[(イ)]原子からは，電子は再び内側のM殻にも配置されはじめる。このように，不規則な電子配置となるのは，M殻やN殻の電子殻が，複数の部分（副殻）に分かれており，それらに対する電子の入りやすさが異なるからである。下表に，第3周期の原子の，M殻とN殻の電子配置を示した。M殻は3種類の副殻に分けられ，それぞれの副殻に収容される最大の電子数は，少ない順から[(ウ)]個，[(エ)]個，[(オ)]個である。N殻，O殻，P殻にも同様に副殻が存在する。原子番号56のバリウムには，N殻に[(カ)]個，O殻に[(キ)]個，P殻に[(ク)]個の電子が入っている。

表　原子の電子配置

殻＼族	1	2	3	4	5	6	7	8	9	10	11	12	13	14	15	16	17	18
N	1	2	2	2	2	1	2	2	2	2	1	2	3	4	5	6	7	8
M	8	8	9	10	11	13	13	14	15	16	18	18	18	18	18	18	18	18

（2009 慶應・理工 改）

[Ⅳ]　分子中の2つの水素原子が重水素 ^2H である水は重水とよばれる。重水の分子量は，分子中の2つの水素原子が ^1H である水（軽水）の分子量の何倍か。ただし，^1H，^2H，O の相対質量はそれぞれ 1.0，2.0，16 とする。答は有効数字2桁で示せ。

（2009 北里 改）

[Ⅴ]　Cu の原子量はおよそ 63.5 であるが，これは ^{63}Cu と ^{65}Cu の2種の安定同位体と多くの放射性同位体の平均値である。放射性同位体の天然存在比率はごくわずかであり無視できるものとし，^{63}Cu と ^{65}Cu のそれぞれの相対質量を 62.9 と 64.9 とするとき，^{63}Cu の存在比は何％か有効数字2桁で答えよ。

（2013 横浜国立）

［Ｉ］　原子番号…18　　電子の数…18　　中性子の数…22　　価電子の数…0
　　　　元素記号…Ar

［Ⅱ］**問1**　30　　**問2**　50

［Ⅲ］（ア）K　　（イ）Sc　　（ウ）2　　（エ）6　　（オ）10　　（カ）18
　　　（キ）8　　（ク）2

［Ⅳ］　1.1 倍

［Ⅴ］　$7.0 \times 10\%$

［解説］

［Ｉ］　電気的に中性の原子であれば，原子番号＝陽子の数＝電子の数＝ <u>18</u>〔個〕であり，この元素は原子番号 18 のアルゴン $_{18}$Ar である。よって，Ar の電子配置は K(2)L(8)M(8) となり，最外殻電子は 8 個だが，Ar は 18 族の貴ガス（希ガス）のため，価電子は <u>0</u> 個となる。

　　また，中性子の数は，「中性子の数＝質量数－陽子の数」より，
$40 - 18 = \underline{22}$〔個〕となる。

［Ⅱ］　**問1**　Fe の原子番号は 26 のため，陽子の数も 26 個である（イオンとなっても陽子の数は変化しない）。よって，中性子の数は，
「中性子の数＝質量数－陽子の数」より，$56 - 26 = \underline{30}$〔個〕となる。

問2　$_{26}$Fe 原子の電子の数は，原子番号＝電子の数＝ 26〔個〕である。Fe^{2+} になるとき，2 個の電子を放出するので，Fe^{2+} 中の電子の数は，$26 - 2 = 24$〔個〕である。よって，陽子の数と電子の数の和は，$26 + 24 = \underline{50}$〔個〕となる。

［Ⅲ］　（ア）（本問の表の一番左の）原子番号 19 のカリウム K は電子を 19 個もち，K 殻に 2 個，L 殻に 8 個，（最大収容電子数が 18 個の）M 殻に 8 個の電子を，そして，M 殻が満たされていないのにもかかわらず N 殻に 1 個の電子を収容している。これは，次ページの左図のように，M 殻に 9 個目の電子を収容する副殻（3d 軌道）に電子を収容するよりも，N 殻に 1 個目の電子を収容する副殻（4s 軌道）に電子を収容するほうがエネルギー的に安定なためである。

（イ）　再び内側の M 殻に電子が収容されているのは，本問の表の左から 3 番目の原子番号 21 のスカンジウム Sc で，1 つ手前のカルシウム Ca の M 殻の電子数 8 から Sc は 9 個に増えていることがわかる。これは，N 殻に 3 個目の電子を収容する副殻（4p 軌道）に電子を収容するよりも，M 殻に 9 個目の電子を収容する副殻（3d 軌道）に電子を収容するほうがエネルギー的に安定なためである（右下図）。

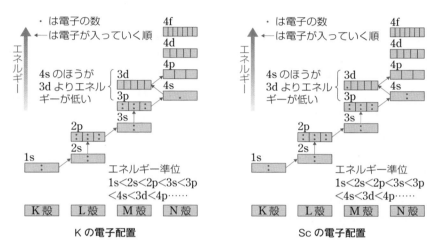

K の電子配置　　　　　　　　　　　Sc の電子配置

（ウ）～（オ）　本問の表の 1 ～ 12 族（$_{19}$K から $_{30}$Zn まで）の電子配置と各電子殻の副殻（電子軌道）を以下の表にまとめる。

電子殻	K 1s	L 2s	L 2p	M 3s	M 3p	M 3d	N 4s
電子軌道	:	:	: : :	:	: : :	: : : : :	:
$_{19}$K							
$_{20}$Ca							
$_{21}$Sc							
$_{22}$Ti							
$_{23}$V							
$_{24}$Cr							
$_{25}$Mn							
$_{26}$Fe							
$_{27}$Co							
$_{28}$Ni							
$_{29}$Cu							
$_{30}$Zn							

前ページの表より，M 殻の副殻（電子軌道）には 3s 軌道，3p 軌道，3d 軌道の 3 種類があり，それぞれに収容される最大の電子数は，$_{(ウ)}\underline{2}$ 個，$_{(エ)}\underline{6}$ 個，$_{(オ)}\underline{10}$ 個である。

※上の表をすべて丸暗記する必要はないが，各電子殻には複数の副殻（電子軌道）があり，そこに電子が収容されることは知っておく必要がある。また，本問のように，難関大学の場合には電子軌道の種類などについても出題されることがある。

（カ）〜（ク）　本問の表の左から 2 番目は 2 族の Ca であり，Ba は周期表上で Ca の 2 つ下である。周期と最外殻が対応していると考えると，周期が 2 つ大きい場合，電子殻も 2 つ多いということになる。つまり，Ba は Ca よりも 2 つ電子殻が多く，最外殻は P 殻となり，Ca の電子配置（最外殻である N 殻に 2 個，その 1 つ内側の電子殻である M 殻に 8 個の電子が収容）から Ba も同じように考えると，最外殻である P 殻に $_{(ク)}\underline{2}$ 個，O 殻に $_{(キ)}\underline{8}$ 個の電子が収容されていると推定できる。また，K 殻，L 殻，M 殻はそれぞれ 2 個，8 個，18 個の電子で満たされているはずなので，原子番号 56，つまり電子数が 56 の Ba の N 殻に収容されている電子は，

$$56 - (2 + 8 + 2 + 8 + 18) = _{(カ)}\underline{18}〔個〕となる。$$

[IV]　各水分子の分子量は以下のように求められる。

軽水 ^1H_2O：$1.0 \times 2 + 16 = 18$

重水 ^2H_2O：$2.0 \times 2 + 16 = 20$

よって，重水の分子量は軽水の分子量の $\dfrac{20}{18} = 1.11\cdots ≒ \underline{1.1}$〔倍〕

[V]　^{63}Cu の存在比を x〔％〕とおくと，Cu の原子量について次式が成り立つ。

$$\underbrace{62.9 \times \dfrac{x}{100}}_{^{63}Cu} + \underbrace{64.9 \times \dfrac{100-x}{100}}_{^{65}Cu} = 63.5$$

∴　$x = \underline{7.0 \times 10}$

2 化学の基本法則

フレーム2

◎化学の基本法則の関係性

　各基本法則が，どの法則を前提として（影響を受けて）提唱されたのか，以下のフローチャートで理解しておく。

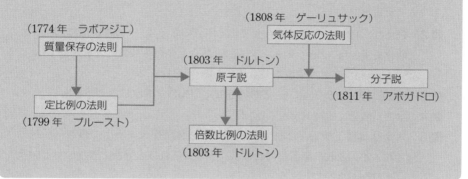

実践問題　　　　　　　　　　　　　　　1回目　2回目　3回目

目標：10分　実施日：　　／　　　　／　　　　／

　次の文を読み，以下の各問に答えよ。必要があれば次の値を用いよ。

　　原子量：H = 1, C = 12, O = 16

　18世紀後半から化学の世界では，いろいろな基本法則が発見された。 ア は質量保存の法則, イ は定比例の法則を発見した。 ウ は，倍数比例の法則を発見し，これら3つの法則を説明するために原子の存在を考え，原子説を提唱した。ゲーリュサックは エ の法則を発表した。しかし，原子説では エ の法則は説明できなかった。ところが， オ は「同温，同圧，同体積の気体中には，同数の分子を含む。」と仮説を提唱した。この仮説はその後，正しいことが認められ， オ の法則として知られている。

問1　文中の ア ～ オ の中に人名または適切な語句を記せ。

問2　一酸化炭素と二酸化炭素を使って，倍数比例の法則について説明せよ。

問3　上記（**問2**）の化合物のように倍数比例の法則を説明することのできる化合物を1組，おのおの化学式で記せ。

問4 水素と酸素が反応して水が生成するとき，反応する水素と酸素，及び生成する水蒸気の体積比はいくらか。

問5 問4で求めた体積比を説明する上で，「同温，同圧，同体積の気体中には，同数の原子を含む。」とした場合，どんな不都合が生じるか。その理由を記せ。

（2009 熊本（後））

......

解答

問1 ア　ラボアジエ　　イ　プルースト　　ウ　ドルトン　　エ　気体反応
　　　オ　アボガドロ

問2 例えば，12 g の炭素に結合している酸素の質量は，一酸化炭素では 16 g，二酸化炭素では 32 g である。このとき，結合している酸素の質量比は16〔g〕：32〔g〕＝ 1：2 と，簡単な整数比になる。

問3 NO と NO_2（その他にも，SO_2 と SO_3，PbO と PbO_2 など多数ある。）

問4 水素：酸素：水蒸気＝ 2：1：2

問5 水素2体積と酸素1体積から水蒸気が2体積生成する上で酸素原子が分割されるが，これは原子説における「原子はそれ以上分割できない」という点に不都合が生じてしまう。

［解説］

問1　この時代で提唱された化学の諸法則を以下にまとめておく。

質量保存の法則（ₐラボアジエ，1774 年）

　「**化学反応の前後において，物質の質量の総和は変化しない**」という法則。

定比例の法則（ᵢプルースト，1799 年）　※「一定組成の法則」ともいう。

　「**同一の化合物であれば，その化合物を構成している元素の質量の比は常に一定である**」という法則。

原子説・倍数比例の法則（ᵤドルトン，1803 年）

　質量保存の法則や定比例の法則を説明することのできた仮説・法則。

原子説

・物質はそれ以上分割できない微小な粒子からなり，この粒子を原子とよぶ。

・各元素に対応する原子が存在し，同種の原子はすべて同じ大きさ・質量・性質をもつ。

・化合物は，2種類以上の原子が一定の割合で結合してできている。

・化学変化では，原子と原子の結合のしかたが変わるだけで，新たに原子が生成
したり，消滅したりすることはない。

倍数比例の法則　※「倍数組成の法則」ともいう。

自身の原子説を支えることのできた，「**2種類の元素A，Bからなる化合物が
2種類以上あるとき，これらの化合物の間では，一定質量のAと結合している
Bの質量の比が簡単な整数比になる**」という法則。

ｪ**気体反応の法則**（ゲーリュサック，1808年）　※「反応体積比の法則」ともいう。

「**気体どうしの反応では，反応に関係する気体の体積比は，同温・同圧のもと
で簡単な整数比になる**」という法則。

分子説（アボガドロ，1811年）

「**すべての気体は気体の種類によらず，同じ温度・同じ圧力であれば，同じ体
積の中に同じ個数の分子が含まれている**」という仮説（これが後にｫアボガドロ
の法則とよばれるようになった）。

問2　倍数比例の法則とは，「2種類の元素A，Bからなる化合物が2種類以上
あるとき，これらの化合物の間では，一定質量のAと結合しているBの質量の
比が簡単な整数比になる」というものである。そのため，一酸化炭素と二酸化炭
素の比較において，元素Aを炭素C，元素Bを酸素Oと考え，一定質量のC（元
素A）に結合するO（元素B）の質量が一酸化炭素と二酸化炭素の間で簡単な
整数比になることを示せばよい。

問3　複数の酸化数（⇨ P.113）をもつ元素の酸化物をピックアップするとよい。

問4　「分子説」（気体は分子からなる）の考え方では，水素と酸素はそれぞれ
H_2，O_2という分子の形で存在する。また，「同温，同圧，同体積の気体中には，
同数の分子を含む」ため，気体反応の法則から水素と酸素が反応して水（水蒸気）
が生成するときは次図のような量的関係になる（本来，化学反応式は後づけ）。

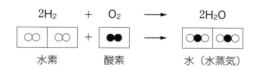

以上より，体積比は，$H_2 : O_2 : H_2O = 2 : 1 : 2$

問5 「同温，同圧，同体積の気体中には，同数の原子を含む」とした場合，つまり，ドルトンの「原子説」で述べられているような水素も酸素も（気体）原子で存在すると仮定した場合，（気体反応の法則から）**問4**のように水素2体積と酸素1体積から水蒸気が2体積生成するには，次図のように酸素原子が分割されなければならないことになる。

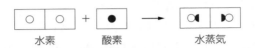

水素　　　　酸素　　　　　　水蒸気

　しかし，これは「原子説」における「物質はそれ以上分割できない微小な粒子からなり，この粒子を原子とよぶ」と矛盾してしまう。そのため，実際には水素も酸素も，原子として存在しているのではなく，**問4**の解説で示されているような分子（H_2，O_2）として存在している。つまり，分子説のモデルが矛盾を解決したことになる。

テーマ

3 同位体

フレーム3

◎分子の種類（質量の異なるもの）とその存在比

樹形図をかくことで，同位体の組合せによる分子のパターンを可視化する。また，その分子の存在比は，次式で求められる。

分子の存在比＝構成する同位体の存在比× n（通り）

◎放射性同位体の壊変

①α壊変

α線（ヘリウム原子核 $_2^4\mathrm{He}^{2+}$ の流れ）を出しながら，原子番号（陽子の数）と中性子の数がそれぞれ2ずつ小さくなる（つまり質量数が4小さくなる）壊変。

$$_n^m\mathrm{X} \longrightarrow \ _{n-2}^{m-4}\mathrm{Y} + \ _2^4\mathrm{He}^{2+}（\alpha線）$$

［例］ウラン $^{238}\mathrm{U}$ のα壊変

$$_{92}^{238}\mathrm{U} \longrightarrow \ _{90}^{234}\mathrm{Th} + \ _2^4\mathrm{He}^{2+}（\alpha線）$$

②β壊変

原子核中の中性子1個が陽子1個に変化し，β線（電子 e^- の流れ）を出しながら原子番号が1増加する壊変。ただし，質量数は不変。

$$_n^m\mathrm{X} \longrightarrow \ _{n+1}^m\mathrm{Y} + \mathrm{e}^-（\beta線）$$

［例］炭素 $^{14}\mathrm{C}$ のβ壊変

$$_6^{14}\mathrm{C} \longrightarrow \ _7^{14}\mathrm{N} + \mathrm{e}^-（\beta線）$$

実践問題　　　　　　　　　　　　　　　　1回目　2回目　3回目

目標：15分　実施日：　／　　　／　　　／

［Ⅰ］　次の文章を読み，**設問1**および**2**に答えよ。

原子核に含まれる ［ A ］ の数は同じで ［ B ］ の数が異なる原子を互いに ［ C ］ といい，自然界の多くの元素に存在する。

問1 ［ A ］ ～ ［ C ］ に当てはまる最も適切な語句を記せ。

問2 天然の塩素には安定した原子が2種類のみ存在する。塩素分子 $\mathrm{Cl_2}$ には質量の異なる分子が何種類存在するかを答えよ。また，それらの存在比を質量の小さい順に左から，最も簡単な整数比で例にならって記せ。ただし，ここでは $^{35}\mathrm{Cl}$ と $^{37}\mathrm{Cl}$ の存在比を3：1とする。

(例)　1：1：1：1：1

（2012 防衛改）

[Ⅱ]　次の文章を読み，下の問いに答えよ。

　水素と酸素の安定同位体としては，^{1}H と ^{2}H（存在比はそれぞれ99.9885％，0.0115％），^{16}O，^{17}O と ^{18}O（存在比はそれぞれ99.757％，0.038％，0.205％）がそれぞれ挙げられる。^{2}H は重水素と呼ばれ，一般に D と表される。水分子は水素原子と酸素原子から構成されるので，(a) これら異なる同位体を含む異なった水分子が存在する。

問　下線部に述べた水分子の中で，最も多く存在する水分子の分子式は $H_2{}^{16}O$ であり，2番目に多く存在する水分子の分子式は $H_2{}^{18}O$ である。3番目および4番目に多く存在する水分子はそれぞれ何か。水素は H と D を用いて，酸素は質量数を明示して分子式で表せ。また，それぞれの存在比〔％〕を有効数字2桁で求めよ。

（2013 徳島改）

[Ⅲ]　ラドンのような質量数の大きな原子核からは，α線が放出されることがある。α線はヘリウムの原子核の流れである。α線が放出される前の原子核を $^A_Z M$，α線が放出された後の原子核を $^X_Y M'$ と表すとき（*X*，*Y*）の順で正しい組合せはどれか。

1.（*A* − 2，*Z*）　　　2.（*A* − 2，*Z* − 4）　　　3.（*A* − 4，*Z* − 2）

4.（*A*，*Z* − 2）　　　5.（*A* + 2，*Z*）　　　6.（*A* + 2，*Z* + 6）

7.（*A* + 4，*Z* + 2）　　8.（*A*，*Z* + 2）　　　9.（*A* + 2，*Z* − 4）

0.（*A* − 2，*Z* + 4）

（2014 星薬科）

[Ⅳ]　次の文章を読んで，問に答えよ。

　原子番号が等しく，　（ア）　の異なるものを互いに　（イ）　という。この中には放射能を持ち，放射線を出して他の原子に変わる　（ウ）　がある。　（ウ）　について，他の原子への変化（放射壊変）の仕方は図1のように規則的であり，ある原子に対して，一定時間の間に元の原子の数の半分が他の原子に変わる。この時間を半減期という。半減期は原子核の種類によって決まっている。この規則的

な変化の仕方を数式であらわすと，はじめにあった原子の数を N_0，時間が t 年経過した後の原子の数を N，半減期を T 年としたとき，　(A)　という関係が成り立つ。この性質を利用して，岩石や考古学的資料などの年代測定が行われている。一例をあげると，^{14}C は放射性であり，半減期 5730 年で ^{14}N に変わる。これを利用して木の枯れた年代を推定することができる。その理由は次の通りである。植物は生きている間，光合成により大気中の CO_2 を取り込み，大気と同じ割合の ^{14}C を体内に持つ。しかし，枯れると同時に大気からの ^{14}C の供給が途絶え，体内の ^{14}C は規則的に ^{14}N に放射壊変して減り続ける。従って，枯れた木の中に壊変せずに残っている ^{14}C の割合を調べれば年代が計算できる。ただし，今も昔も大気中の ^{14}C の濃度が常に一定であるという仮定が必要である。

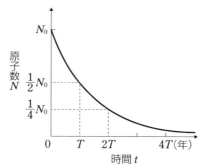

図1　原子の放射壊変と時間の関係

問1　空欄 (ア) ～ (ウ) に適する語句を入れよ。

問2　空欄 (A) に適した式を次から選び，記号で答えよ。

a. $N = N_0 \times \left(\dfrac{1}{2} \right)^{\frac{T}{t}}$　　　b. $N = N_0 \times 2^{\frac{T}{t}}$　　　c. $N = N_0 \times \left(\dfrac{1}{2} \right)^{\frac{t}{T}}$

d. $N = N_0 \times 2^{\frac{t}{T}}$

問3　問題文の条件を満たすとして，ある遺跡から発掘された木片中の ^{14}C の量が，元の量に比べて 5 分の 1 であった場合，この木片は今から何年前に枯れた木と考えられるか。有効数字 3 桁で求めよ。計算式も示せ。なお，必要ならば次の数値を用いよ。$\log_{10}2 = 0.3010$　$\log_{10}5 = 0.6990$

（2008 関西学院）

解答
[I]**問1**A　陽子　　B　中性子　　C　同位体　　**問2**　3種類, 9:6:1

[II]　3番目…化学式 $H_2{}^{17}O$　　存在比 3.8×10^{-2}%

　　　4番目…化学式 $HD^{16}O$　　存在比 2.3×10^{-2}%

[III]　3

[IV]**問1**ア　質量数　　イ　同位体　　ウ　放射性同位体

　　　問2　c　　**問3**　1.33×10^4（計算式は解説を参照）

[解説]

[I]　**問1**　同じ元素の原子で, 原子番号（$=_A$陽子の数）は同じでも, 原子核中の$_B$中性子の数が異なる（質量数が異なる）ものどうしを$_C$同位体という。

問2　^{35}Cl と ^{37}Cl からなる塩素 Cl_2 分子をつくるとき, その組合せと存在比は次図のようになる。

$$^{35}Cl - {}^{35}Cl \;\Rightarrow\; \left(\frac{3}{3+1}\right) \times \left(\frac{3}{3+1}\right) = \frac{9}{16}$$

$$^{37}Cl \;\Rightarrow\; \left(\frac{3}{3+1}\right) \times \left(\frac{1}{3+1}\right) = \frac{3}{16}$$

$$^{37}Cl - {}^{35}Cl \;\Rightarrow\; \left(\frac{1}{3+1}\right) \times \left(\frac{3}{3+1}\right) = \frac{3}{16}$$

$$^{37}Cl \;\Rightarrow\; \left(\frac{1}{3+1}\right) \times \left(\frac{1}{3+1}\right) = \frac{1}{16}$$

よって, 上記の3種類の塩素分子の存在比を, 最も簡単な整数比で表すと,

$$^{35}Cl_2 : {}^{35}Cl^{37}Cl : {}^{37}Cl_2 = \frac{9}{16} : \left(\frac{3}{16} + \frac{3}{16}\right) : \frac{1}{16} = \underline{9:6:1}$$

※　$^{35}Cl^{37}Cl$ 分子をつくるとき, ^{35}Cl と ^{37}Cl を並べていく順番は「$^{35}Cl \to {}^{37}Cl$」と「$^{37}Cl \to {}^{35}Cl$」の2通りあることに注意する（35 g と 37 g の球が入った袋から無作為に球を1つずつ順番に2個選ぶ方法を考えるとよい）。

[II]　水分子は対称性のある構造（H-O-H）をもつため, 2種類の水素原子（H, D）と3種類の酸素原子（^{16}O, ^{17}O, ^{18}O）の組合せを考える。この組合せは, 次のような樹形図を使って考えるとわかりやすい。

^{16}O ⟨ (H, H) / (H, D) / (D, D)　　　^{17}O ⟨ (H, H) / (H, D) / (D, D)　　　^{18}O ⟨ (H, H) / (H, D) / (D, D)

前ページの図において，存在比から考えて 1 番目に多い水分子が $H_2{}^{16}O$，つまり ${}^{16}O\text{-}(H, H)$ で，2 番目に多い水分子が $H_2{}^{18}O$，つまり ${}^{18}O\text{-}(H, H)$ であるため，3 番目に多い水分子は ${}^{17}O\text{-}(H, H)$ で，4 番目に多い水分子は ${}^{16}O\text{-}(H, D)$ となる。よって，それぞれの水分子の存在比〔%〕は次のように算出される。

3 番目…$H_2{}^{17}O$

$$\left(\frac{99.9885}{100}\right)^2 \times \left(\frac{0.038}{100}\right) \times 100 \fallingdotseq \underline{3.8 \times 10^{-2}} \ 〔\%〕$$

4 番目…$HD{}^{16}O$

$$\left(\frac{99.9885}{100}\right) \times \left(\frac{0.0115}{100}\right) \times \left(\frac{99.757}{100}\right) \times 100 \times 2 \fallingdotseq \underline{2.3 \times 10^{-2}} \ 〔\%〕$$

[Ⅲ] 題意より，ラドンの原子核を ${}^{A}_{Z}M$ と表すとすると，α 線による ${}^{4}_{2}He^{2+}$ が原子核から放出されると，陽子の数が 2 少なくなり，質量数は 4 小さくなる（次式）。

$$\underset{Z}{\overset{A}{}}M \longrightarrow \underset{Z-2}{\overset{A-4}{}}M' + \alpha \ 線 \ ({}^{4}_{2}He^{2+})$$

[Ⅳ] **問 1** 原子番号が等しく，(ア)質量数の異なるものを互いに(イ)同位体という。この中には原子核が不安定なため，放射能をもち，放射線を出して他の原子に変わる(ウ)放射性同位体がある。

問 2 本問の図 1 にある文字を具体的に代入して，その式が成り立つか確認すればよい。例えば，$t = 2T$ のとき，これを選択肢 c の式の右辺に代入すると，

$$N_0 \times \left(\frac{1}{2}\right)^{\frac{t}{T}} = N_0 \times \left(\frac{1}{2}\right)^{\frac{2T}{T}} = \frac{1}{4} N_0$$

となり，選択肢 c の式が成り立つことが確認できる。

問 3 原子数 $N = \frac{1}{5} N_0$，$T = 5730$〔年〕を選択肢 c の式の両辺に代入すると，

$$N = N_0 \times \left(\frac{1}{2}\right)^{\frac{t}{T}} \ \Leftrightarrow \ \frac{1}{5} N_0 = N_0 \times \left(\frac{1}{2}\right)^{\frac{t}{5730}} \ \Leftrightarrow \ 5^{-1} = 2^{-\frac{t}{5730}}$$

ここで，上式の常用対数をとると，

$$\log 5^{-1} = \log 2^{-\frac{t}{5730}} \ \Leftrightarrow \ -\log 5 = -\frac{t}{5730} \log 2$$

$$t = \frac{\log 5}{\log 2} \times 5730 = \frac{0.6990}{0.3010} \times 5730 = 1.330\cdots \times 10^4 \fallingdotseq \underline{1.33 \times 10^4} \ 〔年〕$$

フレーム4

◎**クーロンの法則**

正電荷をもつ粒子と負電荷をもつ粒子との間にはたらく**クーロン力**（静電気的な引力）は，電荷の積に比例し，そのイオン間の距離の2乗に反比例する。

これをクーロンの法則といい，次式で表される。

$$F = k \frac{q_1 q_2}{r^2} \quad (k：比例定数 \quad r：粒子間の距離 \quad q_1, q_2：各粒子の電荷)$$

※上式を覚える必要はないが，**クーロン力 F がどの因子に，どう影響を受ける**のかだけは理解しておく。

◎**イオン半径の比較**

イオン半径の大きさは，以下の3ステップで比較する。

Step1 どの貴ガス（希ガス）（18族元素）と同じ電子配置になるかを特定する。典型元素の場合，原子番号の一番近い貴ガスと同じ電子配置になる。

Step2 周期表の下に位置する貴ガス（の電子配置をとるイオン）ほど，電子殻が多いため，半径大。

[例] $Li^+ < Na^+ < K^+$

Step3 同じ貴ガスの電子配置をとるイオンでは，原子番号が大きい（陽子の数が多い＝正電荷が大きい）イオンほど，クーロン力が強くなるため，半径小。

[例] $Na^+ > Mg^{2+} > Al^{3+}$

実践問題 　　　　　　　　　　　　　1回目　2回目　3回目

目標：8分　実施日：　/　　　/　　　/

　次図は原子番号 1 から 20 までの原子と，その第一イオン化エネルギーの関係を示したものである。次の**問1**〜**問3**に答えよ。

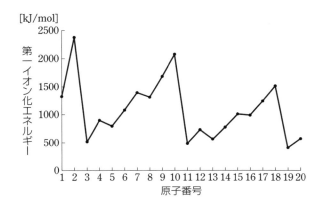

問1　図では，第一イオン化エネルギーは原子番号の増加にともなって周期的に変化している。その理由を 50 字以内で書け。

問2　原子番号 8，9 および 17 の原子の陰イオン，原子番号 11，12，および 13 の原子の陽イオンをイオンの化学式で書け。

問3　イオンを球形としたとき，**問2**におけるイオンを大きい順にイオンの化学式で書け。また，そのように判断した理由を 100 字程度で書け。

(2009 岩手 改)

解答

問1　原子番号の増加とともに原子核と最外殻電子とのクーロン力が強くなり，価電子数の同じ元素が現れるため。(49 字)

問2　原子番号 8…O^{2-}　　　原子番号 9…F^-　　　原子番号 17…Cl^-
　　　原子番号 11…Na^+　　原子番号 12…Mg^{2+}　　原子番号 13…Al^{3+}

問3　Cl^-，O^{2-}，F^-，Na^+，Mg^{2+}，Al^{3+}
　　　理由：Cl^- のみ Ar 型の電子配置をとり，他のイオンの電子配置はすべて Ne 型である。また，同じ電子配置となる場合は，原子番号の増加とともに電子を引きつけるクーロン力が強くなり，イオン半径は小さくなる。(96 字)

[解説]

問 1　同周期では，原子番号が大きくなる（右に向かう）ほど陽子数の増加により核電荷が大きくなり，最外殻電子を引きつけるクーロン力が強くなる（＝クーロンの法則における r が小さくなるにつれ F が大きくなる）。そのため，最外殻電子を奪い取るためのエネルギー，すなわち（**第一**）**イオン化エネルギー**は一般に大きくなる。なお，同族では，原子番号が大きくなる（下に向かう）ほど電子殻が増えて原子核と最外殻電子の距離が遠くなりクーロン力は弱くなる（＝クーロンの法則における r が大きくなるにつれ F が小さくなる）。そのため，（第一）イオン化エネルギーは，一般に小さくなる。

問 2　原子番号 10 の $_{10}Ne$ は K(2)L(8) の電子配置をとる。この電子配置をとるように各原子は以下のように電子の出し入れをして安定したイオンになる。

原子番号 8　　$_8O$：K(2)L(6)　　　　→　$_8O^{2-}$：K(2)L(8)　　　　⇔ $_{10}Ne$ 型

原子番号 9　　$_9F$：K(2)L(7)　　　　→　$_9F^-$：K(2)L(8)　　　　⇔ $_{10}Ne$ 型

原子番号 11　$_{11}Na$：K(2)L(8)M(1)　→　$_{11}Na^+$：K(2)L(8)　　　⇔ $_{10}Ne$ 型

原子番号 12　$_{12}Mg$：K(2)L(8)M(2)　→　$_{12}Mg^{2+}$：K(2)L(8)　　⇔ $_{10}Ne$ 型

原子番号 13　$_{13}Al$：K(2)L(8)M(3)　→　$_{13}Al^{3+}$：K(2)L(8)　　⇔ $_{10}Ne$ 型

原子番号 17　$_{17}Cl$：K(2)L(8)M(7)　→　$_{17}Cl^-$：K(2)L(8)M(8)　⇔ $_{18}Ar$ 型

問 3　同じ電子配置のイオンで比較した場合，原子番号の大きいものほど陽子数が増加して原子核の正電荷が大きくなる。そのため，原子核が最外殻の電子を強く引きつけるのでイオン半径は小さくなる（次図）。

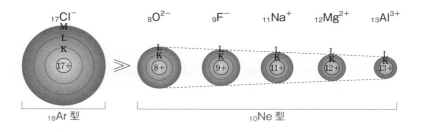

テーマ
5 物質量

フレーム5
◎化学計算の立式の方針

　単位の変換を行う際，単位について文字式計算と同じ要領で行うことで立式の精度が上がる（特に，かけ算と割り算）。

[例1]　電子の物質量〔mol〕とファラデー定数〔C/mol〕が与えられていて，電気量〔C〕を求めたい場合。次式より，電子の物質量〔mol〕とファラデー定数〔C/mol〕のかけ算をすればよいことがわかる。

$$\frac{C}{\text{mol}} \times \text{mol} = C$$

[例2]　固体の密度〔g/cm^3〕と質量〔g〕が与えられていて，体積〔cm^3〕を求めたい場合。次式より，質量〔g〕を密度〔g/cm^3〕で割ればよいことがわかる。

$$\frac{g}{g/cm^3} = cm^3$$

◎単位変換のための3つの定数
①アボガドロ定数

　6.0×10^{23}〔/mol〕（または 6.0×10^{23}〔mol^{-1}〕）で表される値を**アボガドロ定数**という。便宜的に，単位には〔個/mol〕をつけた形で用いる。

②モル質量

　物質1 mol あたりの質量。各物質の化学式量（原子量・分子量・式量）に単位として〔g/mol〕をつけた形で用いる。

③モル体積

　0℃，1気圧 = 1.013×10^5 Pa = 1 atm（以下，本書ではこの状態を**標準状態**とよぶ）で，すべての理想気体は **1 mol あたり 22.4 L** の体積を占める。計算上，単位には〔L/mol〕をつけた形で用いる。

◎反応量計算

　一般に，化学反応式を用いた反応量計算は以下の手順で行っていく。

Step1　数量が与えられている物質の物質量〔mol〕を求める。

Step2　反応式の係数を用いて，Step1 で求めた値に係数比をかけ，求めたい物質の物質量〔mol〕を求める。

実践問題　　　　　　　　　　　　　　　　　　　　1回目　2回目　3回目
　　　　　　　　　　　目標：15分　実施日：　／　　　／　　　／

原子量：H = 1.0，C = 12，O = 16　アボガドロ定数 6.0×10^{23}/mol

［Ⅰ］　床面積 10.0 m^2，高さ 2.24 m の空の直方体の部屋が標準状態に保たれて
いる。この部屋の空気中には二酸化炭素が何 g 存在するか。有効数字3桁で
解答せよ。ただしこの部屋において気体は理想気体としてふるまい，空気中の
二酸化炭素の体積百分率を 0.0380 %（380 ppm）とする。

　　　　　　　　　　　　　　　　　　　　　　　　　　　　　　　（2009 愛媛）

［Ⅱ］　最新のインクジェットプリンターは，その微細孔から射出される液滴1
滴が 1 pL（ピコリットル，10^{-12} L）まで微細化されているため，高精細な印
刷が可能である。この液滴が水のみから構成されている場合，液滴1滴の中
に含まれる水分子の数は何個か。有効数字1桁で記せ。なお，水の密度は
1 g/cm^3 とする。　　　　　　　　　　　　　　　　　　　（2013 中央）

［Ⅲ］　ステアリン酸（$C_{17}H_{35}COOH$）w〔g〕のシクロヘキサン溶液を水面に静
かに滴下すると，溶液は水面上に広がる。シクロヘキサンが揮発すると，水面
上にステアリン酸が炭化水素基を（　A　）に向けて，1分子ずつ隙間なく並
んだ円形の単分子膜ができる。円の直径を d〔cm〕，円周率を π，ステアリン
酸1分子の断面積を s〔cm²〕，分子量を M とすると，アボガドロ定数は
（　B　）〔/mol〕と求められる。（　A　），（　B　）にもっとも適合するも
のを，それぞれ A 群，B 群から選び，記号で答えよ。

A：（イ）　空中　　　　　　　（ロ）　水中　　　　　　　（ハ）　水面と平行
　　（ニ）　空中と水中に交互　（ホ）　空中と水中に不規則

B：（い）　$\dfrac{\pi d^2 M}{4sw}$　　　　　（ろ）　$\dfrac{\pi d^2 M}{sw}$　　　　　（は）　$\dfrac{4sw}{\pi d^2 M}$

　　（に）　$\dfrac{\pi d^2 w}{4sM}$　　　　　（ほ）　$\dfrac{sw}{\pi d^2 M}$

　　　　　　　　　　　　　　　　　　　　　　　　　　　（2002 早稲田・理工）

[Ⅳ]　グルコース $C_6H_{12}O_6$ 45 g がある。このグルコースの物質量は（　ア　）mol である。このグルコース中の炭素の物質量は（　イ　）mol であり，炭素原子の数は（　ウ　）個である。また，このグルコース中の酸素の総質量は（　エ　）g である。<u>このグルコースを完全に燃やすと，二酸化炭素（　オ　）g と水（　カ　）g が生じる。</u>このとき燃焼に必要な酸素の体積は標準状態で（　キ　）L である。

問1　前の文中の（ア）～（キ）に適切な数値を有効数字2桁で入れよ。

問2　前の文中の下線部分を化学反応式で書き表せ。

（2005 岩手医科）

解答

- -

[Ⅰ]　1.67×10 g

[Ⅱ]　3×10^{13} 個

[Ⅲ]（A）　（イ）　　　（B）　（い）

[Ⅳ]**問1**（ア）　0.25　　（イ）　1.5　　（ウ）　9.0×10^{23}　　（エ）　24

　　　　（オ）　66　　　（カ）　27　　（キ）　34

　　問2　$C_6H_{12}O_6 + 6O_2 \longrightarrow 6CO_2 + 6H_2O$

[解説]

[Ⅰ]　$1m^3 = 1 \times 10^3$ L より，

$$\frac{\overset{\text{空気〔m}^3\text{〕}}{10.0\,\text{〔m}^2\text{〕} \times 2.24\,\text{〔m〕}} \times \overset{\text{空気〔L〕}}{10^3\,\text{〔L/m}^3\text{〕}} \times \overset{CO_2\text{〔L〕}}{\dfrac{0.0380}{100}}}{22.4\,\text{〔L/mol〕}} \overset{CO_2\text{〔mol〕}}{\times 44\,\text{〔g/mol〕}}$$

$$= 16.72 \fallingdotseq 16.7\,\text{〔g〕}$$

[Ⅱ]　$1\,L = 1 \times 10^3\,cm^3$ より，題意から $1pL = 10^{-12}\,L = 10^{-9}\,cm^3$ となる。よって，

$$\frac{1\,\text{〔g/cm}^3\text{〕} \times \overset{1pL}{10^{-9}\,\text{〔cm}^3\text{〕}}}{18\,\text{〔g/mol〕}} \overset{g}{} \overset{mol}{\times 6.0 \times 10^{23}\,\text{〔個/mol〕}} = 3.3\cdots \times 10^{13} \fallingdotseq 3 \times 10^{13}\,\text{〔個〕}$$

［Ⅲ］　単分子膜の形成のしくみは，次のとおりである。

　ステアリン酸のような脂肪酸とよばれる物質は，下図のように，分子内に疎水性の炭化水素基部分と，親水性のカルボキシ基–COOH をもつ。そのため，カルボキシ基部分は（一部電離し）水和して水に溶けるが，炭化水素基部分は溶けないため空気中に突き出るような状態で一層に並ぶ。このようにして単分子膜ができる。

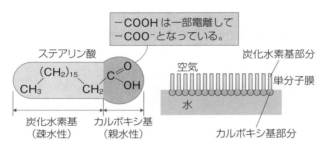

（A）　上図より，ステアリン酸は炭化水素基部分を空中に向けてすき間なく並び，単分子膜を形成する。

（B）　単分子膜の半径が $\dfrac{d}{2}$〔cm〕なので，単分子膜中に含まれているステアリン酸の個数は，ステアリン酸 1 分子あたりの面積 s〔cm²/個〕より，

$$\frac{\left(\dfrac{d}{2}\right)^2 \pi \,〔cm^2〕}{s \,〔cm^2/個〕} = \frac{\pi d^2}{4s} \,〔個〕$$

　よって，アボガドロ定数 N_A〔個/mol〕は，

$$N_A = \frac{\dfrac{\pi d^2}{4s} \,〔個〕}{\dfrac{w \,〔g〕}{M \,〔g/mol〕}} = \frac{\pi d^2 M}{4sw} \,〔個/mol〕$$

［Ⅳ］　（ア）　$\dfrac{45〔g〕}{180〔g/mol〕} = \underline{0.25}$〔mol〕

（イ）　$C_6H_{12}O_6$ 1 分子あたりに C 原子は 6 個含まれているため，（ア）より，

　　0.25〔mol〕× 6 = $\underline{1.5}$〔mol〕

（ウ）　C 原子の個数は，（イ）より，

　　6.0×10^{23}〔個/mol〕× 1.5〔mol〕= $\underline{9.0 \times 10^{23}}$〔個〕

（エ）　$C_6H_{12}O_6$ 1 分子あたりに O 原子は 6 個含まれているため，（ア）より，

$$0.25 \text{ (mol)} \times \overset{\text{O原子 (mol)}}{6} \times 16 \text{ (g/mol)} = 24 \text{ (g)}$$

（オ）～（キ）　グルコースは次式のように完全燃焼する。

$$C_6H_{12}O_6 + 6O_2 \longrightarrow 6CO_2 + 6H_2O$$

よって，

$$CO_2 : 0.25 \text{ (mol)} \times \underset{\text{係数比}}{\overset{\text{CO}_2 \text{ (mol)}}{\frac{6}{1}}} \times 44 \text{ (g/mol)} = \underline{66} \text{ (g)}$$

$$H_2O : 0.25 \text{ (mol)} \times \underset{\text{係数比}}{\overset{\text{H}_2\text{O (mol)}}{\frac{6}{1}}} \times 18 \text{ (g/mol)} = \underline{27} \text{ (g)}$$

$$O_2 : 0.25 \text{ (mol)} \times \underset{\text{係数比}}{\overset{\text{O}_2 \text{ (mol)}}{\frac{6}{1}}} \times 22.4 \text{ (L/mol)} = 33.6 \fallingdotseq \underline{34} \text{ (L)}$$

フレーム6

◎濃度の種類

濃度は「度合い」であり，分母と分子に分けて分数式で考えるのがコツ。

①質量パーセント濃度〔%〕⇨ 溶液中の溶質の質量（の百分率）

$$質量パーセント濃度 = \frac{溶質〔g〕}{溶液〔g〕} \times 100$$

②（体積）モル濃度〔mol/L〕⇨ 溶液1L中の溶質の物質量〔mol〕

$$モル濃度 = \frac{溶質〔mol〕}{溶液〔L〕}$$

③質量モル濃度〔mol/kg〕⇨ 溶媒1kg中の溶質の物質量〔mol〕

$$質量モル濃度 = \frac{溶質〔mol〕}{溶媒〔kg〕}$$

◎濃度単位の変換（質量%から mol/L へ）

濃度単位を変換する際は，その溶液1L（= 1×10^3 cm³）あたりで考える（通常は密度〔g/cm³〕と質量%が与えられている）。

Step1　与えられた密度〔g/cm³〕に 1×10^3 cm³ をかけ，溶液の質量〔g〕を求める。

Step2　その溶液の質量〔g〕に $\frac{質量\%}{100}$ をかけ，溶質のみの質量〔g〕を求める。

Step3　その値〔g〕を溶質のモル質量〔g/mol〕で割ることで，溶質の物質量〔mol〕が求まる（ここで求めた値は溶液1Lあたりの物質量〔mol〕のため，これがモル濃度〔mol/L〕となる）。

◎溶液の希釈

溶液の希釈前後で，溶質の量（物質量〔mol〕や質量〔g〕）は変わらない。そのため，「薄める前の溶質の量＝薄めた後の溶質の量」の形で方程式をつくる。

◎水和物の取り扱い

①質量：水和水（結晶水）の質量は別で分けて考える。

　[例]硫酸銅(Ⅱ)五水和物 $CuSO_4 \cdot 5H_2O$（= 250）1 mol の質量は250gである。このうち，無水物である $CuSO_4$（= 160）が160gを，水和水（結晶水）H_2O（= 18）は $5 \times 18 = 90$〔g〕を占めている。

②物質量：水和物〔mol〕＝無水物〔mol〕

［例］シュウ酸二水和物 $H_2C_2O_4 \cdot 2H_2O$ 1個の中にシュウ酸無水物 $H_2C_2O_4$ は 1個含まれている。つまり，水和物と無水物の個数は等しい。

実践問題 　　　　　　　　　　　　　　　　1回目　2回目　3回目

　　　　　　　　　　目標：20分　実施日：　／　　　／　　　／

　　原子量：H = 1.0, O = 16.0, Na = 23.0, S = 32.0, Cl = 35.5,

　　　　K = 39.1, Ca = 40.0, I = 127

［Ⅰ］　水 100.0 g に塩化ナトリウム 9.4 g を溶かした水溶液がある。

　次の問（1）～（3）に答えよ。ただし，この水溶液の密度は 1.1 g/cm^3，水の密度は 1.0 g/cm^3 として計算し，有効数字2桁で答えよ。

（1）　塩化ナトリウム水溶液の質量パーセント濃度〔%〕を求めよ。

（2）　塩化ナトリウム水溶液のモル濃度〔mol/L〕を求めよ。

（3）　塩化ナトリウム水溶液の質量モル濃度〔mol/kg〕を求めよ。

（2008 東京理科）

［Ⅱ］　次の文章を読み，下の問い（（1）～（3））に答えよ。

　100 mL メスフラスコを使って塩化カルシウム六水和物の結晶から 3.00 mol/L 塩化カルシウム水溶液 100 mL を調製した。調製後の水溶液の質量は 118.0 g だった。

（1）　メスフラスコにはかり取った塩化カルシウム六水和物の質量を有効数字3桁で書け。

（2）　この水溶液の質量パーセント濃度を塩化カルシウム無水物の濃度として有効数字3桁で求めよ。

（3）　調製後の水溶液に含まれる水のうち，塩化カルシウム六水和物に水和水として含まれていた水の割合は何パーセントか有効数字3桁で書け。

（2014 千葉）

［Ⅲ］　96 %硫酸の密度は 1.84 g/cm^3 である。この硫酸と純水を用いて濃度 0.10 mol/L の硫酸 200 cm³ をつくるとき，96 %硫酸は何 cm³ 必要か。

（2011 中央）

[IV]　質量パーセント濃度が 12.2 ％のヨウ化カリウム KI のメタノール溶液が
　　ある。この溶液の密度は 0.881 g/cm³ である。したがって，この溶液 1.00 L
　　中に含まれるヨウ化カリウムは（　A　）g である。この溶液の濃度をモル濃
　　度で表すと（　B　）mol/L，質量モル濃度で表すと（　C　）mol/kg となる。
　　（　A　），（　B　），（　C　）にもっとも適合するものを，それぞれ A 群，B
　　群，C 群の（イ）～（ホ）から選び，答えよ。

A：（イ）　107　　（ロ）　122　　（ハ）　126　　（ニ）　139　　（ホ）　144
B：（イ）　0.645　（ロ）　0.732　（ハ）　0.834　（ニ）　0.950　（ホ）　1.29
C：（イ）　0.645　（ロ）　0.732　（ハ）　0.834　（ニ）　0.950　（ホ）　1.29

（2007 早稲田・理工）

解答

[I](1)　8.6 ％　　　　　　（2）　1.6 mol/L　　　（3）　1.6 mol/kg

[II](1)　6.57×10 g　　　（2）　2.82×10 ％　　　（3）　3.83×10 ％

[III]　1.1 cm³

[IV]A　（イ）　　B　（イ）　　C　（ハ）

[解説]

[I]　（1）　$\dfrac{9.4〔g〕}{100.0 + 9.4〔g〕} \times 100 = 8.59\cdots \fallingdotseq \underline{8.6}$ 〔％〕

（2）　NaCl ＝ 58.5 より，

$$\dfrac{\dfrac{9.4〔g〕}{58.5〔g/mol〕}^{\mathrm{mol}}}{\dfrac{100.0 + 9.4〔g〕}{1.1〔g/cm^3〕}^{\mathrm{cm^3}} \times 10^{-3}{}^{\mathrm{L}}} = 1.61\cdots \fallingdotseq \underline{1.6} \ 〔\mathrm{mol/L}〕$$

（3）　$\dfrac{\dfrac{9.4〔g〕}{58.5〔g/mol〕}^{\mathrm{mol}}}{100.0 \times 10^{-3}〔\mathrm{kg}〕} = 1.60\cdots \fallingdotseq \underline{1.6} \ 〔\mathrm{mol/kg}〕$

[II]　（1）　$CaCl_2 \cdot 6H_2O = 219$ より，

　　$3.00 〔\mathrm{mol/L}〕 \times 0.100 〔\mathrm{L}〕 \times 219{}^{\mathrm{mol}}〔\mathrm{g/mol}〕 = \underline{65.7} 〔\mathrm{g}〕$

（2）　$CaCl_2 \cdot 6H_2O \ (= 219)$ 中の $CaCl_2$ の式量は 111 なので，

$$\dfrac{3.00〔\mathrm{mol/L}〕 \times 0.100〔\mathrm{L}〕{}^{\mathrm{mol}} \times 111{}^{\mathrm{g}}〔\mathrm{g/mol}〕}{118.0〔\mathrm{g}〕} \times 100 = 28.22\cdots \fallingdotseq \underline{28.2} 〔％〕$$

(3) この水溶液中に含まれる $CaCl_2$ の質量〔g〕は，

  3.00〔mol/L〕$\times 0.100$〔L〕$\times 111$〔g/mol〕$= 33.3$〔g〕

また，$CaCl_2 \cdot 6H_2O$ に水和水として含まれていた水の質量〔g〕は，

$$\underset{CaCl_2 \cdot 6H_2O〔mol〕 = CaCl_2〔mol〕 \qquad 水和水〔mol〕}{3.00〔mol/L〕\times 0.100〔L〕\times 6 \times 18〔g/mol〕} = 32.4〔g〕$$

よって，この水溶液に含まれる水のうち，$CaCl_2 \cdot 6H_2O$ に水和水として含まれていた水の割合〔%〕は，

$$\frac{32.4〔g〕}{118.0-33.3〔g〕} \times 100 = 38.25\cdots \doteqdot \underline{38.3}〔\%〕$$

〔Ⅲ〕 希釈前後での溶液中の H_2SO_4 の物質量〔mol〕は変わらないため，必要な濃硫酸の体積を V〔cm^3〕とおくと，

$$\underbrace{\frac{1.84〔g/cm^3〕\times V〔cm^3〕\times \overset{H_2SO_4〔g〕}{\dfrac{96}{100}}}{98〔g/mol〕}}_{希釈前の H_2SO_4〔mol〕} = \underbrace{0.10〔mol/L〕\times \frac{200}{1000}〔L〕}_{希釈後の H_2SO_4〔mol〕}$$

  $\therefore \quad V = 1.10\cdots \doteqdot \underline{1.1}$〔cm^3〕

〔Ⅳ〕 (A) 0.881〔g/cm^3〕$\times 1.00 \times 10^3$〔cm^3〕$\times \overset{KI 溶液〔g〕}{\dfrac{12.2}{100}} = 107.4\cdots \doteqdot \underline{107}$〔g〕

(B) この溶液 1.00L あたりに含まれているヨウ化カリウム（溶質）の物質量〔mol〕からモル濃度〔mol/L〕が求まる。よって，(A) より，

$$\frac{溶質〔mol〕}{溶液〔L〕} = \frac{\dfrac{107〔g〕}{166〔g/mol〕}}{1.00〔L〕} = 0.6445\cdots \doteqdot \underline{0.645}〔mol/L〕$$

(C) この溶液 1.00L あたりに含まれている水（溶媒）の質量〔kg〕と，ヨウ化カリウム（溶質）の物質量〔mol〕から質量モル濃度〔mol/kg〕が求まる。よって，(A) の結果より，

$$\frac{溶質〔mol〕}{溶媒〔kg〕} = \frac{\overset{mol}{0.6445}}{(0.881〔g/cm^3〕\times 1.00 \times 10^3〔cm^3〕\underset{水〔g〕}{-107〔g〕})\underset{水〔kg〕}{\times 10^{-3}}}$$

  $= 0.8333\cdots \doteqdot \underline{0.833}$〔mol/kg〕

テーマ 7 化学結合

フレーム7

◎原子間の結合様式を特定する方法

　一般に，原子間の結合は，その元素の種類（電気陰性度の大小）と電気陰性度の差によって，以下の3パターンに分類される。そのため，一部の例外を除き，**元素の組合せにより結合様式の種類が決定される。**

パターン1　電気陰性度が「大（非金属）と大（非金属）」⇨ 共有結合

不対電子　　　　　　共有電子対
A ● ● B ➡ A ●● B

パターン2　電気陰性度が「大（非金属）と小（金属）」⇨ イオン結合

小　　大　　　　　クーロン力
A ● ● B ➡ A⁺ ●● B⁻

パターン3　電気陰性度が「小（金属）と小（金属）」⇨ 金属結合

自由電子
A ● ● B ➡ A⁺ ● ● B⁺

実践問題　　　　　　　　　　　　　　　　1回目　2回目　3回目

目標：3分　実施日：　　／　　　　／　　　　／

　次の文章を読み，**問1〜問3**に答えよ。

　2つの原子A，Bが反応して化合物ABを生成する時，原子同士の結合の強さや生成した化合物の性質は，原子の価電子と原子核が互いにおよぼす力の強さに大きく影響される。これに関連する元素固有の値として，[（ア）]と[（イ）]が挙げられる。[（ア）]は，原子から電子を1つ取り去るのに必要なエネルギーであり，[（イ）]は原子に電子を1つ付加した時に放出されるエネルギーである。また，化合物ABの結合において，原子Aと原子Bのそれぞれが電子を引き寄せる力の相対的な強さを[（ウ）]と呼ぶ。[（ウ）]は2原子間の結合がイオン結合か共有結合かを判断する基準となる。例えば，[（エ）]における異なる2原子は，イ

オン結合で結ばれている。また，〔オ〕における異なる 2 原子は，共有結合で結ばれている。

　一般的に〔ウ〕の大きな元素は〔カ〕的な性質を示し，〔ウ〕の小さな元素は〔キ〕的な性質を示す。元素の周期表の同周期の元素では，原子番号が大きくなるに従って，〔ク〕的な性質を有するようになる。同族元素では，元素の周期表の下へ行くに従って，〔ケ〕性が増す。

問 1　文中の〔ア〕〜〔ウ〕に適切な語句を記せ。

問 2　第 3 周期元素の酸化物として，以下の化合物が知られている。

　　P_4O_{10}, Na_2O, SiO_2, SO_3, MgO

(1)　これらの中から，〔エ〕に当てはまる化合物をすべて選べ。

(2)　これらの中から，〔オ〕に当てはまる化合物をすべて選べ。

問 3　文中〔カ〕〜〔ケ〕には，「金属」か「非金属」のどちらかの語句が入る。「金属」の入る箇所を〔カ〕〜〔ケ〕からすべて選べ。

（2013 九州）

....
解答
....

問 1（ア）（第一）イオン化エネルギー　　（イ）　電子親和力

　　（ウ）　電気陰性度

問 2（1）　Na_2O, MgO　　（2）　P_4O_{10}, SiO_2, SO_3

問 3　（キ），（ケ）

[解説]

問 1　（気体）原子から電子を 1 つ取り去るのに必要なエネルギーを(ア)（第一）イオン化エネルギーといい，（気体）原子に電子を 1 つ付加した時に放出されるエネルギーを(イ)電子親和力という。また，結合に使われる電子を引き寄せる力の相対的な強さをイオン化エネルギーと電子親和力を用いて算出した値を(ウ)電気陰性度という。

問2 本問の選択肢中の化合物を構成する元素は以下のように分類される。

非金属	金属
O，Si，P，S	Na，Mg

(エ)　一般に，イオン結合は金属と非金属の原子間でつくられる。

⇨ Na_2O，MgO

(オ)　一般に，共有結合は非金属と非金属の原子間でつくられる。

⇨ P_4O_{10}，SiO_2，SO_3

問3　一般的に，電気陰性度の大きな元素は陰性が強く，(カ)非金属的な性質を示し，電気陰性度の小さな元素は(キ)金属的な性質を示す（次図）。周期表上の同周期の元素では，原子番号が大きくなる。つまり，右に向かうにしたがって，(ク)非金属的な性質を有するようになる。同族元素では，元素の周期表の下へ行くにしたがって，(ケ)金属性が増す。

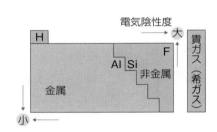

テーマ

8 金属結晶①

フレーム 8
◎単位格子の基本 3 パターン

結晶構造例	体心立方格子 Na, K など	面心立方格子 Cu, Ag, Al など	六方最密構造 Be, Mg, Zn など
結晶中での原子の配置			
原子の位置			
単位格子			
配位数	8	12	12
単位格子中の原子数	頂点：$\frac{1}{8} \times 8 = 1$〔個〕 体心：1〔個〕 よって， 　　$1+1=2$〔個〕	頂点：$\frac{1}{8} \times 8 = 1$〔個〕 面心：$\frac{1}{2} \times 6 = 3$〔個〕 よって， 　　$1+3=4$〔個〕	六角柱中の原子数 頂点：$\frac{1}{6} \times 12 = 2$〔個〕 上下面：$\frac{1}{2} \times 2 = 1$〔個〕 側面：$1 \times 3 = 3$〔個〕 よって， 　　$(2+1+3) \times \frac{1}{3}$ 　　$=2$〔個〕
充填率	68%	74%	74%

単位格子は $\frac{1}{3}$ になる

理論化学編　第2章　構造の理論

41

◎配位数

配位数とは**1個の原子に隣接している原子の数**であり，単位格子における配位数は下図のように考えればよい。

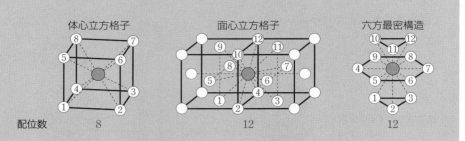

実践問題　　　　　　　　　　　　　　　　　　　1回目　2回目　3回目

目標：15分　実施日：　／　　　／　　　／

[I]　アルカリ金属元素であるリチウムの単体は，常温常圧で体心立方格子の結晶構造をもつ。このことに関して，次の問に答えよ。計算に必要ならば，次の数値を用いよ。

　　原子量：Li = 6.94

　　アボガドロ定数：$N_A = 6.0 \times 10^{23}$/mol，$\sqrt{2} = 1.4$，$\sqrt{3} = 1.7$

(1)　結晶におけるリチウム原子の配位数を答えよ。

(2)　単位格子中のリチウム原子の数を答えよ。

(3)　単位格子の一辺の長さ〔cm〕，および結晶の密度〔g/cm³〕を有効数字2桁で求めよ。ただし，リチウムの原子半径は 1.5×10^{-8} cm とする。

(2016 筑波 改)

[II]　次の文章を読んで，**問1～3**に答えよ。

　結晶構造がわかっている金属の原子半径や密度から原子量を求めることができる。着目する金属の密度を d，原子半径を r，アボガドロ数を N_A とする。また，原子は球であるとし，結晶内では最も近くにある原子どうしが接しているとする。金属の結晶が面心立方格子をとる場合は，単位格子の一辺は [ア] である。単位格子あたりの原子の数は [イ] 個であるので，この金属の原子量は [ウ] となる。

問1 空欄 ［ ア ］ にあてはまる数式を，次から選んで答えよ。

$$\frac{\sqrt{2}}{4}r \qquad \frac{\sqrt{3}}{4}r \qquad \frac{1}{2}r \qquad r \qquad \frac{4\sqrt{2}}{3}r \qquad \frac{4\sqrt{3}}{3}r \qquad 2r \qquad 2\sqrt{2}\,r$$

$$2\sqrt{3}\,r \qquad 4r$$

問2 空欄 ［ イ ］ にあてはまる数字を答えよ。

問3 空欄 ［ ウ ］ にあてはまる数式を，次から選んで答えよ。

$$\frac{1}{8}N_A dr^3 \qquad \frac{1}{4}N_A dr^3 \qquad \frac{1}{2}N_A dr^3 \qquad N_A dr^3 \qquad \sqrt{2}\,N_A dr^3$$

$$\frac{8\sqrt{3}}{9}N_A dr^3 \qquad 2N_A dr^3 \qquad 2\sqrt{2}\,N_A dr^3 \qquad \frac{16\sqrt{3}}{9}N_A dr^3 \qquad 4\sqrt{2}\,N_A dr^3$$

$$\frac{32\sqrt{3}}{9}N_A dr^3 \qquad 8\sqrt{2}\,N_A dr^3 \qquad \frac{64\sqrt{3}}{9}N_A dr^3 \qquad\qquad\qquad (2012\ 神戸)$$

［Ⅲ］　ある金属元素の単体 M は面心立方格子の結晶で，単位格子の一辺の長さは 4.00×10^{-8} cm である。金属 M の密度を 11.1 g/cm^3 として，M の原子量を整数値で求めよ。アボガドロ定数：$N_A = 6.02 \times 10^{23}$/mol

(2010 岐阜（後）)

解答

［Ⅰ］(1)　8　　(2)　2

(3)　一辺の長さ…3.5×10^{-8} cm

密度…5.6×10^{-1} g/cm^3（$5.5 \times 10^{-1} \sim 5.7 \times 10^{-1}$ であれば可）

［Ⅱ］**問1** ア　$2\sqrt{2}\,r$　　**問2** イ　4　　**問3** ウ　$4\sqrt{2}\,N_A dr^3$

［Ⅲ］　107

［解説］

［Ⅰ］（1）右図のように，体心立方格子の体心にある原子（●）に注目すると，頂点にある $\underline{8}$ つの原子が最近接の原子である。

(2)　頂点：$\dfrac{1}{8} \times 8 = 1$〔個〕　　よって，$1 + 1 = \underline{2}$〔個〕

体心：1〔個〕

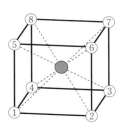

(3) ［一辺の長さ(格子定数)について］格子定数を a〔cm〕とすると，右図より，

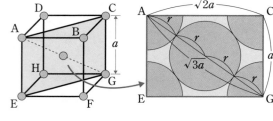

$$\sqrt{3}\,a = 4r$$

$$\Leftrightarrow \quad a = \frac{4}{\sqrt{3}}\,r$$

$$= \frac{4}{1.7} \times (1.5 \times 10^{-8}) = 3.52\cdots \times 10^{-8} \fallingdotseq \underline{3.5 \times 10^{-8}}\,\text{〔cm〕}$$

［密度について］ Li の原子量を M，アボガドロ定数を N_A〔/mol〕，格子内原子数を n〔個〕とおくと，密度 d〔g/cm^3〕は次式のように求まる。

$$d = \frac{\dfrac{M\text{〔g/mol〕}}{N_A\text{〔個/mol〕}}\overset{\text{g/個}}{|} \times n\text{〔個〕}^{\text{g}}}{a^3\text{〔cm}^3\text{〕}} = \frac{nM}{a^3 N_A}$$

$$= \frac{2 \times 6.94}{\left(\dfrac{4}{\sqrt{3}} \times 1.5 \times 10^{-8}\right)^3 \times (6.0 \times 10^{23})} = 0.556\cdots \fallingdotseq \underline{0.56}\,\text{〔g/cm}^3\text{〕}$$

［Ⅱ］ **問 1** 格子定数を a〔cm〕とすると，右図より，

$$\sqrt{2}\,a = 4r \quad \Leftrightarrow \quad a = \frac{4}{\sqrt{2}}\,r = \underline{2\sqrt{2}\,r}$$

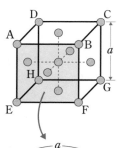

問 2 頂点：$\dfrac{1}{8} \times 8 = 1$〔個〕

面心：$\dfrac{1}{2} \times 6 = 3$〔個〕

よって，$1 + 3 = \underline{4}$〔個〕

問 3 問 1，2 の結果より，

$$d = \frac{\dfrac{M\text{〔g/mol〕}}{N_A\text{〔個/mol〕}}\overset{\text{g/個}}{|} \times n\text{〔個〕}^{\text{g}}}{a^3\text{〔cm}^3\text{〕}} = \frac{nM}{a^3 N_A} \quad (\because n \text{ は自然数})$$

$$\Leftrightarrow \quad M = \frac{a^3 N_A d}{n} = \frac{(2\sqrt{2}\,r)^3 N_A d}{4} = 4\sqrt{2}\,N_A d r^3$$

［Ⅲ］ ［Ⅱ］**問 3** の結果を用いると，

$$M = \frac{a^3 N_A d}{n} = \frac{(4.00 \times 10^{-8})^3 \times (6.02 \times 10^{23}) \times 11.1}{4} = 106.9\cdots \fallingdotseq \underline{107}$$

テーマ 9 金属結晶②

フレーム 9

◎最密構造（最密充塡構造）の2パターン

パターン1　六方最密構造

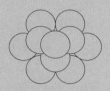 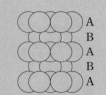
A
B
A
B
A
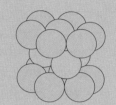

パターン2　立方最密構造（面心立方格子）

 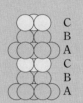
C
B
A
C
B
A
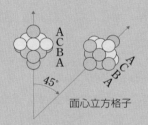

面心立方格子

※この2パターンは，層の積み重ね方が異なり，パターン1（六方最密構造）ではA，B，A，B，…の2層の繰り返しとなっているのに対し，パターン2（立方最密構造）ではA，B，C，A，B，C，…の3層の繰り返しとなっている。

◎充塡率

単位格子中に占める粒子の体積の割合〔%〕。結晶がどれだけ密に詰まっているかを表している。

$$充塡率〔%〕= \frac{単位格子中の全粒子の体積}{単位格子の体積} \times 100$$

※多くの場合，格子の一辺の長さ (a) と原子半径 (r) の関係 $\left(\dfrac{r}{a}\right)$ を上式に代入する。

原子量：H = 1.0, C = 12.0, N = 14.0, O = 16.0, Fe = 55.8, $\sqrt{2}$ = 1.41, $\sqrt{3}$ = 1.73, $\sqrt{5}$ = 2.24, $\sqrt{6}$ = 2.45, $\sqrt{7}$ = 2.65, アボガドロ定数は 6.02×10^{23}/mol

[Ⅰ]　固体の純鉄を冷却すると，面心立方格子構造のオーステナイトとよばれる鉄から，体心立方格子構造のフェライトとよばれる鉄に変化する。これにもとづき，以下の問いに答えよ。ただし，鉄は完全な結晶としてあつかってよく，温度変化および圧力変化による鉄原子の体積変化はないものとする。計算のために必要な場合には，上の数値を使用せよ。

（1）　固体の純鉄が面心立方格子構造から体心立方格子構造に変化する際，体積はどうなるか以下の選択肢から1つ選べ。

（a）　変化しない　　（b）　増加する　　（c）　減少する

（2）　ⅰ）面心立方格子およびⅱ）体心立方格子それぞれについて，構成する原子自身が結晶中の空間に占める体積の割合〔%〕を示せ。ただし，円周率（π）および平方根（$\sqrt{\ }$）が必要な場合は，これらを含む式で表せ。また，構成する原子自身が結晶中の空間を完全に占める場合の体積の割合を1とする。

（3）　面心立方格子構造の $1.00\ \mathrm{cm}^3$ の鉄が体心立方格子構造に変化した場合の体積〔cm^3〕を有効数字3桁で求め，その数値を書け。　　　　　　　（2013 東北）

[Ⅱ]　右図に示す六方最密構造をもつ金属結晶に関するつぎの問に答えよ。ただし，図中の丸印は原子位置を示し，太線は単位格子を示している。また，結晶中の原子を球とみなし，最も近い原子は互いに接しているものとする。

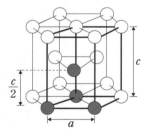

問ⅰ　図中の灰色で表されている4個の原子で形成される正四面体の高さは，単位格子の高さ c の半分である。c は最近接原子間距離 a の何倍か。解答は小数点以下第2位を四捨五入して，下の形式により示せ。

☐．☐倍

問ⅱ　原子量が60.2，$a^3 = 3.24 \times 10^{-23}\ \mathrm{cm}^3$ のとき，この金属結晶の密度はいくらか。解答は小数点以下第2位を四捨五入して，下の形式により示せ。

☐．☐ g/cm³　　　　　　　　　　　　　　　　　　（2016 東京工業）

解答

[I]（1）　（b）　　（2）ⅰ）　面心… $\dfrac{\sqrt{2}}{6}\pi \times 100$　　体心… $\dfrac{\sqrt{3}}{8}\pi \times 100$

（3）　$1.09\,\text{cm}^3$（または $1.08\,\text{cm}^3$）

[Ⅱ]**問ⅰ**　1.6 倍　　**問ⅱ**　4.4 g/cm^3

[解説]

[I]（2）　ⅰ）[面心立方格子について]

　右図より，三平方の定理から，

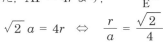

$$AF^2 = AB^2 + BF^2$$
$$= a^2 + a^2 = 2a^2$$
$$\therefore \quad AF = \sqrt{2}\,a$$

また，$AF = 4r$ より，

$$\sqrt{2}\,a = 4r \quad \Leftrightarrow \quad \frac{r}{a} = \frac{\sqrt{2}}{4}$$

以上より，

$$\frac{\text{粒子の総体積〔cm}^3\text{〕}}{\text{単位格子〔cm}^3\text{〕}} \times 100 = \frac{\dfrac{4}{3}\pi r^3 \text{〔cm}^3/\text{個〕} \times 4\text{〔個〕}}{a^3\text{〔cm}^3\text{〕}} \times 100$$

$$= \frac{16}{3}\pi \left(\frac{r}{a}\right)^3 \times 100 = \frac{16}{3} \times \pi \times \left(\frac{\sqrt{2}}{4}\right)^3 \times 100 = \underline{\frac{\sqrt{2}}{6}\pi \times 100}$$

ⅱ）[体心立方格子について]

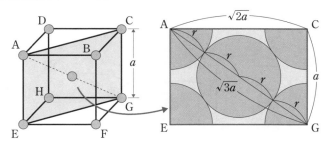

上図より，三平方の定理から，

$$AG^2 = AC^2 + CG^2 = (\sqrt{2}\,a)^2 + a^2 = 3a^2 \quad \therefore \quad AG = \sqrt{3}\,a$$

また，AG $= 4r$

よって，$\sqrt{3}\,a = 4r \Leftrightarrow \dfrac{r}{a} = \dfrac{\sqrt{3}}{4}$

以上より，

$$\dfrac{\text{粒子の総体積〔cm}^3\text{〕}}{\text{単位格子〔cm}^3\text{〕}} \times 100 = \dfrac{\dfrac{4}{3}\pi r^3 \text{〔cm}^3\text{/個〕} \times 2 \text{〔個〕}}{a^3 \text{〔cm}^3\text{〕}} \times 100$$

$$= \dfrac{8}{3}\pi \left(\dfrac{r}{a}\right)^3 \times 100 = \dfrac{8}{3} \times \pi \times \left(\dfrac{\sqrt{3}}{4}\right)^3 \times 100 = \underline{\dfrac{\sqrt{3}\,\pi}{8} \times 100}$$

(1)，(3)　(2)の結果より，充塡率〔%〕に関して次式が成り立つ。

$$\begin{cases} \dfrac{\text{粒子の総体積}}{\text{面心立方格子の体積}} \times 100 = \dfrac{\sqrt{2}\,\pi}{6} \times 100 & \cdots\text{①} \\[3mm] \dfrac{\text{粒子の総体積}}{\text{体心立方格子の体積}} \times 100 = \dfrac{\sqrt{3}\,\pi}{8} \times 100 & \cdots\text{②} \end{cases}$$

　　ここで，面心立方格子から体心立方格子に変化しても粒子の総体積は変化しないため，①式÷②式より，「粒子の総体積」を消去すると，

$$\dfrac{\text{体心立方格子の体積}}{\text{面心立方格子の体積}} = \dfrac{4\sqrt{2}}{3\sqrt{3}}\text{〔倍〕}$$

　　よって，面心立方格子構造の $1.00\,\text{cm}^3$ の鉄が体心立方格子構造に変化したときの体積〔cm^3〕は，

$$1.00\,\text{〔cm}^3\text{〕} \times \dfrac{4\sqrt{2}}{3\sqrt{3}} = 1.00\,\text{〔cm}^3\text{〕} \times \dfrac{4\sqrt{6}}{9} = 1.00\,\text{〔cm}^3\text{〕} \times \dfrac{4 \times 2.45}{9}$$

$$= 1.088\cdots \doteqdot \underline{1.09}\,\text{〔cm}^3\text{〕}$$

[Ⅱ]　問 i　　次図のように，正六角柱から正四面体を抜き出して考える。

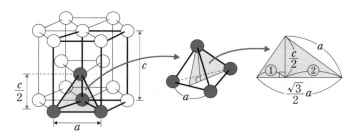

よって，前ページの図より，

$$\left(\frac{c}{2}\right)^2 + \left(\frac{\sqrt{3}}{2}\,a \times \frac{2}{3}\right)^2 = a^2$$

$$\therefore \quad c = \frac{2\sqrt{6}}{3}\,a = 1.63\cdots a \fallingdotseq \underline{1.6\,a}$$

問ii　この正六角柱に含まれる原子の数は，

$$\left.\begin{array}{l} \text{頂点：} \dfrac{1}{6} \times 12 = 2 \;\text{〔個〕} \\[2mm] \text{上下面：} \dfrac{1}{2} \times 2 = 1 \;\text{〔個〕} \\[2mm] \text{内部：} 1 \times 3 = 3 \;\text{〔個〕} \end{array}\right\} \text{よって，} 2 + 1 + 3 = 6 \;\text{〔個〕}$$

また，この正六角柱の体積 V〔cm^3〕は，

$$V = \underbrace{\left(a \times \frac{\sqrt{3}}{2}\,a \times \frac{1}{2}\right) \times 6}_{\text{底面積}} \times \underbrace{c}_{\text{高さ}} = \frac{3\sqrt{3}}{2}\,a^2 c = \frac{3\sqrt{3}}{2}\,a^2 \times \frac{2\sqrt{6}}{3}\,a$$

$$= 3\sqrt{2}\,a^3 \;\text{〔cm}^3\text{〕}$$

よって，この金属の原子量を M，アボガドロ定数を N_A〔/mol〕，正六角柱内の原子数を n〔個〕とおくと，密度 d〔g/cm^3〕は次式で求まる。

$$d = \frac{\dfrac{M\text{〔g/mol〕}}{N_A\text{〔個/mol〕}} \times n\text{〔個〕}}{V\text{〔cm}^3\text{〕}} = \frac{nM}{N_A V}$$

$$= \frac{6 \times 60.2}{(6.02 \times 10^{23}) \times 3\sqrt{2}\,a^3} = \frac{6 \times 60.2}{(6.02 \times 10^{23}) \times 3 \times 1.41 \times (3.24 \times 10^{-23})}$$

$$= 4.37\cdots \fallingdotseq \underline{4.4} \;\text{〔g/cm}^3\text{〕}$$

（なお，実際の六方最密構造の単位格子は正六角柱の $\dfrac{1}{3}$ であるが（⇨ P.41），密度は正六角柱のままで求めても同じ値が算出される。）

イオン結晶

フレーム 10

◎イオン結晶の安定性（限界半径比）

　イオン結晶は，「より多くの反対電荷のイオンと接し，かつ同電荷のイオンと接しない場合」に安定である。裏を返せば，「より多くの反対電荷のイオンと接し，かつ同電荷のイオンとも接する場合」は，安定な構造の限界となる。

※このときの陽イオンの半径と陰イオンの半径の比を限界半径比という。

◎限界半径比の算出

　陽イオン（●）の半径を R_C，陰イオン（●）の半径を R_A とおくと，NaCl 型と CsCl 型の限界半径比は，それぞれ以下のように求められる。

[NaCl 型]　　　　　　　　　　　[CsCl 型]

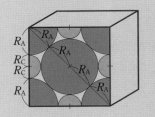
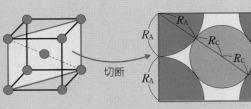

切断

$$2(R_A + R_C) \times \sqrt{2} = 4R_A \qquad\qquad 2R_A \times \sqrt{3} = 2(R_A + R_C)$$

$$\Leftrightarrow \frac{R_C}{R_A} = \sqrt{2} - 1 = \underline{0.41} \qquad\qquad \Leftrightarrow \frac{R_C}{R_A} = \sqrt{3} - 1 = \underline{0.73}$$

実践問題　　　　　　　　　　　　　　　　　　1回目　2回目　3回目

目標：28分　実施日：　　／　　　／　　　／

[I]　イオン結晶の結晶格子に関する以下の記述を読み，**問1〜問4** に答えよ。必要があれば次の数値を用いよ。$\sqrt{2} = 1.414,\ \sqrt{3} = 1.732,\ \sqrt{5} = 2.23$

　イオン結晶では，陽イオンと陰イオンが規則正しく配列して結晶格子を形成している。ハロゲン化アルカリ金属塩は塩化ナトリウム型構造（図1）または塩化セシウム型構造（図2）をとる。各イオンが球形であるとみなし，イオン半径が構造によらないとすると，イオンの立体配置を考えることによって結晶構造の安

定性について考察することができる。図3は塩化ナトリウム型構造の断面図（図1の破線で示した立方体の一つの面）を表したものである。この図のように，陽イオンと陰イオンの半径比の違いにより3つの状態が考えられる。陽イオンと陰イオンの間には静電引力が働くので，図3の（ⅰ），（ⅱ）のように陽イオンと陰イオンが接触している状態は安定である。一方，図3（ⅲ）では互いに反発しあう陰イオンのみが接触するため結晶格子が不安定になりやすい。

アルカリ金属 A とハロゲン X のイオン半径をそれぞれ r_A, r_X $(r_A < r_X)$ とすると，塩化ナトリウム型構造ではイオン半径比 $\dfrac{r_A}{r_X}$ の値が ⎡(a)⎤ のとき，図3（ⅱ）のように陽イオンと陰イオンだけでなく陰イオンどうしも互いに接する状態となる。一方，イオン半径比が ⎡(a)⎤ より大きいときには図3（ⅰ），小さいときには図3（ⅲ）の状態になる。以上のことから，⎡(a)⎤ は塩化ナトリウム型構造において安定な結晶構造を与える最小のイオン半径比と考えられる。塩化セシウム型構造についても図2のイオンの立体配置を考えることによって，最小イオン半径比が ⎡(b)⎤ と計算される。

イオン半径比が ⎡(a)⎤，⎡(b)⎤ のいずれの値よりも大きい場合には，塩化ナトリウム型構造と塩化セシウム型構造のどちらの結晶構造もとりうる。この場合，(1)塩化セシウム型構造は塩化ナトリウム型構造より高密度であるため，塩化セシウム型構造がより安定となる。

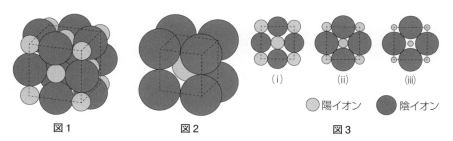

図1   図2   図3

○陽イオン   ●陰イオン

（ⅰ）   （ⅱ）   （ⅲ）

問1 塩化ナトリウム型構造と塩化セシウム型構造において，一つの陽イオンが接することのできる最大の陰イオンの数（配位数）をそれぞれ記せ。

問2 ⎡(a)⎤，⎡(b)⎤ に入る値を有効数字3桁で求めよ。

問3 下線部(1)に関連して，ハロゲン化アルカリ金属塩 AX においてイオン半径比が塩化セシウム型構造の最小値に等しい場合の，塩化ナトリウム型構造と塩化セシウム型構造の密度（単位 kg/m^3）を AX のモル質量 M〔kg/mol〕，アボガドロ定数 N_A〔/mol〕，陰イオン半径を r_X〔m〕を用いて表せ。ただし，

平方根や分数については計算しなくてよい。

問4 塩化ナトリウム型構造をとる NaCl と NaBr の融点はそれぞれ 801℃ と 747℃ である。NaBr の融点が NaCl に比べて低い理由を「NaBr は NaCl に比べて」に続く 30 字以内の文で説明せよ。

(2011 北海道（後）)

[Ⅱ]　以下の文章を読み，**問1** から **問4** に答えよ。計算のために必要な場合には，以下の数値を使用せよ。

原子量：H = 1.00，C = 12.0，O = 16.0，Na = 23.0，S = 32.1，Zn = 65.4

アボガドロ定数 = 6.02×10^{23}/mol

$\sqrt{2} = 1.41$，$\sqrt{3} = 1.73$，$\sqrt{5} = 2.24$，$\sqrt{7} = 2.65$

図1 硫化亜鉛の立方体形の
単位格子

硫化亜鉛は図1に示すような閃亜鉛鉱型のイオン結晶の構造であり，結晶中で1個の亜鉛イオンに接する硫化物イオンの数は　ア　である。

問1　　ア　に入る適切な数値を書け。

問2　下線部に関して，以下の問いに答えよ。

(1)　結晶中でイオンどうしの間にはたらく主要な力を以下の選択肢から1つ選べ。

(a)　ファンデルワールス力　　(b)　水素結合

(c)　静電気力（クーロン力）　(d)　配位結合

(2)　陽イオンと陰イオンの数の比が1：1のイオン結晶においては，陽イオン半径を r_+，陰イオン半径を r_- としたときの半径比 $\dfrac{r_+}{r_-}$ により結晶型が変化する。塩化セシウム型の結晶格子は半径比が大きい場合に形成されるが，半径比が小さくなるにつれて塩化ナトリウム型，そして図1のような閃亜鉛鉱型へと形成される結晶型が変化する。このような変化が起こる主要な理由を35字以内で書け。

問3　硫化亜鉛の密度に関して，以下の問いに答えよ。

(1)　図1の硫化亜鉛の単位格子に含まれる S^{2-} のイオン数を求めよ。

(2)　硫化亜鉛の密度〔g/cm³〕を有効数字2桁で求めよ。ただし，単位格子は一辺 5.40×10^{-8} cm とする。

問4 下線部に関して，以下の問いに答えよ。

(1) 図1の点線は，単位格子の一辺の長さの半分の位置を示す。図1の硫化亜鉛の単位格子は，点線により8個の等しい体積の立方体に分割でき，この分割された立方体中のイオンの配置は，図2に示す立方体Aと立方体Bのいずれかの配置となる。図1の単位格子中における立方体AとBの配置の様子について述べた次の（a）から（c）の文章について，正しいものをすべて選べ。

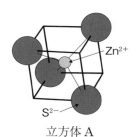 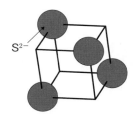

立方体A   立方体B

図2 図1の単位格子を点線で8個の等しい体積の立方体に分割したときにできる2種類の立方体

(a) 立方体Aの中において，各イオンは正四面体形の中心あるいは頂点に位置する。

(b) 立方体Bの中において，各イオンは正四面体形の中心に位置する。

(c) 図1の単位格子の中での立方体Aと立方体Bの個数はそれぞれ6個と2個である。

(2) 図1に示した硫化亜鉛の結晶構造の構成元素をすべて炭素に置き換えた場合に，何という物質の単位格子と同じ配置となるか。この物質名を書け。

（2014 東北 改）

....

解答

....

［Ⅰ］**問1** 塩化ナトリウム型…6個　　塩化セシウム型…8個

問2 (a) 0.414　　(b) 0.732

問3 塩化ナトリウム型… $\dfrac{M}{6\sqrt{3}\, N_{\mathrm{A}} r_{\mathrm{X}}^{3}}$ kg/m^3

塩化セシウム型… $\dfrac{M}{8 N_{\mathrm{A}} r_{\mathrm{X}}^{3}}$ kg/m^3

問4 陽イオンと陰イオンの間の距離が大きくクーロン力が弱いから。(29字)

[II] **問1** 4

    問2(1) (c)

        (2) 陰イオンどうしが接触して反発力が強くなり，不安定になるため。

        (30字)

    問3(1) 4個   (2) 4.1 g/cm^3

    問4(1) (a)   (2) ダイヤモンド

[解説]

問1　[塩化ナトリウム型]

体心のナトリウムイオン Na$^+$（●）に注目する。

反対電荷：6個　　　　　　　　　　同電荷：12個

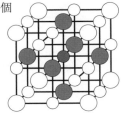 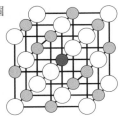

[塩化セシウム型]

体心のセシウムイオン Cl$^-$（●）に注目する。

反対電荷：8個　　　　　　　　　　同電荷：6個

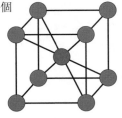 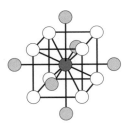

問2　(a)　図3（ⅱ）の塩化ナトリウム型において，陽イオン（●）と陰イオン（●）とが接触し，かつ陰イオン（●）どうしも接触している状態は右図のように考えることができる。

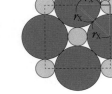

    よって，

$$(r_A + r_X) \times \sqrt{2} = 2\,r_X \quad \Leftrightarrow \quad \frac{r_A}{r_X} = \sqrt{2} - 1 = \underline{0.414}$$

（b） 塩化セシウム型におい
て，陽イオン（●）と陰イオ
ン（●）とが接触し，かつ陰
イオン（●）どうしも接触し
ている状態は右図のように考
えることができる。

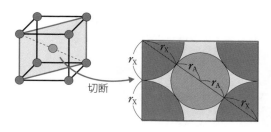

切断

よって，

$$2r_X \times \sqrt{3} = 2(r_A + r_X) \quad \Leftrightarrow \quad \frac{r_A}{r_X} = \sqrt{3} - 1 = \underline{0.732}$$

問3 ［塩化ナトリウム型について］　右図より，単
位格子中に含まれる各イオンは以下のように求まる。

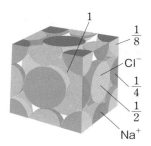

$$\left\{ \begin{array}{l} Na^+ : \underbrace{1 \times 1}_{体心} + \underbrace{\frac{1}{4} \times 12}_{各辺心} = \underline{4} \,〔個〕 \\[2em] Cl^- : \underbrace{\frac{1}{2} \times 6}_{各面心} + \underbrace{\frac{1}{8} \times 8}_{各頂点} = \underline{4} \,〔個〕 \end{array} \right.$$

また，題意より，イオン半径比 $\dfrac{r_A}{r_X}$ が CsCl 型構造の最小値に等しい場合，

$r_A = (\sqrt{3} - 1) r_X$ となる。

よって，NaCl で 1 セット（1 単位）とすると，単位格子あたり NaCl は 4 セッ
ト（4 単位）含まれていることになるため，格子定数を a〔m〕，密度を d〔kg/m³〕
とすると，

$$d = \frac{\dfrac{M〔kg/mol〕}{N_A〔個/mol〕} \overset{kg/個}{} \times n〔個〕 \overset{kg}{}}{a^3〔m^3〕} = \frac{nM}{a^3 N_A} = \frac{4 \times M}{\{2(r_A + r_X)\}^3 \times N_A}$$

$$= \frac{4M}{[2\{(\sqrt{3}-1)r_X + r_X\}]^3 \times N_A}$$

$$= \frac{M}{6\sqrt{3}\,N_A r_X^3}〔kg/m^3〕 \quad \left(\frac{\sqrt{3}\,M}{18 N_A r_X^3} \,でも可 \right)$$

[塩化セシウム型について]　右図より，単位格子中に含まれる各イオンは以下のように求まる。

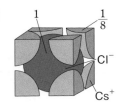

$$\text{Cs}^+ : \frac{1}{8} \times 8 = 1 \text{〔個〕} \qquad \text{Cl}^- : 1 \times 1 = 1 \text{〔個〕}$$
　　　　　　各頂点　　　　　　　　　　体心

　よって，CsClで1セット（1単位）とすると，単位格子あたりCsClは1セット（1単位）含まれていることになるため，格子定数を a 〔m〕，密度を d 〔kg/m³〕とすると，

$$d = \frac{\dfrac{M\text{〔kg/mol〕}}{N_A\text{〔個/mol〕}} \overset{\text{kg/個}}{} \times n \overset{\text{kg}}{\text{〔個〕}}}{a^3\text{〔cm}^3\text{〕}} = \frac{nM}{a^3 N_A} = \frac{1 \times M}{(2r_X)^3 \times N_A} = \frac{M}{8N_A r_X^3} \text{〔kg/m}^3\text{〕}$$

問4　クーロンの法則（⇨P.26）より，反対電荷のイオン間距離（r）が小さいほうがクーロン力は強く，結晶の融点は高くなる。イオンの大きさは $\text{Br}^- > \text{Cl}^-$ より，イオン間距離は $\text{Na}^+ - \text{Br}^- > \text{Na}^+ - \text{Cl}^-$ となるため，同じ結晶構造ではNaBrよりもNaClのほうがクーロン力は強く，融点は高くなる（下図）。

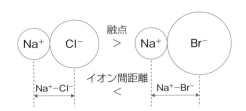

[Ⅱ]　**問1**　本問の図2の立方体Aにおいて，体心の Zn^{2+}（◯）に注目すると，最近接の S^{2-}（●）は4個であることがわかる。

問2　(2)　イオン結晶の構造は，①イオン半径の比 $\dfrac{r_+}{r_-}$（これを限界半径比という）と②反対電荷の配位数（最近接粒子数）で決まる。①を満たすことができないと，同電荷のイオンが接触して反発力（クーロン斥力）が強くなり，不安定になってしまう。一方，②の条件は，①の条件を満たした場合に反対電荷のイオン数（配位数）が多いほうがクーロン引力による結合が多くなり，安定になりやすい。そのため，イオン結晶の構造は，一般に①の条件を満たし，かつ②の条件でできるだけ配位数が多い構造をとる。例えば，閃亜鉛鉱ZnSの限界半径比は以下のように求めることができる。

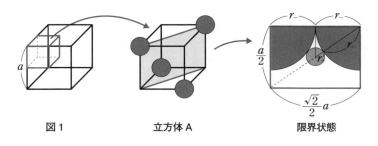

| 図1 | 立方体 A | 限界状態 |

よって，上図より，

$$r_- : (r_+ + r_-) = \sqrt{2} : \sqrt{3} \quad \Leftrightarrow \quad \frac{r_+}{r_-} = \frac{\sqrt{3}}{\sqrt{2}} - 1 \fallingdotseq 0.23$$

また，P.54 より，塩化セシウム CsCl 型（配位数 8）と塩化ナトリウム NaCl 型（配位数 6）の限界半径比 $\dfrac{r_+}{r_-}$ はそれぞれ，0.73 と 0.41 なので，例えば閃亜鉛鉱 ZnS 型（配位数 4）の結晶構造をとる条件は，以下の数直線上の ▨ 部分である $0.23 \le \dfrac{r_+}{r_-} < 0.41$ となる（$\sqrt{2} = 1.41$，$\sqrt{3} = 1.73$ で算出した場合）。

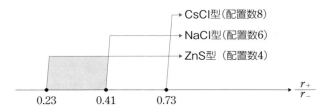

問3　(1)　本問の図1の単位格子において，S^{2-}（●）は面心立方格子（⇨ P.41）をとっていることがわかる。

$$\left.\begin{array}{l} \text{頂点：} \dfrac{1}{8} \times 8 = 1 \ \text{〔個〕} \\[3mm] \text{面心：} \dfrac{1}{2} \times 6 = 3 \ \text{〔個〕} \end{array}\right\} \quad \text{よって，} 1 + 3 = \underline{4} \ \text{〔個〕}$$

(2)　本問の図1の単位格子において，Zn^{2+}（◯）は $1 \times 4 = 4$〔個〕含まれていることがわかる。よって，ZnS で 1 セット（1 単位）とすると，(1) より，単位格子あたり ZnS は 4 セット（4 単位）含まれていることになるため，格子定数を a〔cm〕，アボガドロ定数を N_A〔/mol〕，ZnS の式量を M_{ZnS}，密度 d〔g/cm³〕とすると，

$$d \text{ [g/cm}^3\text{]} = \frac{\dfrac{M_{ZnS}\text{[g/mol]}}{N_A\text{[個/mol]}} \times n\text{[個]}^{\text{g/個}}}{a^3\text{[cm}^3\text{]}} = \frac{nM_{ZnS}}{a^3 N_A}$$

$$= \frac{4 \times (65.4 + 32.1)}{(5.40 \times 10^{-8})^3 \times (6.02 \times 10^{23})} = 4.11\cdots \fallingdotseq \underline{4.1}\ \text{[g/cm}^3\text{]}$$

問4 （1） （a）正しい。

（b） 誤り。図2の立方体Bにおいて，S^{2-}（●）は正四面体形の中心ではなく頂点に位置している。なお，右図より，Zn^{2+}（◉）も正四面体形の頂点に位置していることがわかる。

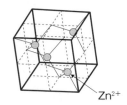

（c） 誤り。次図より，立方体Aと立方体Bは単位格子中にそれぞれ4個ずつである。

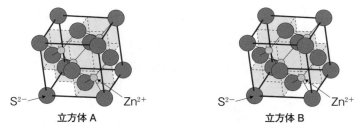

立方体 A　　　　　　　　　　　　　**立方体 B**

（2） 炭素原子が正四面体の頂点方向につながり続ける物質は<u>ダイヤモンド</u>である（⇨ P.64）。

テーマ 11 分子

フレーム 11

◎分子の形（VSEPR 理論（原子価殻電子対反発則））

　最外殻の電子対どうしは反発しあい，互いに最も離れる方角に伸びて分子をつくろうとする。

《分子構造予測の手順》

Step1　非共有電子対を含めて構造式を書く。

Step2　中心の原子から電子対が何方向に伸びているのかを把握する（多重結合は束ねて1方向と考える）。

Step3　電子対どうしが最も離れる方向に電子対を伸ばす。

◎極性の有無の判断

　3個以上の原子からなる分子において，分子の形（対称性など）をベースにして極性（共有電子対の偏り）の有無を判断する。

《極性の有無のジャッジ》

Step1　分子の形を書き，電気陰性度（周期表の右上が大きい）から原子間の電荷の偏りをジャッジ。

Step2　極性が生じた場合　{ 分子全体で打ち消し合わない場合 ⇨ 極性分子
分子全体で打ち消し合う場合 ⇨ 無極性分子

※水素 H_2 や塩化水素 HCl のような二原子分子（＝2個の原子からなる分子）では，共有結合の極性の有無がそのまま分子の極性の有無になる。

実践問題　　　　　　　　　　　　　　　　1回目　2回目　3回目

目標：8分　実施日：　／　　　／　　　／

　次の文章を読んで，問いに答えよ。

　分子の概念は，1811年にイタリアの学者 ［　ア　］ がとなえた分子説に端を発する。いくつかの原子が結びついて1つの物質粒子としてふるまう原子のまとまりを分子という。ただし，周期表の第 ［　イ　］ 族の元素の原子は，原子単独で安定に存在するため，分子とみなされる。分子を構成する原子同士は ［　A　］ 結合により結びついている。分子は構成原子の結合に依存した固有の構造をもっており，その形には，直線型，折れ線型，三角錐型，四面体型，平面型などがある。

結合している原子が電子を引き付ける能力である　ウ　が大きい原子と小さい原子が結合した場合，　B　にかたよりが生じる。これを結合の　エ　という。b　ウ　が異なる2つの原子からなる分子は　エ　をもつ。分子全体として電荷のかたよりをもつ分子を　オ　という。一方，c同一の原子からなる二原子分子の場合は　B　のかたよりがない。また，　B　にかたよりがあっても，分子の形の対称性により分子全体の　エ　が打ち消される分子もある。これらを　カ　という。分子と分子の間には分子間力とよばれる力がはたらいている。分子間力は気体に比べて固体や液体で大きくはたらく。分子からなる物質は，一般に，イオンからなる物質に比べると融点や沸点が　キ　。

問1　文中の空欄　ア　～　キ　に適当な語句，数字を書け。

問2　文中の空欄　A　に適当な語句を下から選び，番号で書け。

1　金属　　　2　共有　　　3　ファンデルワールス

4　配位　　　5　イオン

問3　文中の空欄　B　に適当な語句を下から選び，番号で書け。

1　非共有電子対　　　2　価電子　　　3　共有電子対

4　不対電子　　　　5　自由電子

問4　下線部aの分子の形のなかで，折れ線型の形をもつ三原子分子の例を1つあげ，電子式で書け。

問5　下線部aの分子の形のなかで，三角錐型の形をもつ四原子分子の例，および平面型の形をもつ六原子分子の例を，それぞれ1つずつあげ，電子式で書け。

問6　下線部bに該当する分子を1つあげ，電子式で書け。

問7　下線部cに該当する分子で三重結合をもつものを1つあげ，電子式で書け。

（2013 早稲田・教育）

解答

問1 ア　アボガドロ　　イ　18　　　ウ　電気陰性度

　　　エ　極性　　　　オ　極性分子　　カ　無極性分子

　　　キ　低い

問2　2

問3　3

問4　H:Ö:H ，Ö::Ö:Ö: ，Ö::S:Ö: などから1つ

問5　四原子分子　H:N̈:H ，六原子分子　H:C̈::C̈:H
　　　　　　　　　　　　H

問6　H:C̈l: などのハロゲン化水素のうちから1つ

問7　N̈::N̈

[解説]

問1〜3　一般に，分子を構成する原子間の結合は，非金属元素どうしによる
ₐ共有結合である。結合している原子が電子を引きつける力は。電気陰性度であ
り，電気陰性度が大きい原子と小さい原子が結合した場合，ₐ共有電子対は，電
気陰性度の大きいほうに引き寄せられ分極する。これを結合の。極性といい，分
子全体として電荷の偏りをもつ分子を。極性分子という。また，共有電子対に偏
りはあるが，分子の形の対称性により分子全体の極性が打ち消される分子があり，
このような分子を。無極性分子という。なお，電気陰性度の大きい元素と小さい
元素の2原子の電気陰性度の差があまりにも大きく，電子対が一方の原子に完
全に移った極端な状態がイオン結合と考えることができる（次図）。

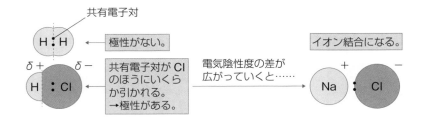

問4, 5 電子対の反発方向の違いによる分子の代表例を，構造式を用いて以下に記す。

・2方向：直線形

例　二酸化炭素　　　　　アセチレン　　　　　シアン化水素

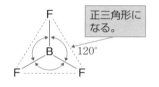

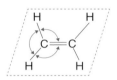

・3方向：（平面）三角形

例　三フッ化ホウ素　　　　　　　三塩化ホウ素　　　　　　　エチレン

　　　　オゾン　　　　　二酸化硫黄

・4方向：正四面体形，三角錐形，折れ線形

例　　　メタン　　　　　　　アンモニア　　　　　　　水

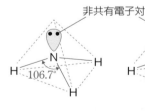
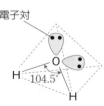

問6 代表的な極性分子と無極性分子を以下に記す。

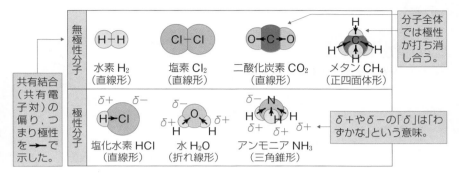

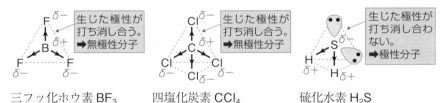

三フッ化ホウ素 BF₃   四塩化炭素 CCl₄   硫化水素 H₂S

共有結合の結晶

フレーム 12

◎共有結合の結晶の 2 大パターン

名称	ダイヤモンド C ケイ素 Si	二酸化ケイ素 SiO_2
構造	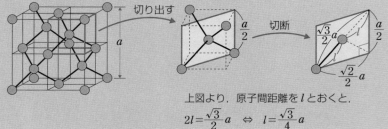	O Si SiO_2 の 単位構造 / Si と結合する 4 つ の O は正四面体の 頂点に位置する

◎ダイヤモンド型における C 原子間距離の算出法

切り出す 切断

$\dfrac{a}{2}$ a $\dfrac{\sqrt{3}}{2}a$ l $\dfrac{a}{2}$ l $\dfrac{\sqrt{2}}{2}a$

上図より，原子間距離を l とおくと，

$$2l = \frac{\sqrt{3}}{2}a \quad \Leftrightarrow \quad l = \frac{\sqrt{3}}{4}a$$

実践問題

1回目　2回目　3回目

目標：6分　実施日：　／　　　／　　　／

　次の文章を読み，設問（1）～（5）に答えよ。数値で解答する場合には，問題ごとに指定された有効数字に注意すること。もし必要があれば，次の原子量の値を用いること。

　　O = 16.0，Si = 28.1，アボガドロ定数 N_A = 6.02×10^{23}/mol

　炭素（C）の同素体の 1 つであるダイヤモンドの結晶は，図 1 の模式図に示した単位格子をもっている。図 1 中の黒丸●の位置にある C 原子は面心立方格子を形成し，白丸○の位置にある 4 つの C 原子はその面心立方格子の内側に完全に入っているため，ダイヤモンドの単位格子に含まれる C 原子の数は　ア　個

となる。①導体と絶縁体の中間の電気伝導性をもつケイ素（Si）の結晶はダイヤ
モンドのすべての C 原子が Si 原子に置き換わった構造をもち，その単位格子の
一辺はダイヤモンドと比べて ［ イ ］。

　立方体型の二酸化ケイ素では，Si 原子が図 1 の C 原子と同じ位置を占めて，
その間に酸素（O）の原子が入り込むことで Si 原子と O 原子が ［ ウ ］ 結合する。
この二酸化ケイ素は図 2 の模式図に示した立方体型の単位格子を形成する。し
たがって，この二酸化ケイ素単位格子に含まれる Si 原子の数は ［ ア ］ 個であり，
O 原子の数は，二酸化ケイ素の化学式から考えると，［ エ ］ 個であることがわ
かる。

　以上のように求めた二酸化ケイ素の単位格子に含まれる Si 原子と O 原子の数，
単位格子の体積 $3.63 \times 10^{-22}\,\mathrm{cm^3}$，Si と O の原子量およびアボガドロ定数を用
いると，②立方体型の単位格子を有する二酸化ケイ素の密度が算出できる。

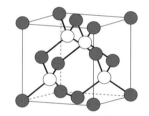
●と○は C 原子の位置を示す

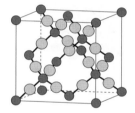
●が Si 原子，●が O 原子の位置を示す

図 1 および図 2 の ●○や● は原子の大きさを表すものではない

図 1　ダイヤモンドの単位格子　　**図 2　立方体型の二酸化ケイ素の単位格子**

(1)　空欄アおよび空欄エに相当する数字を 1 つずつ書け。

(2)　下線部①の性質をもつ物質を何というか。

(3)　空欄イに相当する適当な語句を以下の語群から 1 つ選んで書け。
〔語群〕　大きい　　等しい　　小さい

(4)　空欄ウに相当する最も適当な化学用語を，以下の語群から 1 つ選んで書け。
〔語群〕　イオン　　金　属　　共　有

(5)　下線部②において，立方体型の単位格子を有する二酸化ケイ素の密度
　　〔g/cm³〕を有効数字 3 けたで求めよ。また，計算過程も示せ。

（2008 埼玉 改）

解答

(1) ア　8　　エ　16

(2) 半導体　　(3) 大きい　　(4) 共有

(5) 2.20 g/cm³（計算過程は解説を参照）

[解説]

(1)　ア　ダイヤモンドは，C原子が正四面体の頂点方向に共有結合した構造が立体的に積み重なっているため，単位格子を切り出すと左下図のようになる。この単位格子の原子配列は，右下図のように面心立方格子に，その単位格子を8等分してできた小立方体の体心の1つおきにC原子が配置された構造である。

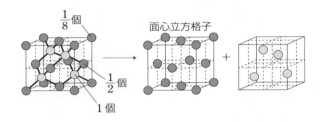

そのため，ダイヤモンドの単位格子中に含まれるC原子の個数は，

$$\underbrace{\frac{1}{8} \times 8}_{\text{各頂点}} + \underbrace{\frac{1}{2} \times 6}_{\text{各面心}} + 1 \times 4 = 8 \text{〔個〕}$$

エ　二酸化ケイ素の化学式は組成式 Si_1O_2 で表されるため，単位格子中でも各元素の原子数の比は 1:2 となる。よって，単位格子中のO原子の個数を n〔個〕とおくと，アの結果より，

　　Si原子〔個〕:O原子〔個〕= 1:2 = 8:n　　∴　$n = \underline{16}$〔個〕

(2)　不純物として少量のアルミニウムやリンをケイ素の結晶に添加したものは，ある温度以上で電圧をかけたときに結晶中を電子が移動することができる。このような物質を半導体という。

(3)　Si原子の最外殻はC原子よりも電子殻が1つ多いため，同じダイヤモンド型の場合，原子間距離もSi-Si間のほうがC-C間よりも大きい。

(4)　SiとOは非金属元素のため，原子間の結合は共有結合となる（⇨ P.38）。

(5)　SiO_2 で 1 セット（1 単位）とすると，単位格子あたり SiO_2 は，（1）より 8 セット（8 単位）含まれていることになる。よって，単位格子の体積を V〔cm^3〕，アボガドロ定数を N_A〔/mol〕，SiO_2 の式量を M_{SiO_2} とおくと，密度 d〔g/cm^3〕は次式で求まる。

$$d \ \text{〔g/cm}^3\text{〕} = \frac{\dfrac{M_{SiO_2}\text{〔g/mol〕}}{N_A\text{〔個/mol〕}} \times n \text{〔個〕}}{V\text{〔cm}^3\text{〕}} = \frac{nM_{SiO_2}}{N_A V}$$

$$= \frac{8 \times (28.1 + 16.0 \times 2)}{(6.02 \times 10^{23}) \times (3.63 \times 10^{-22})} = 2.200 \cdots \fallingdotseq \underline{2.20} \ \text{〔g/cm}^3\text{〕}$$

分子結晶

フレーム13

◎重要な分子結晶の単位格子

ドライアイス CO₂

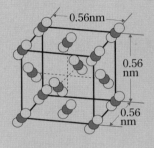

0.56nm

0.56 nm

0.56 nm

ヨウ素 I₂

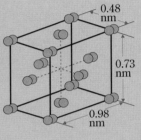

0.48 nm

0.73 nm

0.98 nm

ナフタレン C₁₀H₈

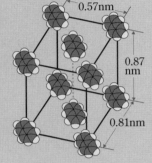

0.57nm

0.87 nm

0.81nm

◎氷の結晶構造

氷の結晶中では H_2O 1分子は4個の H_2O 分子と水素結合し，正四面体形を基本単位とする構造をとっている。

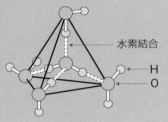

水素結合

H
O

実践問題　　　　　　　　　　　　　　　　1回目　2回目　3回目

目標：12分　実施日：　　／　　　　／　　　　／

［Ⅰ］　次の文章を読み，**問1**〜**問2**に答えよ。必要があれば次の数値を用いよ。

　　原子量：I = 127　アボガドロ定数：6.0×10^{23}/mol

　ヨウ素は，常温で黒紫色の固体であり，その結晶は I_2 分子どうしが分子間力で引きあって規則的に配列した構造をもつ ［（あ）］ 結晶である。分子間力は，イオン結合・［（い）］ 結合・配位結合・金属結合より弱い力であるため，一般に ［（あ）］ 結晶は柔らかくて融点が低い。固体のヨウ素は，常温・常圧のもとで液体を経ずに直接気体へと変化する。この現象は ［（う）］ と呼ばれ，二酸化炭素やナフタレンなどの固体も同様な性質をもつ。

問1　［（あ）］ 〜 ［（う）］ にあてはまる適切な語句を記せ。

問2 ヨウ素の結晶の単位格子は，図1に示すように直方体の各面の中心および各頂点に I_2 分子が配列したものであり，面心立方格子と類似した格子である。次の（1），（2）に答えよ。

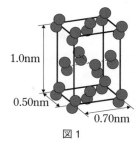

1.0nm
0.50nm
0.70nm

図1

(1) この単位格子あたりに含まれる I_2 分子の数を答えよ。ただし，I_2 分子は球であるとみなしてよい。

(2) I_2 分子が結晶の空間に占める体積の割合〔％〕（充填率〔％〕）を有効数字2桁で答えよ。ただし，I_2 分子1つあたりの体積は $6.1 \times 10^{-23} \mathrm{cm}^3$ とする。

（2016 北海道（後））

[Ⅱ] 水に関する以下の文章を読んで，**設問**に答えよ。

水は酸素と水素の共有結合によってできた分子であり，氷は水分子が水素結合によって規則正しく配列した結晶である。氷の結晶構造には様々なものが知られている。図1はそのうちのひとつで，立方体の単位格子中にある酸素の位置のみを示している。この酸素の配置は，ダイヤモンド中の炭素の配置と同一で，すき間の多い構造である。

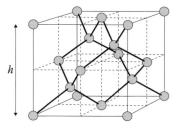

h

図1　氷の結晶構造（水素原子は省略してある）
●は酸素原子を表し，太線は最近接の酸素原子間を結んだものである

設問：図1の結晶構造をもつ氷において，共有結合の長さと水素結合の長さの和を求めよ。ただし，結合の長さは原子中心間の距離とせよ。また，単位格子の辺の長さを h とし，水素原子は近接した酸素原子間を結ぶ線上に存在すると仮定せよ。

（2010 名古屋）

- -
解答
- -

[Ⅰ]**問1**(あ)　分子　　(い)　共有　　(う)　昇華

　　　問2(1)　4個　　(2)　$7.0 \times 10\%$

[Ⅱ]　$\dfrac{\sqrt{3}}{4}h$

[解説]

[Ⅰ] **問1** (い)　分子間力はすべての結合力の中でもっとも弱い（ただし，氷などの水素結合はアルカリ金属の原子間の金属結合などよりも強いことがある）。

(う)　一般に，分子間力が弱いため，分子結晶はやわらかくてもろいものが多く，ドライアイス CO_2・ヨウ素 I_2・ナフタレン $C_{10}H_8$ などは常温常圧で昇華する。

問2 (1)　図1において，立方体でないものの，I_2 分子は面心立方格子（⇨ P.41）と同様の位置にあることがわかる。よって，

$$\left.\begin{array}{l}頂点：\dfrac{1}{8} \times 8 = 1 〔個〕\\[2mm]面心：\dfrac{1}{2} \times 6 = 3 〔個〕\end{array}\right\}\quad よって，\ 1 + 3 = \underline{4}〔個〕$$

(2)　$\dfrac{I_2分子の全体積〔cm^3〕}{単位格子の体積〔cm^3〕} \times 100$

$= \dfrac{6.1 \times 10^{-23}〔cm^3/個〕 \times 4〔個〕}{(0.70 \times 10^{-7}) \times (0.50 \times 10^{-7}) \times (1.0 \times 10^{-7})〔cm^3〕} \times 100$

$= 69.7 ≒ \underline{7.0 \times 10}〔\%〕$

[Ⅱ]　題意より，共有結合の長さと水素結合の長さの和とは最近接の O 原子の中心間距離であるため，次図のように，単位格子を8等分してできた小立方体を切り出して考える（⇨ P.64）。よって，O 原子の原子間距離を l〔cm〕とおくと，

$$2l = \frac{\sqrt{3}}{2} h \ \Leftrightarrow \ l = \underline{\frac{\sqrt{3}}{4} h}$$

テーマ 14 気体の基本法則

フレーム14

◎ Hg 柱の高さを圧力〔Pa〕に変換する手順（水柱の圧力算出を例に）

Step1　水 H_2O の密度を $1.0\ g/cm^3$, 水深を a〔cm〕とし, 水銀 Hg の密度を d〔g/cm^3〕, 水柱と同圧の水銀柱の高さを h〔cm〕とすると, 各柱の圧力相当〔g/cm^2〕について次式が成り立つ。

$$\underbrace{1.0\ (g/cm^3) \times a\ (cm)}_{\text{水柱の圧力相当〔g/cm}^2\text{〕}} = \underbrace{d\ (g/cm^3) \times h\ (cm)}_{\text{水銀柱の圧力相当〔g/cm}^2\text{〕}} \quad \therefore\ h = \frac{a}{d}\ (cm)$$

Step2　1 mm の水銀柱が及ぼす圧力を 1 mm Hg と表すと, 標準的な大気圧である1気圧（$1\ atm = 1.013 \times 10^5\ Pa$）は 76 cm Hg（水銀柱 76 cm の圧力）に相当する。よって, 水圧を P〔Pa〕とおくと, この水圧は以下の**比例式**により求めることができる。

$$1.013 \times 10^5\ (Pa) : 76\ (cm\ Hg) = P\ (Pa) : \frac{a}{d}\ (cm\ Hg)$$

$$\therefore\ P = \frac{1.013 \times 10^5 a}{76d}\ (Pa)$$

※気体の圧力

　　垂直にはたらく力の大きさを表す単位は N や kg 重で, $1\ (N) = \dfrac{1}{9.8}$〔kg重〕であり, 圧力 P は「**力の大きさ F ÷ 力がかかる面積 S**」で求められるため（$P = \dfrac{F}{S}$）, その単位は N/m^2 や kg重$/m^2$ などとなる。

　　この N/m^2 が圧力単位で用いられている Pa に相当し, $1\ (N/m^2) = 1\ (Pa)$ となる。

◎気体の状態方程式

　　気体の圧力を P〔Pa〕, 体積を V〔L〕, 物質量を n〔mol〕, 絶対温度を T〔K〕, 気体定数 $R = 8.31 \times 10^3$〔$Pa \cdot L/(mol \cdot K)$〕とすると, これらの量の間には以下の関係式が成り立つ。

$$PV = nRT$$

◎気体の諸法則フローチャート

　　4つのパラメーター（変数）P, V, n, T のうち, 変動しないものに○をつけて「$PV = nRT$」を変形すると, さまざまな関係式（法則）を導くことができる。

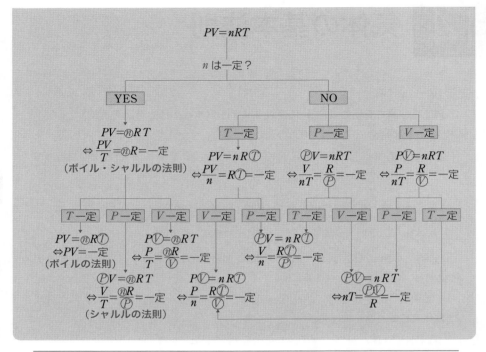

$$PV = nRT$$

n は一定？

YES | NO

$PV = ⓝRT$
$\Leftrightarrow \dfrac{PV}{T} = ⓝR = 一定$
（ボイル・シャルルの法則）

T一定 | P一定 | V一定

$PV = nRⓉ$
$\Leftrightarrow \dfrac{PV}{n} = RⓉ = 一定$

Ⓟ$V = nRT$
$\Leftrightarrow \dfrac{V}{nT} = \dfrac{R}{Ⓟ} = 一定$

$PⓋ = nRT$
$\Leftrightarrow \dfrac{P}{nT} = \dfrac{R}{Ⓥ} = 一定$

T一定 | P一定 | V一定 | V一定 | P一定 | T一定 | V一定 | P一定 | T一定

$PV = ⓝRⓉ$
$\Leftrightarrow PV = 一定$
（ボイルの法則）

$PⓋ = ⓝRT$
$\Leftrightarrow \dfrac{P}{T} = \dfrac{ⓝR}{Ⓥ} = 一定$

$ⓅV = nRⓉ$
$\Leftrightarrow \dfrac{V}{n} = \dfrac{RⓉ}{Ⓟ} = 一定$

Ⓟ$V = ⓝRT$
$\Leftrightarrow \dfrac{V}{T} = \dfrac{ⓝR}{Ⓟ} = 一定$
（シャルルの法則）

$PⓋ = nRT$
$\Leftrightarrow \dfrac{P}{n} = \dfrac{RⓉ}{Ⓥ} = 一定$

$ⓅⓋ = nRT$
$\Leftrightarrow nT = \dfrac{PⓋ}{R} = 一定$

実践問題 　　　　　　　　　　　　　　　　　1回目　2回目　3回目

[I]　大気圧測定用の水銀圧力計の概念図を右図に示した。以下の設問に答えよ。
圧力は，1atm = 1.013×10^5 Pa = 760 mm 水銀柱
とする。

1.　水銀圧力計の概念の説明のために，図中の記号ア～
オの部分に適切な語句を以下の選択肢から選び，記
号で答えよ。

a　空気　　b　水　　　　c　水銀
d　真空　　e　大気圧　　f　水銀柱の重力による圧力
g　水圧　　h　真空圧　　i　空気柱の高さ
j　水柱の高さ　　k　水銀柱の高さ　　l　真空柱の高さ

2.　この圧力計の原理を50字程度で述べよ。

3.　大気圧が1 atm のとき，水面から1.0 m の深さの水中における圧力を hPa
単位で求めよ（1 hPa = 100 Pa）。ただし，水の密度は1.0〔g/cm³〕，水銀
の密度は13.6〔g/cm³〕である。

（2004 法政）

[Ⅱ]　以下の問いに答えよ。

問1　圧力一定のもとで，一定量の理想気体の温度を変化させると，温度と体積はどのような関係になるか，式で書け。ただし，$0\,℃$のときの体積をV_0, $t\,〔℃〕$のときの体積をVとせよ。

$$V = \boxed{} \quad \cdots(1)$$

問2　この理想気体の温度と体積の関係を表す法則は何と呼ばれているか。

問3　セルシウス温度$t\,〔℃〕$と絶対温度$T\,〔K〕$の関係を式に表せ。

$$T = \boxed{} \quad \cdots(2)$$

問4　(2) 式を使って (1) 式を書き直せ。

$$V = \boxed{} \quad \cdots(3)$$

問5　(3) 式を使って絶対温度Tと体積Vのグラフをかけ。

問6　絶対温度Tが一定のもとで，物質量が$n\,〔mol〕$の理想気体の体積Vは圧力Pに対してどのような関係になるか，気体定数Rを使って式に表せ。

$$V = \boxed{} \quad \cdots(4)$$

問7　(4) 式を使って圧力Pと体積Vのグラフをかけ。

（2005 信州）

．．．

解答

．．．

[Ⅰ]1.　ア　d　　イ　c　　ウ　e　　エ　f　　オ　k

2.　水銀にはたらく重力と大気圧により水銀が押し上げられる力とがつり合うから，水銀柱の高さが大気圧に相当する。（52 字）

3.　1.1×10^3 hPa

[Ⅱ]**問1**　$V = \dfrac{V_0}{273}(t + 273)$　　　**問2**　シャルルの法則

問3　$T = t + 273$　　　**問4**　$V = \dfrac{V_0}{273}T$

問5

（グラフ：V 対 T，原点を通る直線）

問6　$V = \dfrac{nRT}{P}$　　**問7**

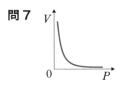

[解説]

[Ⅰ]　1. 2. P.71 を参照のこと。

3. 水柱での高さ（水深 1.0 m = 100 cm）を水銀柱の高さ（x〔cm〕とおく）に変換すると，次式が成り立つ。

$$\underbrace{1.0 \text{〔g/cm}^3\text{〕} \times 100 \text{〔cm〕}}_{\text{水柱の圧力相当〔g/cm}^2\text{〕}} = \underbrace{13.6 \text{〔g/cm}^3\text{〕} \times x \text{〔cm〕}}_{\text{水銀柱の圧力相当〔g/cm}^2\text{〕}}$$

$$\therefore \quad x = \frac{100}{13.6} \text{〔cm〕}$$

ここで，この水銀柱の高さから水中における圧力 $P_{水}$〔Pa〕に変換すると，

$$1.013 \times 10^5 \text{〔Pa〕} : 76 \text{〔cm Hg〕} = P_{水} \text{〔Pa〕} : \frac{100}{13.6} \text{〔cm Hg〕}$$

$$\therefore \quad P_{水} \fallingdotseq 9.80 \times 10^3 \text{〔Pa〕}$$

よって，水面から 1.0 m の深さの水中では，$P_{水}$ の分の圧力（水圧）と，大気圧の両方がかかっている。以上より，

$$P_{全} = P_{水} + P_{大気圧} = (9.80 \times 10^3) + (1.013 \times 10^5)$$

$$= 1.11\cdots \times 10^5 \text{〔Pa〕} \fallingdotseq \underline{1.1 \times 10^3 \text{〔hPa〕}}$$

[Ⅱ]　**問1〜4**　問3 $\underline{T = t + 273}$ より，この気体について（変動しない文字を○で囲うと），

$$\textcircled{P} V = \textcircled{n}\textcircled{R} T \Leftrightarrow \frac{V}{T} = \frac{nR}{P} = （一定）$$

$$\Leftrightarrow \frac{V_1}{T_1} = \frac{V_2}{T_2} （これを_{問2}\underline{シャルルの法則}という） より，$$

$$\frac{V_0}{0 + 273} = \frac{V}{T} \quad \therefore \quad V = \underset{問4}{\underline{\frac{V_0}{273}}} T = \underset{問1}{\underline{\frac{V_0}{273} (t + 273)}}$$

問5　**問4**より，体積 V と絶対温度 T は正比例の関係である（$\frac{V_0}{273}$ は比例定数）。

問6　気体の状態方程式より，

$$PV = nRT \Leftrightarrow \underline{V = \frac{nRT}{P}}$$

問7　この気体について（変動しない文字を○で囲うと），

$$PV = \textcircled{n}\textcircled{R}\textcircled{T} \Leftrightarrow PV = （一定） より，（ボイルの法則）$$

圧力 P と体積 V は反比例の関係にある（V が $\frac{1}{P}$ に比例する式の比例定数が nRT である）。

テーマ 15 混合気体

フレーム 15

◎分圧

各成分気体（A，B）が混合気体と同体積（V：一定）において，単独でいるときの各気体の圧力。

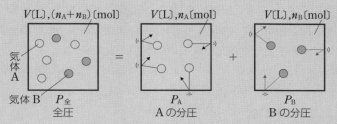

混合気体の全圧 $P_全$ と各気体の分圧 P_A，P_B には以下のような関係がある。

$$P_全 = P_A + P_B \quad （ドルトンの分圧の法則）$$

◎分体積

各成分気体（A，B）が混合気体と同圧力（P：一定）において，単独でいるときの各気体が占める体積。

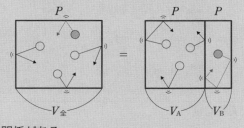

混合気体の全体積 $V_全$ と各気体の分体積 V_A，V_B には以下のような関係がある。

$$V_全 = V_A + V_B$$

◎モル分率

混合気体の全物質量に対する各成分気体の物質量の割合。気体の状態方程式から，混合気体では「モル比＝分圧比＝分体積比」となるため，次式が成り立つ。

$$x_A = \frac{n_A}{n_全} = \frac{P_A}{P_全} = \frac{V_A}{V_全} \quad （気体 A に注目した場合）$$

◎平均分子量（見かけの分子量）

数種類の分子量の異なる気体が混じっている混合気体の平均的な分子量（通常，$\overline{M}$ で表される）。

パターン1　気体の状態方程式を用いる場合

　混合気体についても気体の状態方程式は適用できるため，絶対温度 T 〔K〕での混合気体の全圧を $P_全$ 〔Pa〕，そのときの体積を V 〔L〕，全質量を $w_全$ 〔g〕とすると，平均分子量 $\overline{M}$ は次式のような関係がある。

$$P_全 V = \frac{w_全}{M} RT \quad \Leftrightarrow \quad \overline{M} = \frac{w_全 RT}{P_全 V}$$

パターン2　モル分率を用いる場合

　混合気体中の気体 A のモル質量を M_A 〔g/mol〕，物質量 n_A 〔mol〕，気体 B のモル質量を M_B 〔g/mol〕，物質量 n_B 〔mol〕とすると，混合気体の全質量〔g〕について平均分子量 $\overline{M}$ との間には次式のような関係がある。

$$\underbrace{\overline{M} \text{〔g/mol〕} \times \overbrace{(n_A + n_B)}^{\text{全モル}} \text{〔mol〕}}_{\text{全質量〔g〕}}$$

$$= \underbrace{M_A \text{〔g/mol〕} \times n_A \text{〔mol〕}}_{\text{気体 A の質量〔g〕}} + \underbrace{M_B \text{〔g/mol〕} \times n_B \text{〔mol〕}}_{\text{気体 B の質量〔g〕}}$$

$$\Leftrightarrow (n_A + n_B)\overline{M} = n_A M_A + n_B M_B$$

両辺を $(n_A + n_B)$ で割る

$$\Leftrightarrow \overline{M} = \frac{n_A}{n_A + n_B} M_A + \frac{n_B}{n_A + n_B} M_B$$

$$\Leftrightarrow \overline{M} = x_A M_A + x_B M_B$$

実践問題　　　　　　　　　　　　　　　　　　　　1回目　2回目　3回目

目標：10分　実施日：　　／　　　／　　　／

　気体の反応に関する次の記述の空欄①〜⑱に最も適当な数字を記入せよ。なお，空気は体積百分率で，窒素 80.0 %，酸素 20.0 %からできているものとし，気体定数が必要な場合は，8.30 kPa·L/(K·mol) を用いよ。数値は，四捨五入し，指示された桁まで記入せよ。

　標準状態で 2.24 L のメタンと 22.4 L の空気を 20.0 L の密閉容器内に入れ，27℃に保った。この混合気体の総物質量は，① . ② ③ mol であり，容器内の全圧は ④ ⑤ ⑥ kPa，このうちメタンの分圧は ⑦ ⑧ . ⑨ kPa，窒素の分圧は ⑩ ⑪ . ⑫ kPa となる。その後，メタンを完全燃焼させると，あとに残っている酸素の量は，⑬ . ⑭ ⑮ mol である。その容器を 127℃にし，生成した水はすべて水蒸気として存在しているとすると，容器内の全圧は

⑯ ⑰ ⑱ kPa となる。

（2012 東京理科・薬）

. . . .

解答
. . . .

① 1 　② 1 　③ 0 　④ 1 　⑤ 3 　⑥ 7 　⑦ 1 　⑧ 2

⑨ 4 　⑩ 9 　⑪ 9 　⑫ 6 　⑬ 0 　⑭ 0 　⑮ 0 　⑯ 1

⑰ 8 　⑱ 3

［解説］

①〜③ $\begin{cases} \text{メタン：} \dfrac{2.24\,〔\text{L}〕}{22.4\,〔\text{L/mol}〕} = 0.100\ 〔\text{mol}〕 \\[3mm] \text{空気：} \dfrac{22.4\,〔\text{L}〕}{22.4\,〔\text{L/mol}〕} = 1.00\ 〔\text{mol}〕 \end{cases}$

以上より，混合気体の総物質量〔mol〕は，

　　$0.100 + 1.00 = \underline{1.10}\ 〔\text{mol}〕$

④〜⑥ 容器内の全圧を $P_全$〔kPa〕とすると，気体の状態方程式より，

　　$P_全 V = n_全 R T$

⇔ 　$P_全 = \dfrac{n_全 R T}{V} = \dfrac{1.10 \times 8.30 \times (27 + 273)}{20.0} = 136.9 \fallingdotseq \underline{137}\ 〔\text{kPa}〕$

⑦〜⑨ メタンの分圧を P_{CH_4}〔kPa〕とすると，④〜⑥の結果より，モル分率

（⇨ P.75）を用いて

　　$P_{\text{CH}_4} = P_全\ 〔\text{kPa}〕 \times x_{\text{CH}_4} = 136.9 \times \dfrac{0.10\,〔\text{mol}〕}{1.10\,〔\text{mol}〕}$

　　　　　　$= 12.44\cdots \fallingdotseq \underline{12.4}\ 〔\text{kPa}〕$ （12.5 も可）

⑩〜⑫ 空気中の窒素と酸素の各物質量〔mol〕は，混合気体中では

「モル比＝分体積比」なので，以下のように求めることができる。

$\begin{cases} \text{窒素：} 1.00\ 〔\text{mol}〕 \times \dfrac{80.0}{100} = 0.800\ 〔\text{mol}〕 \\[3mm] \text{酸素：} 1.00\ 〔\text{mol}〕 \times \dfrac{20.0}{100} = 0.200\ 〔\text{mol}〕 \end{cases}$

よって，窒素の分圧を P_{N_2}〔kPa〕とすると，④〜⑥の結果より，モル分率を

用いて，

　　$P_{\text{N}_2} = P_全\ 〔\text{kPa}〕 \times x_{\text{N}_2} = 136.9 \times \dfrac{0.800\,〔\text{mol}〕}{1.10\,〔\text{mol}〕} = 99.56\cdots \fallingdotseq \underline{99.6}\ 〔\text{kPa}〕$

⑬〜⑮　混合気体の燃焼反応について，

	CH_4	+	$2O_2$	$\longrightarrow$	CO_2	+	$2H_2O$	
反応前	0.100		0.200		0		0	（単位：mol）
変化量	-0.100		-0.100×2		$+0.100 \times 1$		$+0.100 \times 2$	
反応後	0		0		0.100		0.200	

　よって，酸素はすべて消費されてしまうため，物質量は <u>0.00</u> mol となる。

⑯〜⑱　題意より，生じた H_2O はすべて気体として存在しているので，気体の状態方程式より，

$$P_{全}V = n_{全}RT$$

$$\Leftrightarrow \quad P_{全} = \frac{n_{全}RT}{V} = \frac{\overset{n_{CO_2}}{(0.100} + \overset{n_{H_2O}}{0.200} + \overset{n_{N_2}}{0.800)} \times 8.30 \times (127 + 273)}{20.0}$$

$$= 182.6 \doteqdot \underline{183} \, (kPa)$$

テーマ 16 実在気体

フレーム 16

◎圧縮因子

一定温度で加圧したときの圧力 P と圧縮因子 Z（$= \dfrac{PV}{nRT}$）の関係を右図に示す。

理想気体では $PV = nRT$ が成り立つため，Z（$= \dfrac{PV}{nRT}$）$= 1$ なので，加圧（P を大きく）しても常に 1 となるが，実在気体では成り立たないため，この「1」からずれてしまう。

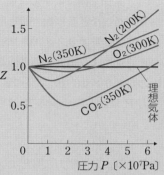

◎ファンデルワールスの状態方程式

実在気体で成り立つ状態方程式の1つ（以下の手順で導く）。

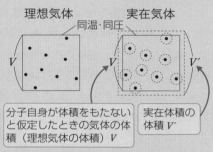

（b：気体 1mol の分子自身が占める体積）

Step1 分子自身の体積の補正

実在気体は分子自身に大きさがあるため，**理想気体が自由に動き回れる体積に比べて実在気体が存在する空間は大きい。**

理想気体の体積を V，実在気体の体積を V' とすると，次式が成り立つ。

$$V = V' - nb \qquad \cdots ①$$

Step2 分子間力の補正

実在気体には分子間力がはたらくため，**理想気体に比べて壁に衝突する力（圧力）が弱くなってしまう。**

この分子間力の影響は，気体分子のモル濃度 $\dfrac{n}{V}$〔mol/L〕の2乗に比例し，理想気体の圧力を P，実在気体の圧力を P' とすると，次式が成り立つ。

$$P = P' + \left(\dfrac{n}{V} \right)^2 a \quad \cdots ② \quad （a：分子に固有の分子間力に関する比例定数）$$

Step3 ①，②式の補正を，理想気体の状態方程式 $PV = nRT$ に代入すると，次式のようになる（これを**ファンデルワールスの状態方程式**という）。

$$\left\{ P' + \left(\dfrac{n}{V} \right)^2 a \right\} (V' - nb) = nRT$$

※この式を覚える必要はなく，上式の意味を理解し，a，b，n などに相当する文字に与えられた数値を代入できるようにしておけばよい。

［Ⅰ］　実在気体に関する次の文章を読んで，**設問（1）〜（4）**に答えよ。原子
量が必要なときは次の値を用いよ。H = 1.0，C = 12，N = 14，O = 16，
　気体定数は 8.3×10^3 Pa·L/(K·mol)

　物質量が 1.0 mol の気体①および気体②を用い，温度を 400 K で一定にして，
圧力が 6.0×10^6 Pa 以下の範囲において圧力を変えて体積を測定した。体積 V，
圧力 P，温度 T，気体定数 R から

$$Z = \frac{PV}{RT}$$

の値を算出し，圧力に対して Z の値をプロット
すると図1の結果となった。ここで，気体①，
②はメタン CH_4，エタン C_2H_6 のいずれかであ
る。両気体とも Z の値は 1.0 より小さく，圧力
が同じとき，気体①の Z の値は気体②よりも小
さくなった。この理由は，気体①である ア
は気体②に比べて分子量が イ ので分子間
の引力が ウ からである。

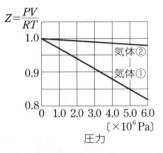

図1　温度 400K における Z の値
に及ぼす圧力の影響

　また，気体①を用いて温度を 450 K に上げて，
圧力を 5.0×10^6 Pa にして体積を測定し，Z の値を求めた。このときの Z の値
は，温度 400 K，圧力 5.0×10^6 Pa のときと比べて エ 。さらに，気体②
を用い，温度を 400 K で一定にして，圧力を 6.0×10^6 Pa より高くして体積
を測定した。圧力が増加するにつれて Z の値は上昇に転じて 1.0 を超えた。

設問（1）：文中の空欄 ア 〜 ウ にあてはまる最も適切な語句を記せ。
　　　　ただし，空欄 ア にはメタン，エタンのいずれかを記せ。

設問（2）：物質量 1.0 mol，温度 400 K，圧力 5.0×10^6 Pa における気体①の
　　　　体積は何 L か。有効数字 2 桁で求めよ。

設問（3）：文中の空欄 エ にあてはまる最も適切な語句を（a）〜（c）の中
　　　　から選び，このようになった理由を，句読点を含め 35 字以内で記せ。

　（a）変わらなかった　　　（b）0 に近づいた　　　（c）1.0 に近づいた

設問（4）：下線の現象が起こる理由を，句読点を含め 50 字以内で記せ。

（2013 名古屋）

[Ⅱ]　文中の　(ア)　～　(オ)　に適切な数字および記号を記せ。なお，(ウ)

～ (オ) は有効数字 3 桁で答えよ。必要な場合には，次の値を用いよ。

原子量：H = 1.00，C = 12.0，O = 16.0　気体定数 R：8.31×10^3 Pa·L/(mol·K)

実在気体 1.00 mol が占める体積 V の，同じ圧力・温度における理想気体
1.00 mol が占める体積 V_i に対する比を Z とすると，

$$Z = \frac{V}{V_i}$$

と表される。また，V_i を気体定数 R，温度 T，圧力 P で表すと　(ア)　となるの
で，上式は

$$Z = \boxed{(イ)}$$

と書き換えることができる。したがって，1.00 mol の理想気体とみなせる気体
であれば気体の種類に関わらず Z の値は 1.00 になる。

クリプトンおよびプロパンの標準状態（0 ℃，1.013×10^5 Pa）における体
積を測定すると，それぞれ 22.4 L および 21.8 L であった。これらより，それ
ぞれの Z の値はクリプトンが　(ウ)　，プロパンが　(エ)　と計算できる。

実在気体の状態方程式の 1 つとして次の式で表されるファンデルワールスの
式がある。

$$\left(P + \frac{n^2 a}{V^2} \right)(V - nb) = nRT$$

ここで，n は物質量，a および b はファンデルワールス定数である。実在気体
は理想気体と異なり，気体分子同士の引力の原因となる分子間力が存在する。ま
た，実在気体では気体分子自身の体積が無視できないため，その分だけ気体分子
が自由に動ける体積が減少する。したがって，プロパンのファンデルワールス定
数を $a = 8.78$ m^6·Pa/mol^2 および $b = 8.45 \times 10^{-2}$ L/mol とすると，1 分子の
プロパンが占める体積は　(オ)　nm^3 と計算できる。

(2012 九州)

9

理論化学編　第 3 章　状態の理論

81

解答

[I]**設問 (1)** ア エタン　　イ　大きい　　ウ　強い(大きい)

　　　設問 (2)　5.6×10^{-1} L

　　　設問 (3)　記号…(c)　　理由…気体分子の熱運動が激しくなり，分子間
　　　　　　　　　力の影響が小さくなるから。(31字)

　　　設問 (4)　実在気体には分子自身に固有の体積があり，高圧下ではその影
　　　　　　　　　響が大きく理想気体に比べて体積が大きくなる。(50字)

[II](ア)　$\dfrac{RT}{P}$　　(イ)　$\dfrac{PV}{RT}$　　(ウ)　1.00

　　　(エ)　9.73×10^{-1}（または9.74×10^{-1}）　　(オ)　1.40×10^{-1}

[解説]

[I]　**設問 (1)**　実在気体は分子間力の影響を考慮に入れる。また，一般に分
子間力は分子量が大きくなると増加するため，分子量の_イ大きいエタンのほうが
メタンに比べて分子間力が_ウ強い。そのため，エタンのほうが圧力が小さくなる
が，圧力を同じにするとエタンのほうが体積が小さくなる。つまり $Z\left(=\dfrac{PV}{nRT}\right)$
が小さくなる（⇨ P.79）。以上より，Zの値が小さい気体①が_アエタンである。

設問 (2)　図1より，
$$Z = \frac{PV}{RT}$$
$$\Leftrightarrow\quad V = \frac{ZRT}{P} = \frac{0.85 \times (8.3 \times 10^3) \times 400}{5.0 \times 10^6} = 0.564\cdots \fallingdotseq \underline{5.6 \times 10^{-1}}\ 〔L〕$$

設問 (3)　実在気体を理想気体に近づける条件は，以下の2点である。

条件1　高温

　高温にすることで分子の運
動を活発にし，分子間力の影
響を小さくできる。

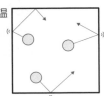

低温　　　　高温

条件2　低圧

　圧力が低いと，体積が膨張して分子
間距離が広がり，**分子間力の影響を小
さくできる**。また，体積の膨張により
**分子自身の大きさの影響が相対的に小
さくなる**。

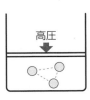
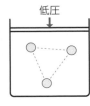

高圧　　　　低圧

よって，本問においては気体①（エタン）を 400 K から 450 K へ温度を上げているため，条件 1 に該当し，理想気体に近づく。

なお，理想気体において，気体の状態方程式より，

$$PV = nRT \iff \frac{PV}{nRT} = 1.0 \iff \frac{PV}{1.0 \times RT} = 1.0 \iff Z = 1.0$$

つまり，気体①（エタン）が理想気体に近づくということは，$Z = 1.0$ に近づくことになる。

設問 (4) P.79 を参照のこと。

[Ⅱ]　（ア）　$PV_i = nRT \iff V_i = \dfrac{nRT}{P} = \dfrac{1.00 \times RT}{P} = \underline{\dfrac{RT}{P}}$

（イ）　$Z = \dfrac{V}{V_i} = \dfrac{V}{\dfrac{nRT}{P}} = \dfrac{PV}{nRT} = \dfrac{PV}{1.00 \times RT} = \underline{\dfrac{PV}{RT}}$

（ウ）　標準状態（0 ℃，1.013×10^5 Pa）で Kr 1.00 mol は 22.4 L のため，

$$Z = \frac{PV}{nRT} = \frac{(1.013 \times 10^5) \times 22.4}{1.00 \times (8.31 \times 10^3) \times (0 + 273)} = 1.000 \cdots \fallingdotseq \underline{1.00}$$

別解　標準状態（0 ℃，1.013×10^5 Pa）で理想気体 1.00 mol の体積は 22.4 L なので，

$$Z = \frac{V}{V_i} = \frac{22.4 \, [\text{L/mol}]}{22.4 \, [\text{L/mol}]} = \underline{1.00}$$

（エ）　標準状態（0 ℃，1.013×10^5 Pa）で C_3H_8 1.00 mol は 21.8 L のため，

$$Z = \frac{PV}{nRT} = \frac{(1.013 \times 10^5) \times 21.8}{1.00 \times (8.31 \times 10^3) \times (0 + 273)} = 0.9734 \cdots \fallingdotseq \underline{9.73 \times 10^{-1}}$$

別解　標準状態（0 ℃，1.013×10^5 Pa）で理想気体 1.00 mol の体積は 22.4 L なので，

$$Z = \frac{V}{V_i} = \frac{21.8 \, [\text{L}]}{22.4 \, [\text{L/mol}]} = 0.9732 \cdots \fallingdotseq \underline{9.73 \times 10^{-1}}$$

（オ）　$b = 8.45 \times 10^{-2}$ L/mol より，C_3H_8 1 分子が占める体積 $[\text{nm}^3 / \text{個}]$ は，

$$\underbrace{\frac{8.45 \times 10^{-2} \, [\text{L/mol}]}{6.02 \times 10^{23} \, [\text{個/mol}]} \times 10^{24}}_{\text{L/個}} = 1.403 \cdots \times 10^{-1} \fallingdotseq \underline{1.40 \times 10^{-1}} \, [\text{nm}^3 / \text{個}]$$

$$1 \, \text{nm} = 1 \times 10^{-9} \, \text{m} \text{ より,}$$
$$1 \, \text{nm}^3 = (1 \times 10^{-9} \, \text{m})^3 = 1 \times 10^{-27} \, \text{m}^3$$
ここで，$1 \, \text{m}^3 = 1 \times 10^3 \, \text{L}$ より，
$$1 \, \text{nm}^3 = 1 \times 10^{-24} \, \text{L} \iff 1 \, \text{L} = 1 \times 10^{24} \, \text{nm}^3$$

17 定量実験

フレーム 17

◎ Hg による定量（圧力計替わりとしての水銀柱）

Step1　一端を閉じたガラス管に水銀を満たし，これを水銀の入った容器の中に倒立させると，ガラス管内の水銀は落ちてくるが，容器の水銀面からの高さが約760 mm のところで必ず止まる。

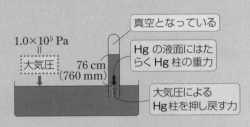

このとき，容器の水銀面では大気圧と約 **760 mm** の水銀柱による圧力がつり合っているとみなせる（右上図）。ただし，水銀の蒸気圧は無視するものとする。

Step2　気体 X を封入すると，気体 X の圧力分だけ Hg 柱が押し下げられる。このときの Hg 柱の高さ h〔mm〕を測定することで，封入した気体 X の圧力 P_X〔mmHg〕を求めることができる（次式）。

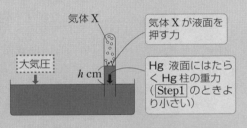

$$P_{大気圧}〔mmHg〕 = h〔mmHg〕 + P_X〔mmHg〕 \Leftrightarrow \boldsymbol{P_X = P_{大気圧} - h}〔mmHg〕$$

◎水上置換法（圧力測定）

水上置換で捕集された気体は，必ず水蒸気との混合気体になっている。そのときの水蒸気の分圧はその温度での水の蒸気圧に等しくなっているため，その温度における水の蒸気圧 P_{H_2O}〔Pa〕と大気圧 $P_{大気圧}$〔Pa〕から水上置換で捕集した気体 X の分圧 P_X〔Pa〕を求めることができる（次式）。

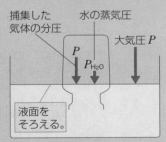

$$P_{大気圧} = P_X + P_{H_2O} \Leftrightarrow \boldsymbol{P_X = P_{大気圧} - P_{H_2O}}$$

◎デュマ法（分子量測定）

Step1　容器 A の質量 m_1〔g〕を測定する。

Step2　化合物 X を封入し，加熱によりすべて蒸気に変える。このときの気体 X の圧力は大気圧と等しくなっているので（大気圧を超えた分の圧力相当量の X は

細孔から飛び出す），このときの気体 X の分子量を M，質量を w〔g〕とおくと，気体の状態方程式より，次式が成り立つ。

$$PV = \frac{w}{M} RT$$

$\boxed{\text{Step3}}$ 容器 A の質量 m_2〔g〕を測定する。また，冷却後の容器内には化合物 X の飽和蒸気が含まれているため，その分（飽和蒸気と同じ圧力）の空気（w'〔g〕とする）が追い出され，初期状態（$\boxed{\text{Step1}}$）の空気より少なくなっている。そのため，$\boxed{\text{Step2}}$ で容器 A 内にある気体 X の全質量 w〔g〕は，m_1 と m_2 の差に，追い出された空気の質量 w'〔g〕を加えた量に等しくなる（次式）。

$$w = (m_2 + w') - m_1 = (m_2 - m_1) + w'$$

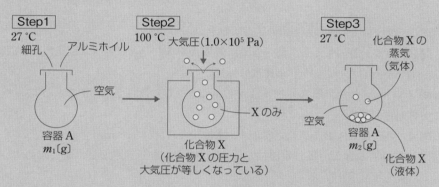

※実際に w'〔g〕は，気体の状態方程式の圧力〔Pa〕に $\boxed{\text{Step3}}$ の温度における気体 X の飽和蒸気圧〔Pa〕を，モル質量〔g/mol〕に空気の平均分子量（およそ 28.8）を代入することで求めることができる。

実践問題　　　　　　　　　　　　　　　1 回目　2 回目　3 回目

目標：27 分　実施日：　／　　　／　　　／

［Ⅰ］　次の文章を読み，以下の問い（**問 1 ～ 5**）に答えよ。ただし，

1 atm ＝ 1.01×10^5 Pa，気体定数 $R = 8.3 \times 10^3$ Pa·L／(K·mol) とする。

一端を閉じた断面積 1.0 cm^2 のガラス管に水銀を満たし，27 ℃，1 atm の条件下で水銀が入った容器中に倒立させた。このときの様子を示したのが図 1 であり（水銀の液面は平坦なものとして描いてある），水銀柱の高さは 760 mm，容器中の水銀面からガラス管の上端までの高さは 1110 mm であった。なお，後述する気体はすべて理想気体としてふるまうものとする。

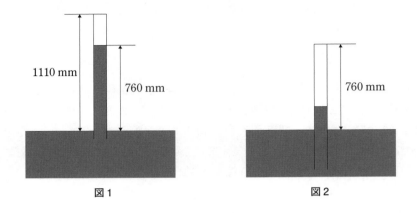

図1　　　　　　　　　　　　　　図2

問1　ガラス管内上部の空間の圧力は何 Pa か。

問2　ガラス管の下から上部の空間に気体 A を入れたところ，水銀柱の高さは 610 mm になった。気体の体積は何 L か。

問3　注入された気体 A の物質量は何 mol か。有効数字 2 けたまで求めよ。計算過程も示せ。

問4　さらに気体 B を入れたところ，水銀柱の高さが 310 mm となった。このときの気体 B の分圧は水銀柱で何 mmHg か。有効数字 2 けたまで求めよ。計算過程も示せ。

問5　この状態で，ガラス管を下げて図 2 のように水銀面からガラス管上端までの高さを 760 mm とした。水銀柱の高さは何 mm になるか。有効数字 2 けたまで求めよ。計算過程も示せ。

（2003 千葉）

[II]　水素に関する実験を，温度 27 ℃，外圧 1.00×10^5 Pa（高さ 750 mm の水銀柱に相当）の条件下で行った。これについて，**問1** と **問2** に答えよ。

必要なら以下の数値を使え。原子量は H = 1.0，Mg = 24，Al = 27，気体定数 $R = 8.3 \times 10^3$ Pa·L / (K·mol)，27 ℃における水の飽和水蒸気圧 = 3.6×10^3 Pa，水の密度 = 1.0 g/cm³，水銀の密度 = 13.5 g/cm³，空気の見かけの分子量 = 29。

ただし，水素は水に全く溶けず，理想気体としてふるまうものとする。数値を解答する場合は，有効数字 2 桁で示せ。

実験

　マグネシウムとアルミニウムの粉末混合物 4.2 g を塩酸と完全に反応させ，発生した水素をすべて水上置換法で捕集した。その結果，5.0 L の気体が得られ，この中には水素 0.19 mol が含まれていた（右図）。

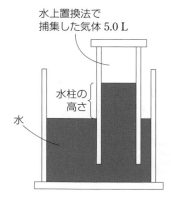

問1　実験で，水柱の高さは何 cm か。

問2　実験で，粉末混合物中におけるマグネシウムの質量%を求めよ。

（2008 名古屋市立・医）

[Ⅲ]　次の文章を読んで，あとの (1) と (2) の問いに答えよ。ただし，気体は理想気体としてふるまい，気体定数は R〔Pa·L／(mol·K)〕とする。

　比較的沸点の低い液体試料 B の分子量を求めるため，以下の実験（ⅰ）〜（ⅲ）を行った。実験室の室温は t_1〔℃〕，気圧は P_A〔Pa〕であった。

（ⅰ）　乾燥した内容量 V〔L〕のフラスコの口に，小さな穴をあけたアルミニウム箔でふたをし，室温で全体の質量を測定すると w_1〔g〕であった（下図 (a)）。

（ⅱ）　実験（ⅰ）のフラスコ内に液体試料 B を適当量入れ，これを t_2〔℃〕の温水につけて温めた（下図 (b)）。内部の液体を完全に蒸発させ，さらにしばらくフラスコ内を一定温度 t_2〔℃〕に保った。

（ⅲ）　実験（ⅱ）のフラスコを温水から取出し，室温に戻したところ，フラスコに試料 B の液体が溜まった。フラスコの外側の水を完全にふいて，室温で全体の質量を測定すると w_2〔g〕であった（図2 (c)）。

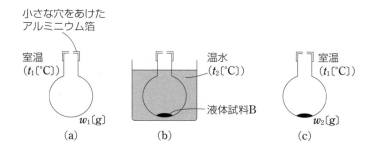

(1) 実験（iii）において，フラスコ内の試料 B の質量〔g〕を式で表せ。また，試料 B の分子量を式で表せ。ただし，フラスコ内では試料 B はすべて液体になっていると仮定する。フラスコの容積の温度変化，及びフラスコ内の液体の体積は無視できるものとする。

(2) 実験（iii）のフラスコ内では，実際には試料 B の一部が気体として存在する。このとき，（1）で求めた試料 B の分子量は，実際の分子量よりも小さくなる。その理由を 60 字以内で説明せよ。

（2015 金沢（後））

解答

[Ⅰ]**問 1**　0 Pa

　　問 2　5.0×10^{-2} L

　　問 3　4.0×10^{-4} mol　　（計算過程は解説参照）

　　問 4　3.6×10^{2} mmHg　（計算過程は解説参照）

　　問 5　1.6×10^{2} mm　　（計算過程は解説参照）

[Ⅱ]**問 1**　18 cm　　**問 2**　7.4×10 %

[Ⅲ]（1）　試料 B の質量… $w_2 - w_1$〔g〕　　分子量… $\dfrac{(w_2 - w_1)R(t_2 + 273)}{P_A V}$

　　（2）　気体の試料 B が追い出した空気の分だけ w_2 が小さくなる。その結果，実際の試料 B の質量よりも小さく算出されるため。（55 字）

[解説]

[Ⅰ]　**問 1**　気体 A を封入する前では真空となっている。そのため，圧力は<u>0</u> Pa となる（これを**トリチェリーの真空**という）。

問 2, 3　気体 A（⬤）の圧力を P_A とすると，右の図 1 より，

　　$P_A = P_{大気圧} - 水銀柱$〔mmHg〕$= 760 - 610$
　　　　$= 150$〔mmHg〕

よって，この水銀柱の高さで表された P_A の圧力〔mmHg〕を P_A〔Pa〕に変換すると，

　　1.01×10^{5}〔Pa〕$: 760$〔mmHg〕
　　$= P_A$〔Pa〕$: 150$〔mmHg〕

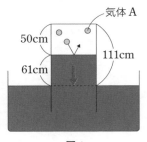

図 1

$$\therefore \quad P_A = \frac{150}{760} \times 1.01 \times 10^5 \ [\text{Pa}]$$

ここで，気体部分の体積は，

$$50 \ [\text{cm}] \times 1.0 \ [\text{cm}^2] = 50 \ [\text{cm}^3] = \underline{5.0 \times 10^{-2}} \ [\text{L}]$$

よって，$PV = nRT$ より，

$$n_A = \frac{P_A V}{RT} = \frac{\left(\dfrac{150}{760} \times 1.01 \times 10^5\right) \times (5.0 \times 10^{-2})}{(8.3 \times 10^3) \times (27 + 273)} = 4.00 \cdots \times 10^{-4}$$

$$\fallingdotseq \underline{4.0 \times 10^{-4}} \ [\text{mol}]$$

問4 気体 A について（変動しない文字を○で囲うと），

$$PV = \textcircled{n}\textcircled{R}\textcircled{T} \iff PV = \text{一定}$$

$\iff \underline{P_1 V_1 = P_2 V_2}$ が成り立つ。

気体部分の体積は，

$$80 \ [\text{cm}] \times 1.0 \ [\text{cm}^2] = 80 \ [\text{cm}^3] = 0.080 \ [\text{L}]$$

よって，気体 A の分圧を P_A' [mmHg] とすると，

$$150 \times 0.050 = P_A' \times 0.080$$

$$\therefore \quad P_A' = 93.75 \ [\text{mmHg}]$$

以上より，気体 B（●）の分圧を P_B [mmHg] とすると，右の図2より，

$$P_B = P_{\text{大気圧}} - (P_A' + \text{水銀柱 [mmHg]})$$

$$= 760 - (93.75 + 310) = 3.56 \cdots \times 10^2$$

$$\fallingdotseq \underline{3.6 \times 10^2} \ [\text{mmHg}]$$

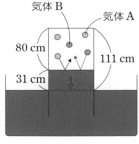

気体 B

気体 A

80 cm

111 cm

31 cm

図2

問5 気体 A，B の混合気体において，（変動しない文字を○で囲うと）

$$PV = \textcircled{n}\textcircled{R}\textcircled{T} \iff PV = \text{一定}$$

$\iff \underline{P_1 V_1 = P_2 V_2}$ が成り立つ。

よって，右の図3のように水銀柱の高さを x [mm] とおくと，

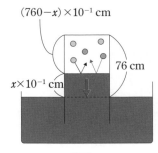

$(760-x) \times 10^{-1}$ cm

76 cm

$x \times 10^{-1}$ cm

図3

$$\underbrace{(760 - 310) \ [\text{mmHg}] \times 80 \ [\text{cm}^3]}_{\text{図2の状態}} = \underbrace{(760 - x)}_{[\text{mmHg}]} \times \underbrace{\{(760 - x) \times 10^{-1} \times 1.0\}}_{[\text{cm}^3]}$$

$$\therefore \quad x = \underline{1.6 \times 10^2} \ [\text{mm}]$$

[II]　**問1**　水上置換法では，容器内は飽和水蒸気で満たされているため，水蒸気の分圧 P_{H_2O} 〔Pa〕は，$P_{H_2O} = 3.6 \times 10^3$ 〔Pa〕となる。

また，捕集した水素 H_2 の分圧を P_{H_2} 〔Pa〕とおくと，気体の状態方程式より，

$$P_{H_2}V = n_{H_2}RT$$

$$\Leftrightarrow \quad P_{H_2} = \frac{n_{H_2}RT}{V} = \frac{0.19 \times (8.3 \times 10^3) \times (27 + 273)}{5.0} \fallingdotseq 9.46 \times 10^4 \text{〔Pa〕}$$

さらに，水柱の高さを h 〔cm〕とおくと，水柱 h 〔cm〕での高さを水銀柱での高さ h' 〔cm〕に変換すると，

$$\underbrace{13.5 \text{〔g/cm}^3\text{〕} \times h' \text{〔cm〕}}_{\text{水銀柱の圧力相当〔g/cm}^2\text{〕}} = \underbrace{1.0 \text{〔g/cm}^3\text{〕} \times h \text{〔cm〕}}_{\text{水柱の圧力相当〔g/cm}^2\text{〕}}$$

$$\therefore \quad h' \fallingdotseq \frac{1.0}{13.5} h \text{〔cm〕}$$

よって，水柱の重力による圧力 $P_{水柱}$ 〔Pa〕は，

$$1.00 \times 10^5 \text{〔Pa〕} : 75.0 \text{〔cmHg〕} = P_{水柱} \text{〔Pa〕} : \frac{1.0}{13.5} h \text{〔cmHg〕}$$

$$\therefore \quad P_{水柱} \fallingdotseq 98.76h \text{〔Pa〕}$$

以上より，右図から，水素の分圧 P_{H_2} 〔Pa〕と水蒸気の分圧 P_{H_2O} 〔Pa〕と水柱の重力による圧力 $P_{水柱}$ 〔Pa〕の和は，大気圧 $P_{大気圧}$ 〔Pa〕に等しくなる。

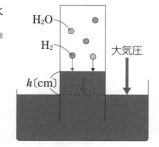

よって，次式の関係が成り立つ。

$$P_{大気圧} = P_{H_2} + P_{H_2O} + P_{水柱}$$

$$\Leftrightarrow \quad 1.00 \times 10^5 = 9.46 \times 10^4 + 3.6 \times 10^3 + 98.76h$$

$$\therefore \quad h = 18.2\cdots \fallingdotseq \underline{1.8 \times 10} \text{〔cm〕}$$

問2　粉末混合物に含まれる Mg の物質量を x 〔mol〕，Al の物質量を y 〔mol〕とおくと，この混合物の総質量〔g〕において次式が成り立つ。

$$24 \text{〔g/mol〕} \times x \text{〔mol〕} + 27 \text{〔g/mol〕} \times y \text{〔mol〕} = 4.2 \text{〔g〕}$$

$$\Leftrightarrow \quad 8x + 9y = 1.4 \quad \cdots ①$$

また，各金属と塩酸との反応は次式で表される。

$$\text{Mg} \quad + \quad 2\text{HCl} \quad \longrightarrow \quad \text{MgCl}_2 \quad + \quad \text{H}_2 \uparrow$$

変化量　　$-x$　　　$-2x$　　　　$+x$　　　　$+x$　　（単位：mol）

$$\text{Al} \quad + \quad 3\text{HCl} \quad \longrightarrow \quad \text{AlCl}_3 \quad + \quad \frac{3}{2}\text{H}_2 \uparrow$$

変化量　　$-y$　　　$-3y$　　　　$+y$　　　　$+\dfrac{3}{2}y$　　（単位：mol）

よって，発生した H_2 の物質量〔mol〕について，

$$x + \frac{3}{2}y = 0.19 \quad \cdots ②$$

①，②式より，$x = 0.13$〔mol〕，$y = 0.04$〔mol〕

以上より，混合物中の Mg の質量%は，

$$\frac{24x\text{〔g〕}}{4.2\text{〔g〕}} \times 100 = \frac{24 \times 0.13}{4.2} \times 100 = 74.2\cdots ≒ \underline{7.4 \times 10}\text{〔%〕}$$

〔Ⅲ〕 (1) 本問の実験の流れを以下にまとめる。

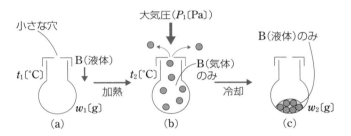

よって，題意より図(b)で気体になっていた試料 B は図(c)においてすべて凝縮しているので，図(b)で気体になっていた試料 B の質量を w〔g〕とおくと，

$$w = \underline{w_2 - w_1}\text{〔g〕} \qquad \cdots ①$$

また，加熱により試料 B が気体となっているとき（上の図(b)の状態），その圧力は大気圧 P_A〔Pa〕と等しくなっているので（大気圧を超えた圧力相当の試料 B はアルミ箔の穴から飛び出していく），試料 B の分子量を M とおくと，気体の状態方程式より，

$$PV = nRT \quad \Leftrightarrow \quad P_A V = \frac{w_2 - w_1}{M}R\,(t_2 + 273)$$

$$\Leftrightarrow \quad M = \frac{(w_2 - w_1)\,R\,(t_2 + 273)}{P_A V} \quad \cdots ②$$

(2) 題意より，実際の図(c)は右図の(c)′ のようになる。

つまり，気体 B が追い出した空気の質量を Δw とすると，図(c)′ 中の B 全体の質量（気＋液）は，$w_2 + \Delta w - w_1$ となる。

$$w_2 + \Delta w - w_1 > w_2 - w_1$$

よって，②式（w と M は比例関係）から分子量 M も本来の値よりも小さくなってしまう。

テーマ 18 酸・塩基のはたらき

フレーム 18

◎酸と塩基の決定法

　ブレンステッド・ローリーの定義「酸とは H^+ を与える物質で，塩基とは H^+ を受け取る物質である」より，電離式における H^+ の移動方向で酸と塩基を決める。

[例1]
$$\underset{酸}{HCl} + \underset{塩基}{H_2O} \longrightarrow H_3O^+ + Cl^-$$
H^+

[例2]
$$\underset{塩基}{NH_3} + \underset{酸}{H_2O} \rightleftharpoons \underset{酸}{NH_4^+} + \underset{塩基}{OH^-}$$
H^+　　　H^+

実践問題　　　　　　　　　　　　　　　　　　1回目　2回目　3回目

目標：5分　実施日：　／　　　／　　　／

[I]　次の文章を読み，**問1**〜**問2**に答えよ。

　1887年，[ア (人名)]は，水溶液中では酸や塩基がイオンに電離していると考え，「酸とは水にとけて [イ (語句)] を生じる物質であり，塩基とは水にとけて [ウ (語句)] を生じる物質である」と定義した。この定義は水溶液中に溶けている物質に限られていたが，1923年，[エ (人名)]と[オ (人名)]は酸塩基の概念を水溶液以外にも適用できるように，(a)「酸とは [カ (語句)] をあたえる物質であり，塩基とは [カ (語句)] を受けとる物質である」と定義した。

問1　[　　　　　]内の指示にしたがって，文章中の[ア]〜[カ]に入る適切な人名または語句を答えよ。ただし，同じ語句を複数回記入してもよい。

問2　下線部(a)の定義にもとづいて，化学反応式(1)，(2)の酸と塩基に該当する化学式を書け。

(1)　酸(A) + 塩基(B) $\longrightarrow$ Br^- + H_3O^+

(2)　H_2O + 塩基(C) $\longrightarrow$ HCO_3^- + 塩基(D)

(2013 三重 (後))

[Ⅱ]　次の文の 　　　 および （　　　） に入れるのに最も適当なものを，それ
ぞれ a群 および （b群） から選びなさい。ただし， 　　　 には同じ記号を
繰り返し用いてもよい。また，｛　　｝ に入れる数字を記入せよ。

アンモニアは常温常圧で (1) 体であり，これを水に溶かすと次式の反応が
おこり，溶液は塩基性を示す。

$$NH_3 + H_2O \rightleftarrows NH_4^+ + OH^- \quad \cdots ①$$

ブレンステッドとローリーの定義では，H^+ を相手に与えるものが (2) ，
H^+ を受け取るものが (3) である。この定義に従えば，①式の反応においてア
ンモニアは (4) ，水は (5) ，アンモニウムイオンは (6) ，水酸化物イ
オンは (7) である。

アンモニア分子においては，窒素原子がもつ ｛(8)｝ 個の価電子のうち，
｛(9)｝ 個が共有結合の形成のために使われ，窒素原子と3個の水素原子の間に
はそれぞれ (10) 結合が形成されている。さらに，窒素原子上に存在する
(11) が水素イオンと共有されると，アンモニウムイオンが生じる。このよう
にして新たに形成された結合は，アンモニウムイオン中の他の結合と （(12)）。

a群

(ア)　固　　　　　　　　(イ)　液　　　　　　　　(ウ)　気
(エ)　還元剤　　　　　　(オ)　酸化剤　　　　　　(カ)　中和剤
(キ)　塩　基　　　　　　(ク)　酸　　　　　　　　(ケ)　中　性
(コ)　単　　　　　　　　(サ)　二　重　　　　　　(シ)　三　重
(ス)　共有電子対　　　　(セ)　非共有電子対

（b群）

(ア)　比べると弱い　　(イ)　比べると強い　　(ウ)　同じ強さをもつ

（2000 関西）

解答

[Ⅰ]**問1**ア　アレニウス　　イ　水素イオン　　ウ　水酸化物イオン
　　　　エ，オ　ブレンステッド，ローリー（順不同）　　カ　水素イオン
　　問2(A)　HBr　　(B)　H_2O　　(C)　CO_3^{2-}　　(D)　OH^-
[Ⅱ](1)　ウ　　(2)　ク　　(3)　キ　　(4)　キ　　(5)　ク
　　(6)　ク　　(7)　キ　　(8)　5　　(9)　3　　(10)　コ
　　(11)　セ　　(12)　ウ

[解説]

[I] **問1** ア～ウ ァアレニウス（スウェーデン）は，「水溶液中で電離して ィ水素イオン H⁺を生じる物質が酸であり，ゥ水酸化物イオン OH⁻を生じる物質が塩基である」と提唱した。

エ～カ ェブレンステッド（デンマーク）と ォローリー（イギリス）は，1923 年に「酸とは ヵ水素イオン H⁺を与える物質で，塩基とは水素イオン H⁺を受け取る物質である」と提唱した。

問2 (1) ブレンステッドの定義にもとづくと，酸は他の物質に H⁺を与えるため，H⁺を放出し陰イオンとなる。そのため，右辺の陰イオンに H⁺を加えると，左辺にあった元の酸を推定することができる。

$$\underset{(A)}{\overset{酸}{HBr}} + \underset{(B)}{\overset{塩基}{H_2O}} \longrightarrow Br^- + H_3O^+$$

なお，H_2O 中の O 原子の非共有電子対が水素イオン H⁺と共有され，配位結合ができる（次図）。

$$H^+ \leftarrow \overset{..}{\underset{H}{O}}\text{-}H \rightleftarrows \left[H\text{-}\overset{..}{\underset{H}{O}}\text{-}H \right]^+$$

オキソニウム
イオン

(2) ブレンステッドの定義にもとづくと，塩基は他の物質から H⁺を受け取る。本問においては，右辺にある HCO_3^- から H⁺を除くと，左辺にあった元の塩基が CO_3^{2-} であると推定することができる。

$$\overset{酸}{H_2O} + \underset{(C)}{\overset{塩基}{CO_3^{2-}}} \rightleftarrows HCO_3^- + \underset{(D)}{\overset{塩基}{OH^-}}$$

[II] (1) アンモニアの沸点はおよそ$-33℃$であるため，常温常圧（25℃，1 気圧）では ₍₁₎気体である。

(2)～(7) ブレンステッドとローリーの定義では，H⁺を相手に与えるものが ₍₂₎酸，H⁺を受け取るものが ₍₃₎塩基である。この定義にもとづくと，次式においてアンモニア NH_3 と水酸化物イオン OH⁻は H⁺を受け取っているため ₍₄₎,₍₇₎塩基，

H_2O とアンモニウムイオン $NH_4{}^+$ は H^+ を放出しているため $_{(5),(6)}$<u>酸</u>としてはたらいている。

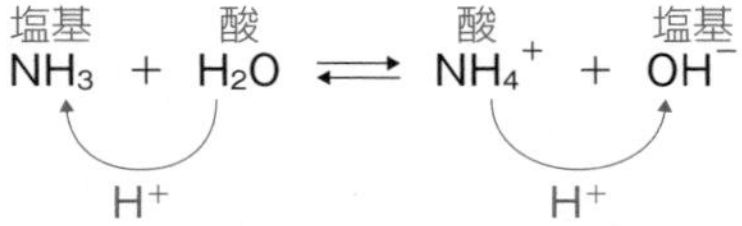

$$\underset{\text{塩基}}{NH_3} + \underset{\text{酸}}{H_2O} \rightleftharpoons \underset{\text{酸}}{NH_4{}^+} + \underset{\text{塩基}}{OH^-}$$

（8）〜（11）　N 原子は価電子を $_{(8)}$<u>5</u> 個もち，そのうちの $_{(9)}$<u>3</u> 個が H 原子との共有結合に用いられ，NH_3 が形成される。この NH_3 が H^+ を受け取り $NH_4{}^+$ になるとき，NH_3 中の N 原子の $_{(11)}$<u>非共有電子対</u>が水素イオン H^+ と共有され，配位結合ができる（次図）。

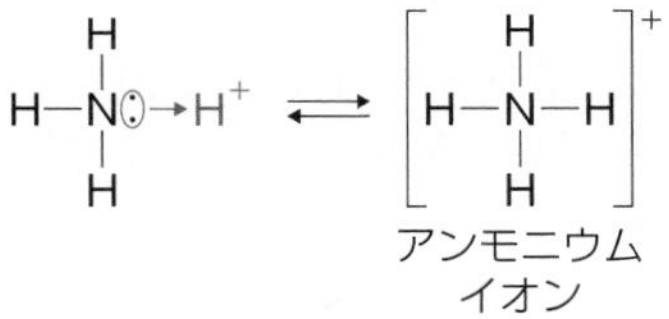

$$
\begin{array}{c}
\quad H \\
H-N:\rightarrow H^+ \\
\quad H
\end{array}
\rightleftharpoons
\left[
\begin{array}{c}
\quad H \\
H-N-H \\
\quad H
\end{array}
\right]^+
$$

アンモニウムイオン

　なお，この $NH_4{}^+$ 中の 4 本の N–H 結合はまったく同じ性質を示し，元からあった NH_3 分子中の N–H の $_{(10)}$<u>単</u>結合と新たに形成された配位結合は $NH_4{}^+$ 中では区別できず，$_{(12)}$<u>同じ強さをもつ</u>。

フレーム 19

◎ pH の定義

$[H^+] = 1.0 \times 10^{-n}$ (mol/L) のとき，**pH** は次式で求められる。

$$pH = -\log_{10}[H^+] = -\log_{10}(1.0 \times 10^{-n}) = n$$

（$x = 10^n$ のとき，n を x の常用対数といい，$n = \log_{10} x$ のように表す。）

水溶液の酸性や塩基性の強さを表すのに利用。

◎ 電離度

電解質を水に溶かしたとき，溶解した電解質のうち電離したものの割合（次式）。

$$電離度\ \alpha = \frac{電離した電解質の物質量〔\mathbf{mol}〕}{溶けている電解質全体の物質量〔\mathbf{mol}〕}$$

$\begin{cases} \alpha \fallingdotseq 1 \ （ほぼ完全電離） \Rightarrow 強酸\ or\ 強塩基 \\ \alpha \ll 1 \ （ほとんど電離しない） \Rightarrow 弱酸\ or\ 弱塩基 \end{cases}$

◎ 塩基性溶液の pH の計算式

塩基性溶液の pH は，$[H^+]$ と $[OH^-]$ との積である**水のイオン積**（⇨ P.232）を用いることで，以下のようにして求めることができる。

$pOH = -\log_{10}[OH^-]$ と定義すると，$[OH^-] = 1.0 \times 10^{-n}$ 〔mol/L〕のとき，

$$pH = 14 - pOH = 14 - (-\log_{10}[OH^-]) = 14 + \log_{10}(1.0 \times 10^{-n}) = 14 - n$$

実践問題   1回目　2回目　3回目

目標：6分　実施日：　／　　　／　　　／

次の文章を読み，〔1〕～〔4〕の問いに答えよ。ただし，必要に応じて，次の値を用いよ。$\log_{10}4.0 = 0.60$，$\log_{10}4.5 = 0.65$，$\log_{10}5.0 = 0.70$

水分子 H_2O は (1) 式のようにわずかに電離して，水素イオン H^+ と水酸化物イオン OH^- を生じる。

$$H_2O \rightleftharpoons H^+ + OH^- \quad \cdots (1)$$

このとき，水素イオン濃度 $[H^+]$ と水酸化物イオン濃度 $[OH^-]$ との積は定数となり，これを水の ［ あ ］ （$K_w = [H^+][OH^-]$）という。K_w の値は 25℃で ［ A ］ $(mol/L)^2$ である。したがって $[H^+] = [OH^-]$ のとき，$[H^+]$ は ［ B ］ mol/L となる。

以下に示す水溶液の温度はすべて 25℃ とする。

$[H^+] > [OH^-]$ の水溶液を い 溶液と呼び，$[H^+] < [OH^-]$ の水溶液を う 溶液と呼ぶ。 い 溶液では pH < ア である。また， う 溶液では pH > ア であり，pH が大きいほど う が え くなる。また，pH が 3 大きくなると，$[OH^-]$ は X 倍になる。

0.010 mol/L 塩酸において，電離度を 1.0 とすると，$[H^+]$ は C mol/L であり，pH は イ である。このとき，$[OH^-]$ は D mol/L である。

次に，0.0010 mol/L 水酸化ナトリウム水溶液において，電離度を 1.0 とすると，$[OH^-]$ は E mol/L であり，pH は ウ である。

〔1〕 文章中の あ 〜 え について，あてはまる語句を記入せよ。

〔2〕 文章中の A 〜 E について，最も適当な数値を下の選択肢の中から選べ。

① 1.0×10^{-1} ② 1.0×10^{-2} ③ 1.0×10^{-3} ④ 1.0×10^{-5}
⑤ 1.0×10^{-7} ⑥ 1.0×10^{-9} ⑦ 1.0×10^{-10} ⑧ 1.0×10^{-11}
⑨ 1.0×10^{-12} ⑩ 1.0×10^{-14}

〔3〕 文章中の ア 〜 ウ について，最も適当な数値を下の選択肢の中から選べ。

① 1 ② 2 ③ 3 ④ 5 ⑤ 7 ⑥ 9 ⑦ 10
⑧ 11 ⑨ 12 ⑩ 14

〔4〕 文章中の X について，あてはまる数値を整数値で記入せよ。

(2010 立命館)

解答
〔1〕あ イオン積　い 酸性　　う 塩基性　　え 強
〔2〕A ⑩　　B ⑤　　C ②　　D ⑨　　E ③
〔3〕ア ⑤　　イ ②　　ウ ⑧
〔4〕　1000

[解説]
〔1〕〜〔3〕 温度一定のとき，水素イオン濃度 $[H^+]$ と水酸化物イオン濃度 $[OH^-]$ との積は一定であり，これを水の$_{ぁ}$イオン積（$K_w = [H^+][OH^-]$）という。K_w の値は 25℃ で $_A \underline{1.0 \times 10^{-14}}$ $[mol/L]^2$ である。

$$K_w = [H^+][OH^-] = 1.0 \times 10^{-14} \ [mol/L]^2$$

よって，$[H^+] = [OH^-]$ のとき，

$[H^+][OH^-] = 1.0 \times 10^{-14} \, [mol/L]^2$

$\Leftrightarrow \quad [H^+]^2 = 1.0 \times 10^{-14} \, [mol/L]^2$

$\therefore \quad [H^+] = {}_B\underline{1.0 \times 10^{-7}} \, [mol/L]$ となる。

また，$[H^+] > [OH^-]$ の水溶液を${}_い\underline{酸性溶液}$，$[H^+] < [OH^-]$ の水溶液を${}_う\underline{塩基性溶液}$とよぶ。$[H^+] = [OH^-]$ のときが中性であり，25℃において中性溶液では，B より $[H^+] = 1.0 \times 10^{-7} \, [mol/L]$，つまり，

$pH = -\log[H^+] = -\log(1.0 \times 10^{-7}) = 7$ となる。そのため，酸性溶液では $pH < {}_エ\underline{7}$ であり，塩基性溶液では $pH > 7$ である。よって，pH が大きいほど${}_お\underline{塩基性}$が${}_え\underline{強}$くなる。

[塩酸]　題意より，電離度 1 であるため，HCl は完全電離している（次式）。

$$HCl \longrightarrow H^+ + Cl^-$$

変化量　-0.010　　　$+0.010$　　$+0.010$　（単位：mol/L）

　よって，$[H^+] = 0.010 = {}_C\underline{1.0 \times 10^{-2}} \, [mol/L]$

　$\therefore \quad pH = -\log[H^+] = -\log(1.0 \times 10^{-2}) = {}_イ\underline{2}$

　また，水のイオン積（$[H^+][OH^-] = 1.0 \times 10^{-14} \, [mol/L]^2$）より，

　$(1.0 \times 10^{-2}) \times [OH^-] = 1.0 \times 10^{-14} \, [mol/L]^2$

　$\therefore \quad [OH^-] = {}_D\underline{1.0 \times 10^{-12}} \, [mol/L]$

[水酸化ナトリウム水溶液]　題意より，電離度 1 であるため，NaOH は完全電離している（次式）。

$$NaOH \longrightarrow Na^+ + OH^-$$

変化量　-0.0010　　　$+0.0010$　　$+0.0010$　（単位：mol/L）

　よって，$[OH^-] = 0.0010 = {}_E\underline{1.0 \times 10^{-3}} \, [mol/L]$

　$\therefore \quad pH = 14 - pOH = 14 - (-\log[OH^-])$

　　　　　　$= 14 + \log(1.0 \times 10^{-3}) = 14 - 3 = {}_ウ\underline{11}$

〔4〕　pH が 3 大きくなると $[H^+]$ は $\dfrac{1}{1000}$ になる。例えば，pH が 1 の塩酸（電離度 1）の $[H^+]$ は $1 \times 10^{-1} \, mol/L$ であり，この塩酸の pH が 3 大きくなり pH が 4 となったとき $[H^+]$ は $1 \times 10^{-4} \, mol/L$ である。このとき $[H^+]$ は，

$$\dfrac{1 \times 10^{-4} \, [mol/L]}{1 \times 10^{-1} \, [mol/L]} = \dfrac{1}{1000} \, [倍]$$

となる。また，水のイオン積より $[H^+]$ と $[OH^-]$ の積は一定であるため，$[H^+]$ が $\dfrac{1}{1000}$ 倍になると $[OH^-]$ は $\underline{1000}$ 倍になる。

テーマ 20 中和滴定①
（食酢の定量）

フレーム 20

◎中和点における量的関係

酸が放出できる H^+ の物質量〔mol〕＝塩基が $\begin{cases} 放出できる OH^- の物質量〔mol〕 \\ 受け取れる H^+ の物質量 〔mol〕 \end{cases}$

※中和による酸と塩基の量的関係は，それらの強弱によらない。

実践問題　　　　　　　　　　　　　　　1回目　2回目　3回目

目標：13分　実施日：　／　　　／　　　／

　次の文章を読み，**問1**から**問6**に答えよ。計算のために必要な場合には，以下の数値を使用せよ。原子量：H = 1.0, C = 12.0, O = 16.0, Na = 23.0, Cl = 35.5, Ca = 40.0

　市販されている食酢の溶質の主成分は酢酸（CH_3COOH）であり，その濃度は3〜5%（質量パーセント濃度）である。酢酸の他にも各種有機酸，糖，アミノ酸なども含まれているが，無視できるものとする。中和滴定を用いて，食酢中の酢酸濃度を求める実験を以下に示す。

原理：食酢中の酢酸を，水酸化ナトリウム水溶液で滴定する。

　　$CH_3COOH + NaOH \longrightarrow CH_3COONa + H_2O$

試料：市販の食酢

試薬：水酸化ナトリウム（NaOH），シュウ酸二水和物（$H_2C_2O_4 \cdot 2H_2O$）

指示薬：フェノールフタレイン指示薬

操作1　シュウ酸標準溶液を作り，水酸化ナトリウム水溶液の濃度を求める。

(1)　シュウ酸二水和物 6.30 g を正確にはかりとり，純水に溶かして，1000 mL の ［　ア　］ に移し，純水を加えて正確に1Lとすることにより，a)シュウ酸標準溶液を作る。

(2)　水酸化ナトリウム b)約4 g を純水に溶かして1Lの水溶液とする。

(3)　シュウ酸標準溶液 10.0 mL を ［　イ　］ を用いて正確にとり，コニカルビーカーに移したのち，フェノールフタレイン指示薬2〜3滴を加える。

(4)　(3)の溶液に，c)［　ウ　］ より水酸化ナトリウム水溶液を滴下し，水酸化ナトリウム水溶液の正確な濃度を求める。

操作2　食酢中の酢酸を，水酸化ナトリウム水溶液で滴定する。

(1)　食酢 10.0 mL を ［ イ ］ を用いて正確にとり，100 mL の ［ ア ］ に入れて，正確に 10 倍に薄める。

(2)　10 倍に薄めた食酢溶液 10.0 mL を ［ イ ］ を用いて正確にとり，コニカルビーカーに移したのち，d)フェノールフタレイン指示薬 2 ～ 3 滴を加えて，e)水酸化ナトリウム水溶液で滴定する。

問1　文中の空欄 ［ ア ］ から ［ ウ ］ に入る適切な計量器具を下図から選び，記号で答えよ。また，その名称も記せ。

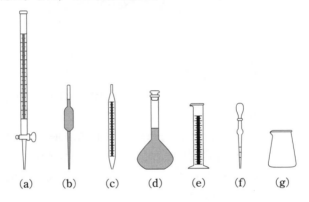

(a)　　(b)　　(c)　　(d)　　(e)　　(f)　　(g)

問2　下線部 a) のシュウ酸標準溶液のモル濃度〔mol/L〕はいくらか。その数値を有効数字 3 桁で答えよ。

問3　下線部 c) で，水酸化ナトリウム水溶液の滴定量は 10.31 mL であった。水酸化ナトリウム水溶液の正確なモル濃度〔mol/L〕はいくらか。その数値を有効数字 3 桁で答えよ。

問4　下線部 e) で，水酸化ナトリウム水溶液の滴定量は 8.35 mL であった。食酢中の酢酸の質量パーセント濃度はいくらか。食酢の密度は 1.00 g/cm^3 として，その数値を有効数字 3 桁で答えよ。

問5　下線部 d) で，指示薬にメチルオレンジ（変色域 pH ＝ 3.1 ～ 4.4）ではなくフェノールフタレイン（変色域 pH ＝ 8.0 ～ 9.8）を使う理由を 50 字以内で述べよ。

問6　下線部 b) で水酸化ナトリウムをおおよその量ではかり，下線部 c) でその水溶液の濃度を正確に求めている。その理由を 60 字以内で述べよ。

(2012 東北（後））

解答

問1 ア　記号…（d）　　　名称…メスフラスコ

　　　イ　記号…（b）　　　名称…ホールピペット

　　　ウ　記号…（a）　　　名称…ビュレット

問2　5.00×10^{-2} mol/L　　**問3**　9.70×10^{-2} mol/L　　**問4**　4.86 %

問5　中和点で生じている塩は酢酸ナトリウムであり，水溶液中で弱塩基性を示すため。（37字）

問6　水酸化ナトリウムの結晶は空気中の水分や二酸化炭素を吸収してしまう。そのため，純度が下がり正確な質量を量り取れないため。（59字）

[解説]

問1　ア　正確なシュウ酸標準溶液を調製するためにはメスフラスコを用いる。
イ　シュウ酸標準溶液を正確に少量量り取るためにはホールピペットを用いる。
ウ　水酸化ナトリウム水溶液の滴定量を正確に測定するためにはビュレットを用いる。

問2　$H_2C_2O_4 \cdot 2H_2O = 126$ より，

$H_2C_2O_4 \cdot 2H_2O$〔mol〕$= H_2C_2O_4$〔mol〕

$$\dfrac{\dfrac{6.30 \text{〔g〕}}{126 \text{〔g/mol〕}}}{1\text{〔L〕}} = \underline{5.00 \times 10^{-2}} \text{〔mol/L〕}$$

問3　NaOH 水溶液のモル濃度を x〔mol/L〕とおくと，**問2**の結果より，中和点では次式が成り立つ。

$$5.00 \times 10^{-2}\text{〔mol/L〕} \times \frac{10.0}{1000}\text{〔L〕} \times \underset{\text{価数}}{2} = x\text{〔mol/L〕} \times \frac{10.31}{1000}\text{〔L〕} \times \underset{\text{価数}}{1}$$

　　　　$H_2C_2O_4$ が放出する H^+〔mol〕　　　　　　NaOH が放出する OH^-〔mol〕

∴　$x = 9.699\cdots \times 10^{-2} \fallingdotseq \underline{9.70 \times 10^{-2}}$〔mol/L〕

問4　希釈前の食酢溶液中の CH_3COOH のモル濃度を y〔mol/L〕とおくと，**問3**の結果より，中和点では次式が成り立つ。

$$y\text{〔mol/L〕} \times \underset{\text{希釈率}}{\frac{1}{10}} \times \underset{\text{価数}}{\frac{10.0}{1000}}\text{〔L〕} \times 1 = 9.699 \times 10^{-2}\text{〔mol/L〕} \times \frac{8.35}{1000}\text{〔L〕} \times \underset{\text{価数}}{1}$$

　　　　CH_3COOH が放出する H^+〔mol〕　　　　　　NaOH が放出する OH^-〔mol〕

理論化学編　第4章　基本的な反応①（酸・塩基）

101

$$\therefore\quad y \fallingdotseq 0.8098 \text{〔mol/L〕}$$

ここで，元の食酢溶液 1L（1.00×10^3 cm^3）あたりで考えると，その質量パーセント濃度〔%〕は，

$$\frac{CH_3COOH \text{〔g〕}}{\text{食酢溶液〔g〕}} \times 100 = \frac{\overset{CH_3COOH \text{〔mol〕}}{\overbrace{0.8098\text{〔mol/L〕} \times 1\text{〔L〕}} \times \overset{CH_3COOH \text{〔g〕}}{\overbrace{60\text{〔g/mol〕}}}}}{1.00\text{〔g/cm}^3\text{〕} \times 1000\text{〔cm}^3\text{〕}} \times 100$$

$$= 4.858\cdots \fallingdotseq \underline{4.86}\text{〔%〕}$$

問5 中和により生成する酢酸ナトリウム CH_3COONa から電離した酢酸イオン CH_3COO^- が次式のように加水分解し，中和点は<u>塩基性側</u>に偏る。

$$CH_3COO^- + H_2O \rightleftarrows CH_3COOH + \boxed{OH^-}$$

中和点を鋭敏に決定するためには中和点付近で急激な pH 変化（これを pH ジャンプという）が必要である。今回の滴定において中和点付近で急激な pH 変化が起こるのは上記より塩基性側であり，用いる指示薬（pH の変化によって色調が変わる色素）は塩基性側に変色域をもつフェノールフタレインが適当である（右図の滴定曲線より，メチルオレンジを用いると中和点になる前に色が変わってしまうことがわかる）。

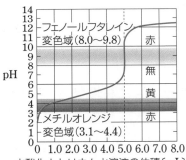

水酸化ナトリウム水溶液の体積〔mL〕

問6 NaOH の結晶は**潮解性**があり，空気中の水分を吸収し，質量が増加してしまう。また，塩基である NaOH は酸性気体の CO_2 と次式のように中和反応し，純度が下がってしまう。このような性質により，NaOH は標準溶液（正確には一次標準溶液という）には向かない。

なお，NaOH と CO_2 の反応の反応式は，以下のように作成する。

※水酸化ナトリウム NaOH と二酸化炭素 CO_2 の中和反応の反応式の作成法

$$CO_2 + H_2O \quad (\longrightarrow H_2CO_3) \longrightarrow 2H^+ + CO_3^{2-}$$
$$+)\ (\quad NaOH \qquad\qquad \longrightarrow Na^+ + OH^- \quad) \times 2$$
$$\overline{\qquad 2NaOH + CO_2 + H_2O \longrightarrow Na_2CO_3 + 2H_2O}$$
$$\Rightarrow\ 2NaOH + CO_2 \longrightarrow Na_2CO_3 + H_2O$$

中和滴定②
(逆滴定)

フレーム21

◎逆滴定とは

　塩基性のアンモニア NH_3 や酸性の二酸化炭素 CO_2 のような気体の定量において、過剰な酸や塩基に完全に一度吸収させてから、未反応の酸や塩基を、標準溶液で滴定する手法。

◎線分図作成による計算手順

Step1　線分図の上下に化学式・濃度・体積などの情報を酸と塩基に分けて書く。

Step2　線分図上の関係を以下の式に代入して未知数を求める。

酸が放出できる H^+ の物質量〔mol〕の合計

$$= 塩基が \left\{ \begin{array}{l} 放出できる\ OH^- \\ 受け取れる\ H^+ \end{array} \right\} の物質量〔mol〕の合計$$

実践問題　　　　　　　　　　　　　　　　1回目　2回目　3回目

目標：18分　実施日：　／　　　／　　　／

[Ⅰ]　溶液 A に含まれる酸の濃度を測定するのに、その溶液 V〔mL〕をとり、これに過剰量の塩基（濃度 x〔mol/L〕）を v〔mL〕加え、余分の塩基を濃度 y〔mol/L〕の酸で中和滴定する方法を用いた。滴定に要した酸の量が V'〔mL〕であったとき、溶液 A 中の酸のモル濃度を表す式はどれか。ただし、加えた塩基の価数を a、溶液 A 中の酸の価数を b、滴定に用いた酸の価数を b' とする。答は選択肢 (A)、(B)、(C)、…の中から選べ。

(A)　$\dfrac{axv}{y(bV + b'V')}$　　(B)　$\dfrac{axv - b'yV'}{bV}$　　(C)　$\dfrac{b'yV' - axv}{(V+v)b}$

(D)　$\dfrac{(V+v)b'y}{bV'} - \dfrac{ax}{b}$　　(E)　$\dfrac{b'yV' + axv}{bV + b'V'}$

(2001 北里・医)

[Ⅱ]　一般に、タンパク質に含まれる窒素量は、タンパク質の種類に関係なく、ほぼ一定している。このことを利用して、ある食品に含まれるタンパク質の量を以下の手順により求めることにした。まず、この食品 5.0g に含まれる窒素

分をすべてアンモニアガスにして，0.25 mol/L の硫酸水溶液 25 mL にすべて吸収させた。つぎに，この水溶液中の未反応の硫酸を 0.10 mol/L の水酸化ナトリウム水溶液で中和滴定したところ，25 mL を要した。以下の各問いに答えよ。ただし，アンモニアガスの吸収の前後で，硫酸水溶液の液量は変化しないものとする。解答に必要があれば，つぎの数値を用いよ。

原子量：N = 14.0

問1 食品から発生したアンモニアガスが標準状態で示す体積〔mL〕として，最も適切な値を a ～ e の中から一つ選べ。

a 112　　b 224　　c 336　　d 448　　e 560

問2 タンパク質に含まれる窒素の含有率を 15% とすると，この食品に含まれるタンパク質の含有率は何%であるか。a ～ e の中から一つ選べ。

a 7.0　　b 8.5　　c 19　　d 23　　e 28

（2005 東海・医）

[III] 次の文を読んで設問に答えよ。

呼気中の二酸化炭素の量を知るために，0 ℃，1.01×10^5 Pa での呼気 1.0 L を水酸化バリウム水溶液 50.0 mL 中に吹き込んで，1.0 L 中の二酸化炭素を完全に吸収させた。反応後の上澄み液 25.0 mL を 0.20 mol/L 塩酸で中和するのに 15.7 mL を要した。ただし，この実験で使用した水酸化バリウム水溶液 25.0 mL を中和するのに 0.20 mol/L 塩酸 23.8 mL を要した。ただし，二酸化炭素の吸収，反応による体積の変化はないものとする。

問1 この実験に使用した水酸化バリウム水溶液のモル濃度〔mol/L〕はいくらか。有効数字 2 桁で答えよ。

問2 0 ℃，1.01×10^5 Pa での呼気 1.0 L 中には二酸化炭素は何 mL 含まれていたか。有効数字 2 桁で答えよ。

（2015 東京医科歯科 改）

解答

[I]　（B）

[II]**問1**　b　　**問2**　c

[III]**問1**　9.5×10^{-2} mol/L　　**問2**　3.6×10 mL

[解説]

[Ⅰ] 溶液 A に含まれる酸の濃度を C 〔mol/L〕とおくと，本問では酸と塩基について次のような線分図における関係がある。

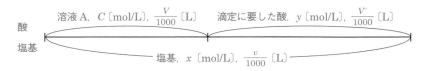

よって，上の線分図より，次式が成り立つ。

$$\underbrace{C \,〔mol/L〕\times \frac{V}{1000}\,〔L〕\times \underset{価数}{b}}_{\text{溶液 A の酸が放出する H}^+\,〔mol〕} + \underbrace{y\,〔mol/L〕\times \frac{V'}{1000}\,〔L〕\times \underset{価数}{b'}}_{\text{滴定に要した酸が放出する H}^+\,〔mol〕}$$

$$= \underbrace{x\,〔mol/L〕\times \frac{v}{1000}\,〔L〕\times \underset{価数}{a}}_{\text{塩基が受け取る H}^+\,〔mol〕} \qquad \therefore \quad C = \frac{axv - b'yV'}{bV}\,〔mol/L〕$$

[Ⅱ] この滴定の仕組みは次図のようになる。

Step1 　食品からアンモニア NH_3 を発生させる。

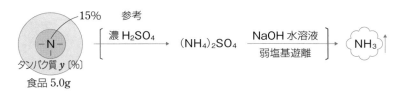

Step2 　発生したアンモニア NH_3 を逆滴定で定量する。

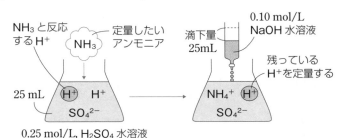

問1 発生した NH_3 の物質量を x 〔mol〕とおくと，本問の滴定では酸と塩基について次のような線分図における関係がある。

よって，上の線分図より次式が成り立つ。

$$0.25 〔mol/L〕 \times \frac{25}{1000} 〔L〕 \times \underset{価数}{2} = x 〔mol〕 \times \underset{価数}{1} + 0.10 〔mol/L〕 \times \frac{25}{1000} 〔L〕 \times \underset{価数}{1}$$

$\underbrace{\qquad\qquad}_{H_2SO_4 \text{ が放出する } H^+ 〔mol〕}$　$\underbrace{\qquad}_{NH_3 \text{ が受け取る } H^+ 〔mol〕}$　$\underbrace{\qquad\qquad}_{NaOH \text{ が放出する } OH^- 〔mol〕}$

$$\therefore \quad x = 1.0 \times 10^{-2} 〔mol〕$$

以上より，NH_3 の標準状態における体積は，

$$22.4 〔L/mol〕 \times 1.0 \times 10^{-2} 〔mol〕 = 0.224 〔L〕 = \underline{224} 〔mL〕$$

問2 | Step1 | の図より，食品中に N 原子が 1 つ含まれているとき，NH_3 は 1 分子発生する。よって，「N 原子の物質量〔mol〕＝発生する NH_3 の物質量〔mol〕」の関係がある。ここで，食品中に含まれていたタンパク質の質量パーセント濃度を y 〔%〕とおくと，**問1** の結果より，次式が成り立つ。

$$\underbrace{\frac{5.0〔g〕 \times \overset{\text{タンパク質〔g〕}}{\frac{y}{100}} \times \overset{\text{N 原子〔g〕}}{\frac{15.0}{100}}}{14〔g/mol〕}}_{\text{N 原子〔mol〕}} = \underbrace{1.0 \times 10^{-2} 〔mol〕}_{NH_3 \text{ の物質量〔mol〕}}$$

$$\therefore \quad y = 18.6\cdots \fallingdotseq \underline{19} 〔\%〕$$

[Ⅲ] **問1** $Ba(OH)_2$ 水溶液のモル濃度を x 〔mol/L〕とおくと，中和点では次式が成り立つ。

$$\underbrace{0.20 〔mol/L〕 \times \frac{23.8}{1000} 〔L〕 \times \underset{価数}{1}}_{HCl \text{ が放出する } H^+ 〔mol〕} = \underbrace{x 〔mol/L〕 \times \frac{25.0}{1000} 〔L〕 \times \underset{価数}{2}}_{Ba(OH)_2 \text{ が放出する } OH^- 〔mol〕}$$

$$\therefore \quad x = 9.52 \times 10^{-2} \fallingdotseq \underline{9.5 \times 10^{-2}} 〔mol/L〕$$

問2 この滴定の仕組みは次図のようになる。

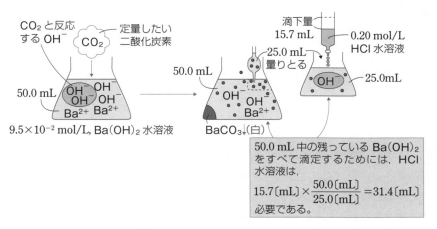

9.5×10^{-2} mol/L, Ba(OH)$_2$ 水溶液

BaCO$_3$↓(白)

> 50.0 mL 中の残っている Ba(OH)$_2$ をすべて滴定するためには，HCl 水溶液は，
> $$15.7\,[mL] \times \frac{50.0\,[mL]}{25.0\,[mL]} = 31.4\,[mL]$$
> 必要である。

ここで，0 ℃，1.01×10^5 Pa で呼気 1.0 L 中に含まれる CO$_2$ の物質量を y〔mol〕とおくと，今回の滴定では次のような線分図における関係がある。

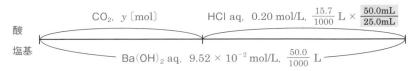

よって，**問1** の結果より，上の線分図から次式が成り立つ。

$$\underbrace{y\,[mol] \times \underset{\text{価数}}{2}}_{\text{H}_2\text{CO}_3\text{が放出する H}^+ \,[mol]} + \underbrace{0.20\,[mol/L] \times \frac{15.7}{1000} \times \frac{50.0}{25.0}\,[L] \times \underset{\text{価数}}{1}}_{\text{HCl が放出する H}^+ \,[mol]}$$

$$= \underbrace{9.52 \times 10^{-2}\,[mol/L] \times \frac{50.0}{1000}\,[L] \times \underset{\text{価数}}{2}}_{\text{Ba(OH)}_2\text{が放出する OH}^- \,[mol]}$$

$$\therefore \quad y = 1.62 \times 10^{-3}\,[mol]$$

以上より，この空気 1.0L 中に含まれる CO$_2$ の体積〔mL〕は，

$$22.4\,[L/mol] \times (1.62 \times 10^{-3})\,[mol] = 0.0362\cdots \fallingdotseq \underline{3.6 \times 10}\,[mL]$$

テーマ 22 中和滴定③
（二段階中和滴定）

フレーム 22

◎二段階中和滴定とは

2価の酸や塩基には2か所の中和点があることを利用し，段階的に中和し定量する手法。

[例] 炭酸ナトリウム Na_2CO_3 は正塩（H^+ となり得る H を化学式に含まない塩）であるが，弱酸である炭酸 H_2CO_3 由来の塩であるため，この水溶液に強酸を加えると，二段階の反応で弱酸である炭酸 $H_2CO_3(CO_2 + H_2O)$ が遊離する（次式）。

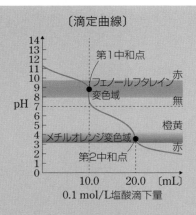
〔滴定曲線〕

| Step1 | CO_3^{2-} | + | H^+ | $\longrightarrow$ | HCO_3^- |

| Step2 | HCO_3^- | + | H^+ | $\longrightarrow$ | H_2CO_3 $(CO_2 + H_2O)$ |

◎出題パターン

不純物を含む炭酸ナトリウム Na_2CO_3 を水に溶かし，中和滴定により混合物中の各物質のモル濃度〔mol/L〕や混合の割合〔%〕などを算出させる。

パターン1　炭酸ナトリウム Na_2CO_3 と水酸化ナトリウム NaOH の混合物の定量。

パターン2　炭酸ナトリウム Na_2CO_3 と炭酸水素ナトリウム $NaHCO_3$ の混合物の定量。

※炭酸ナトリウムに水酸化ナトリウム NaOH や炭酸水素ナトリウム $NaHCO_3$ が混じっていると塩酸の滴下量が第1中和点と第2中和点で異なるため，滴下量の差から NaOH や $NaHCO_3$ の混合の割合がわかる。

◎計算解法

Step1　混合物中のどの物質（＝塩基）に何 mL の塩酸を用いたのか，滴定曲線を用いてそれぞれの塩基への塩酸の滴下量を明確にする。

Step2　各物質（＝塩基）それぞれの中和において，中和されるまでに受け取った H^+ 数で考え（基本的に1価），通常の中和の計算式（⇨ P.99）を立てる。

実践問題

1回目　2回目　3回目

目標：15分　実施日：　／　　／　　／

［Ⅰ］ 水酸化ナトリウムと炭酸ナトリウムを含んだ水溶液Aがある。水溶液A中のそれぞれの物質の濃度を求めるため，次の実験を行った。数値による解答は，有効数字3桁とせよ。

実験　水溶液A 30.0 mLを三角フラスコに入れ，フェノールフタレイン試薬数滴を加えた。三角フラスコ内の溶液をかき混ぜながら，47.7 mLの0.100 mol/L塩酸を滴下したところ，a)変色した。滴定後の溶液にメチルオレンジ試薬を数滴加え，さらに17.1 mLの0.100 mol/Lの塩酸を滴下したところ，b)変色した。

問1　a)，b）では，水溶液は何色から何色に変化したか。それぞれについて，例にならい，記せ。　　［例］無　色　→　青　色

問2　実験で，塩酸を滴下しはじめてからa）の変色が起こるまでに，炭酸ナトリウムはどのように変化したか。溶液中で起こる反応を化学反応式で示せ。

問3　水溶液A中の水酸化ナトリウムと炭酸ナトリウムの濃度〔mol/L〕をそれぞれ求めよ。計算の過程も示すこと。

（2011 名古屋市立・薬）

［Ⅱ］ 次の文章を読み以下の設問に答えよ。

原子量は，H = 1.0，C = 12，O = 16，Na = 23とする。

炭酸水素ナトリウムと炭酸ナトリウムの混合物13.7 gを純水に溶解し，1 Lの水溶液とした。次に，その水溶液20 mLをビーカーに取り，0.100 mol/Lの塩酸で中和滴定を行った。このとき，(1)指示薬のフェノールフタレインが変色するのに0.100 mol/Lの塩酸10.0 mLを要した。さらに，(2)0.100 mol/Lの塩酸30.0 mLを加えたところで，指示薬メチルオレンジの変色が確認された。

問1　下線部（1）では，溶液の色はどのように変わるか書け。

問2　下線部（2）で水溶液に生じている化学反応を化学反応式で書け。

問3　炭酸水素ナトリウムと炭酸ナトリウムの混合物の物質量の比を求めよ。

（2007 法政）

解答

[Ⅰ]**問1**a）　赤色→無色　　　b）　橙黄色→赤色

　　問2　$Na_2CO_3 + HCl \longrightarrow NaHCO_3 + NaCl$

　　問3　水酸化ナトリウム… 1.02×10^{-1} mol/L

　　　　　炭酸ナトリウム …5.70×10^{-2} mol/L（計算過程は解説参照）

[Ⅱ]**問1**　赤色→無色　　　**問2**　$NaHCO_3 + HCl \longrightarrow CO_2 + H_2O + NaCl$

　　問3　炭酸水素ナトリウム：炭酸ナトリウム＝2：1

[解説]

[Ⅰ]　**問1，2**　$OH^- \longrightarrow CO_3^{2-} \longrightarrow HCO_3^-$ の順に H^+ を受け取っていく（この順は塩基としての強さの順として覚えておく）。この実験において水溶液 A に塩酸を加えていくと，以下の Step で反応が起こる。

Step1　滴定開始から第1中和点までは NaOH と Na_2CO_3 が HCl と反応する。このとき Na_2CO_3 はすべてが $NaHCO_3$ に変化した時点で終点となる。

$$\begin{cases} NaOH + HCl \longrightarrow NaCl + H_2O \\ Na_2CO_3 + HCl \longrightarrow NaHCO_3 + NaCl \end{cases}$$

Step2　第1中和点から第2中和点までは（Na_2CO_3 から生じた）$NaHCO_3$ のみが HCl と反応し，（HCO_3^- が H^+ を受け取って）H_2CO_3 になる（すぐに CO_2 と H_2O に分解する）。

$$NaHCO_3 + HCl \longrightarrow CO_2 + H_2O + NaCl$$

　以上のことから，滴定曲線の概形は次図のようになる（この滴定曲線から，どの塩基に塩酸を何 mL ずつ要したかがわかる）。

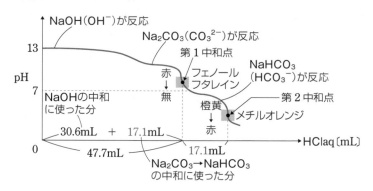

問3 問2の反応式より,

　反応した Na_2CO_3〔mol〕：生成した $NaHCO_3$〔mol〕 = 1 : 1
となる。つまり，第1中和点から第2中和点まで加えた塩酸 17.1 mL は $NaHCO_3$ の中和に用いられたが，Na_2CO_3 の中和にも同じ量の塩酸を要していることになる。よって，$NaOH$ の中和に要した塩酸は 47.7 - 17.1 = 30.6〔mL〕となる。ここで，水溶液 A 中の $NaOH$ のモル濃度を x〔mol/L〕とおくと，$NaOH$ のみを中和するのに用いた塩酸の体積は 30.6 mL であるため，滴定の当量点では次式が成り立つ。

$$0.100 〔mol/L〕 \times \frac{30.6}{1000}〔L〕 \times \underset{\text{価数}}{1} = x〔mol/L〕 \times \frac{30.0}{1000}〔L〕 \times \underset{\text{価数}}{1}$$

$\underbrace{\hspace{4cm}}_{\text{HCl が放出する H}^+〔mol〕}$ $\underbrace{\hspace{4cm}}_{\text{NaOH が放出する OH}^-〔mol〕}$

$$\therefore \quad x = \underline{1.02 \times 10^{-1}}〔mol/L〕$$

　また，水溶液 A 中の Na_2CO_3 のモル濃度を y〔mol/L〕とおくと，Na_2CO_3 を中和するために第1中和点までに用いた塩酸は 17.1 mL なので，滴定の当量点では次式が成り立つ。

> $CO_3^{2-} + H^+ \longrightarrow HCO_3^-$ の反応における H^+ の受け取る数

$$0.100 〔mol/L〕 \times \frac{17.1}{1000}〔L〕 \times \underset{\text{価数}}{1} = y〔mol/L〕 \times \frac{30.0}{1000}〔L〕 \times \underset{\text{価数}}{1}$$

$\underbrace{\hspace{4cm}}_{\text{HCl が放出する H}^+〔mol〕}$ $\underbrace{\hspace{5cm}}_{\text{Na}_2\text{CO}_3 \text{ が第1中和点までに受け取る H}^+〔mol〕}$

$$\therefore \quad y = \underline{5.70 \times 10^{-2}}〔mol/L〕$$

〔Ⅱ〕　問1，2　この混合溶液中には Na_2CO_3（CO_3^{2-}）と $NaHCO_3$（HCO_3^-）の2種類の塩基がある。このとき，H^+ の受け取りやすさ（塩基としての強さ）は $CO_3^{2-} \rightarrow HCO_3^-$ の順である。この実験において混合物の水溶液に塩酸を加えていくと，以下の2つの Step で反応が起こる。

Step1　滴定開始から第1中和点までは Na_2CO_3 のみが塩酸と反応し（次式），いったん中和が完了する。

　$Na_2CO_3 + HCl \longrightarrow NaHCO_3 + NaCl$

Step2　第1中和点から第2中和点までは Step1 の反応で生成した $NaHCO_3$ と元から入っていた $NaHCO_3$ が第1中和点を過ぎてから反応する（次式）。

　$NaHCO_3 + HCl \longrightarrow CO_2 + H_2O + NaCl$

　以上のことから滴定曲線の概形は次図のようになる（この滴定曲線から，混合物中の Na_2CO_3 と $NaHCO_3$ の中和に塩酸をそれぞれ何 mL ずつ要したかがわかる）。

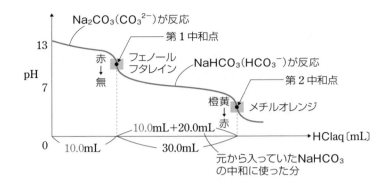

問3 第1中和点までに用いた塩酸 10.0 mL は Na_2CO_3 の中和に要した量である。また，Step1 の反応式より，「反応した Na_2CO_3〔mol〕：生成した $NaHCO_3$〔mol〕 = 1：1」であるため，第1中和点から第2中和点まで加えた塩酸 30.0 mL のうち，Na_2CO_3 から生成した $NaHCO_3$ の中和に要した塩酸量は Na_2CO_3 の中和（$Na_2CO_3 \longrightarrow NaHCO_3$）に要した塩酸量と同じ 10.0 mL である。よって，元から入っていた $NaHCO_3$ だけの中和に要した塩酸は 30.0 − 10.0 = 20.0〔mL〕となる。

以上より，（Na_2CO_3 と $NaHCO_3$ はそれぞれ HCl と 1：1 で反応するため）混合溶液中の Na_2CO_3 と $NaHCO_3$ の物質量〔mol〕比は中和に要した塩酸の体積〔mL〕比に等しい。

   $NaHCO_3$〔mol〕：Na_2CO_3〔mol〕 = 20.0〔mL〕：10.0〔mL〕 = <u>2：1</u>

テーマ 23　酸化数

フレーム 23

◎酸化数の算出法①（代数的方法）

酸化数には，次の 2 つの原則がある。

原則 1 ｜ 単体：0

原則 2 ｜ イオン：価数に符号（＋，－）をつけたもの（多原子イオンでは，
各原子の酸化数の合計がそのイオンの価数に符号をつけたものと
等しくなる）。

化合物：化合物中の各原子の酸化数の合計は 0。

また，イオンまたは化合物中の各原子の酸化数は，以下の順（優先順位）にし
たがって算出する。

Step1 ｜ アルカリ金属（Li，Na，K など）：＋ 1
2 族（Ca，Ba など）：＋ 2
フッ素 F：－ 1

Step2 ｜ 水素：＋ 1

Step3 ｜ 酸素：－ 2

Step4 ｜

元素	酸化数
F 以外のハロゲン（ハロゲン化物中）	－ 1
硫黄（硫化物中）	－ 2

◎酸化数の算出法②（形式的方法）

本来，化合物中の原子の酸化数とは，それぞれの原子に電子を割り当てたとき，
中性原子（電気的に±0の原子）の電子数からどれだけ増減しているかを表し
ている（次式）。

酸化数＝（中性原子の電子数）－（化合物中で割り当てられた原子の電子数）

電子の割り当て方は，特に，共有結合からなる物質の場合には，共有電子対を
電気陰性度の大きいほうの原子へすべて割り当てる（基本的には，割り当てる電
子は価電子で考える）。

[例] 水 H_2O 分子中の H 原子と O 原子の酸化数

電気陰性度 O（3.4）＞ H（2.2）

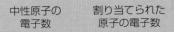

$$
\begin{array}{c}
\text{中性原子の} \qquad\qquad \text{割り当てられた} \\
\text{電子数} \qquad\qquad\qquad \text{原子の電子数}
\end{array}
$$

H 原子の酸化数: $\quad 1 \quad - \quad 0 \quad = \quad +1$

O 原子の酸化数: $\quad 6 \quad - \quad 8 \quad = \quad -2$

$$ H : \overset{..}{\underset{..}{O}} : H \;\Longrightarrow\; H \,(\overset{..}{\underset{..}{O}})\, H $$

実践問題

1回目　2回目　3回目

目標：6分　実施日：　／　　　／　　　／

[I]　次の（A）〜（E）の各反応について，下線を引いた原子が酸化される場合は 1，還元される場合は 2，酸化も還元もされる場合は 3，どちらでもない場合は 0 を記せ。ただし，反応は左から右に進むものとする。

(A)　$2\underline{Cr}O_4{}^{2-} + 2H^+ \longrightarrow Cr_2O_7{}^{2-} + H_2O$

(B)　$2H_2\underline{O}_2 \longrightarrow 2H_2O + O_2$

(C)　$H_2SO_4 + NaH\underline{S}O_3 \longrightarrow NaHSO_4 + SO_2 + H_2O$

(D)　$2H_2\underline{S} + SO_2 \longrightarrow 3S + 2H_2O$

(E)　$\underline{O}F_2 + H_2O \longrightarrow O_2 + 2HF$

（2010 東京理科・薬）

[II]　次の文章を読み，**問 1 〜問 3** に答えよ。

　塩素を水に溶解させた塩素水は，消毒作用があることが知られている。これは塩素分子の一部が水と反応し，酸化力のある化合物 A を生じるためと考えられている。A のナトリウム塩は漂白剤や殺菌剤に用いられ，水道水の消毒にも使われている。

　水道水には塩素が残存させてあるため，そのままでは魚を飼うには適さない。少量含まれる塩素は，くみ置きするか，市販されているハイポ（チオ硫酸ナトリウム五水和物）を少量加えて塩化物イオンに変化させることで無毒化できる。

問 1　チオ硫酸イオンは，硫酸イオンの一つの酸素原子が硫黄原子に置き換わったものである。チオ硫酸イオンの電子式を，下の記入例にならって記せ。

（記入例）$\left[\; : \overset{..}{O} : H\; \right]^{-}$

問 2　チオ硫酸イオンの二つの硫黄原子の形式的な酸化数の和を記せ。

問 3　硫酸イオン中の硫黄原子の酸化数を記せ。

（2009 大阪（後））

114

［Ⅰ］(A) 0 (B) 3 (C) 0 (D) 1 (E) 2

［Ⅱ］**問1**

$$\left[\begin{array}{c} :\overset{..}{\underset{..}{O}}: \\ :\overset{..}{\underset{..}{O}}:\overset{..}{\underset{..}{S}}:\overset{..}{\underset{..}{O}}: \\ :\overset{..}{\underset{..}{O}}: \end{array}\right]^{2-}$$

問2 $+4$　**問3** $+6$

［解説］

［Ⅰ］ 酸化数の変化について，求めたい原子の酸化数を x とおいて，以下のように方程式を立てて求めていく（化合物中の原子の酸化数決定の優先順位は P.113 を参照のこと）。酸化数が増加していた場合は酸化された，酸化数が減少していた場合は還元されたといえる。

(A) 反応前 $\underline{Cr}O_4^{2-}$ ⟶ 反応後 $\underline{Cr}_2O_7^{2-}$

　　　$x+(-2)\times 4=-2$　∴　$x=+6$　　$x\times 2+(-2)\times 7=-2$　∴　$x=+6$

　よって，Cr 原子の酸化数は変化していないため，酸化も還元もされていない。

(B) 反応前 $H_2\underline{O}_2$ ⟶ 反応後 $H_2\underline{O}$　　　$\underline{O}_2$

　　　$(+1)\times 2+x\times 2=0$　∴　$x=-1$　　$(+1)\times 2+x=0$　∴　$x=-2$　　0

　よって，O 原子の酸化数は，増加している原子と減少している原子がともに存在するため，O 原子は酸化も還元もされたといえる。

(C) 反応前 $NaH\underline{S}O_3$ ⟶ 反応後 $\underline{S}O_2$

　　　$(+1)+(+1)+x+(-2)\times 3=0$　　　$x+(-2)\times 2=0$

　　　∴　$x=+4$　　　　　　　　　　　　　∴　$x=+4$

　よって，S 原子の酸化数は変化していないため，酸化も還元もされていない（生成物質の $NaHSO_4$ 中の S 原子は H_2SO_4 由来の S 原子である）。

(D) 反応前 $H_2\underline{S}$ ⟶ 反応後 $\underline{S}$

　　　$(+1)\times 2+x=0$　∴　$x=-2$　　　　　0

　よって，S 原子の酸化数は増加しているため，S 原子は酸化されている。

(E) 反応前 $\underline{O}F_2$ ⟶ 反応後 $\underline{O}_2$

　　　$x+(-1)\times 2=0$　∴　$x=+2$　　　　　0

　よって，O 原子の酸化数は減少しているため，O 原子は還元されている。

［Ⅱ］ **問1** チオ硫酸イオン $S_2O_3^{2-}$ の電子式は，題意にあるように，硫酸イオン SO_4^{2-} を経由し，以下の4ステップで考えていくと書きやすい。

Step 1 → Step 2 → Step 3 → Step 4 → 完成

（S原子とO原子のルイス構造の変化の図：Step1からStep4を経てS₂O₃²⁻が完成する過程）

Step1　S原子とO原子がそれぞれ不対電子を出し合い，共有電子対を2組つくる（共有結合の形成）。

Step2　S原子の非共有電子対2組を，O原子に配位させる（配位結合の形成）。

Step3　左右のO原子の不対電子2つを電子対にすべく，e^- 2つを受け取る（SO_4^{2-}の完成）。

Step4　（同族のため）最外殻が同じ電子配置をとるO原子とS原子を1つだけ置換する（$S_2O_3^{2-}$の完成）。

問2　$S_2O_3^{2-}$中の2つのS原子は互いに異なる結合状態のため，酸化数は形式的方法で求める。電気陰性度は，周期表の上に位置するO原子のほうがS原子よりも大きいため，**問1**の結果より，$S_2O_3^{2-}$中の各原子のe^-（•）の割り当ては右図のようになる。

$$\left[\begin{array}{c} :\overset{\displaystyle ..}{\underset{\displaystyle ..}{O}}: \\ :O:S:S: \\ :\overset{\displaystyle ..}{\underset{\displaystyle ..}{O}}: \end{array}\right]^{2-}$$

　よって，2つのS原子の形式的な酸化数は，

　　酸化数＝（中性原子の電子数）－（化合物中で割り当てられた原子の電子数）

より，

$$\begin{cases} \text{中心のS原子：} 6 - 1 = +5 \\ \text{中心と結合するS原子：} 6 - 7 = -1 \end{cases}$$

　したがって，2つのS原子の形式的な酸化数の和は，

　　$(+5) + (-1) = \underline{+4}$

問3　問2と同様に，SO_4^{2-}中の各原子のe^-（•）の割り当ては右図のようになる。

　よって，（中心の）S原子の酸化数は，

　　$6 - 0 = \underline{+6}$

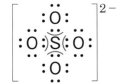

テーマ 24　酸化剤と還元剤

フレーム 24

◎酸化剤と還元剤のはたらき

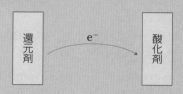

酸化数 UP　　　　　　　　　酸化数 DOWN
⇔ 自身は酸化される　　　　　⇔ 自身は還元される
⇔ 相手を還元する　　　　　　⇔ 相手を酸化する

◎ e^-を含むイオン反応式の作成法

還元剤と酸化剤のそれぞれの e^- を含むイオン反応式は以下のように作成する。

Step1　酸化剤・還元剤が，何から何に変化するかを書く（暗記）。

Step2　両辺の酸素原子 O と水素原子 H 以外の原子の数を，係数を入れることで合わせる。

Step3　両辺の酸素原子 O の数を H_2O で合わせる。

Step4　両辺の水素原子 H の数を H^+で合わせる。

Step5　両辺の電荷（イオンの電荷の合計）を電子 e^-（電荷：-1）で合わせる。

[例] ニクロム酸イオン $Cr_2O_7{}^{2-}$

Step1　$Cr_2O_7{}^{2-} \longrightarrow Cr^{3+}$

Step2　$Cr_2O_7{}^{2-} \longrightarrow 2Cr^{3+}$

Step3　$Cr_2O_7{}^{2-} \longrightarrow 2Cr^{3+} + 7H_2O$

Step4　$Cr_2O_7{}^{2-} + 14H^+ \longrightarrow 2Cr^{3+} + 7H_2O$

（電荷）　$1 \times (-2) + 14 \times (+1) = +12$　　　$2 \times (+3) + 7 \times 0 = +6$

Step5　$Cr_2O_7{}^{2-} + 14H^+ + 6e^- \longrightarrow 2Cr^{3+} + 7H_2O$

[Ⅰ]　次のそれぞれの化学反応式で酸化剤としてはたらくものと，還元剤として
　　はたらくものとして最も適切な物質を解答群から選べ。

$$2H_2S + SO_2 \longrightarrow 3S + 2H_2O$$

酸化剤 [(A)]　　還元剤 [(B)]

$$H_2O_2 + 2KI + H_2SO_4 \longrightarrow 2H_2O + I_2 + K_2SO_4$$

酸化剤 [(C)]　　還元剤 [(D)]

$$5H_2O_2 + 2KMnO_4 + 3H_2SO_4 \longrightarrow 5O_2 + 2MnSO_4 + K_2SO_4 + 8H_2O$$

酸化剤 [(E)]　　還元剤 [(F)]

$$2KMnO_4 + 5SO_2 + 2H_2O \longrightarrow 2MnSO_4 + K_2SO_4 + 2H_2SO_4$$

酸化剤 [(G)]　　還元剤 [(H)]

解答群

1　H_2　　　　　2　O_2　　　　3　SO_2　　　　4　H_2O　　　5　SO_3

6　$KMnO_4$　　7　H_2O_2　　8　H_2SO_4　　9　KI　　　　10　H_2S

(2007 東京理科・基礎工)

[Ⅱ]　次の記述中の（ア）～（エ）にあてはまる最も適切な物質をA欄より選べ。
　　次の3つの酸化還元反応が起きることが知られている。これらの反応に基づ
　いて O_2, S, Br_2, I_2 の酸化力の強さを推定すると，

　　[(ア)] > [(イ)] > [(ウ)] > [(エ)]

の順となる。

$$2KI + Br_2 \longrightarrow 2KBr + I_2$$
$$4HBr + O_2 \longrightarrow 2Br_2 + 2H_2O$$
$$I_2 + H_2S \longrightarrow 2HI + S$$

A欄　1　O_2　　　2　S　　　3　Br_2　　　4　I_2

(2016 東京理科・理工)

[Ⅲ]　次の文章を読み，（1）～（5）の問いに答えよ。

　　ヨウ素酸はヨウ素のオキソ酸である。ヨウ素酸カリウム KIO_3 の水溶液に，亜
硫酸水素ナトリウム $NaHSO_3$ と硫酸およびデンプンを含む水溶液を加えたとこ
ろ，以下の式①～③の酸化還元反応が進行した。反応開始からしばらく時間が経
過すると，それまでは無色であった反応溶液がヨウ素デンプン反応により突然青
紫色に変化した。

なお，反応開始の時点で KIO_3 は $NaHSO_3$ より過剰に存在した。式①の反応は②や③の反応にさきがけて起こり，②や③より遅い。またヨウ素デンプン反応は平衡反応であり，式①〜③の反応より速い。

式①　$IO_3^- + 3HSO_3^- \longrightarrow I^- + 3SO_4^{2-} + 3H^+$

式②　$5I^- + IO_3^- + 6H^+ \longrightarrow 3I_2 + 3H_2O$

式③　$\boxed{ \longrightarrow }$

(1)　ヨウ素酸イオン IO_3^- 中のヨウ素原子の酸化数とヨウ化物イオン I^- の酸化数を記せ。

(2)　式②の反応の酸化剤と還元剤は何か，それぞれイオンの化学式で答えよ。

(3)　式③の反応では，ヨウ素 I_2 と亜硫酸水素イオン HSO_3^- が，それぞれ I^- と硫酸イオン SO_4^{2-} に変化する。ここで酸化還元反応に関与する電子を e^- として，I_2 の反応式を以下に示した。この例にならい HSO_3^- の反応式を記せ。

$\quad I_2 + 2e^- \longrightarrow 2I^-$

(4)　式③の反応のイオン反応式を記せ。

理論化学編　第 5 章　基本的な反応②（酸化還元）

解答

[I]（A）3　（B）10　（C）7　（D）9　（E）6　（F）7　（G）6　（H）3

[II]（ア）1　（イ）3　（ウ）4　（エ）2

[III]（1）IO_3^- 中の I 原子…$+5$　　I^-…-1

　（2）還元剤…I^-　　酸化剤…IO_3^-

　（3）$HSO_3^- + H_2O \longrightarrow SO_4^{2-} + 3H^+ + 2e^-$

　（4）$I_2 + HSO_3^- + H_2O \longrightarrow SO_4^{2-} + 3H^+ + 2I^-$

[解説]

[I]　酸化数が増加する場合は（負電荷をもつ）e^- を放出した，つまり還元剤としてはたらいたといえる。一方，酸化数が減少する場合は e^- を受け取った，つまり酸化剤としてはたらいたといえる。それぞれの反応式中における原子の酸化数を以下に記す。なお，各物質中の下線部が引かれた原子の酸化数の決定法については P.113 を参照のこと。

$$2H_2\underline{S} + \underline{S}O_2 \longrightarrow 3\underline{S} + 2H_2O$$
$${-2}{+4}{0}$$

よって，H_2S 中の S 原子の酸化数は -2 から 0 に増加しているため，(B)$\underline{H_2S}$ は還元剤としてはたらいている。また，SO_2 中の S 原子の酸化数は $+4$ から 0 に減少しているため，(A)$\underline{SO_2}$ は酸化剤としてはたらいていることがわかる。

$$H_2\underline{O}_2 + 2K\underline{I} + H_2SO_4 \longrightarrow 2H_2\underline{O} + \underline{I}_2 + K_2SO_4$$
$${-1}{-1}{-2}{0}$$

よって，H_2O_2 中の O 原子の酸化数は -1 から -2 に減少しているため，(C)$\underline{H_2O_2}$ は酸化剤としてはたらいている。また，KI 中の I 原子の酸化数は -1 から 0 に増加しているため，(D)$\underline{KI}$ は還元剤としてはたらいていることがわかる。

$$5H_2\underline{O}_2 + 2K\underline{Mn}O_4 + 3H_2SO_4 \longrightarrow 5\underline{O}_2 + 2\underline{Mn}SO_4 + K_2SO_4 + 8H_2O$$
$${-1}{+7}{0}{+2}$$

よって，H_2O_2 中の O 原子の酸化数は -1 から 0 に増加しているため，(F)$\underline{H_2O_2}$ は還元剤としてはたらいている。また，$KMnO_4$ 中の Mn 原子の酸化数は $+7$ から $+2$ に減少しているため，(E)$\underline{KMnO_4}$ は酸化剤としてはたらいていることがわかる。

$$2K\underline{Mn}O_4 + 5\underline{S}O_2 + 2H_2O \longrightarrow 2\underline{Mn}SO_4 + K_2SO_4 + 2H_2\underline{S}O_4$$
$${+7}{+4}{+2}{+6}$$

よって，$KMnO_4$ 中の Mn 原子の酸化数は $+7$ から $+2$ に減少しているため，(G)$\underline{KMnO_4}$ は酸化剤としてはたらいている。また，SO_2 中の S 原子の酸化数は $+4$ から $+6$ に増加しているため，(H)$\underline{SO_2}$ は還元剤としてはたらいていることがわかる（なお，SO_2 は $SO_4{}^{2-}$ に変化しているため，$MnSO_4$，K_2SO_4，H_2SO_4 いずれの S 原子の酸化数を用いてもよい）。

[Ⅱ] 進行方向（右方向）に向かって反応が進んだとき，左辺で酸化剤としてはたらいた物質は還元剤としてはたらいた物質からの生成物に比べて酸化力（e^- を奪う力）が強いといえる。

$$2K\underline{I} + \underline{Br}_2 \longrightarrow 2K\underline{Br} + \underline{I}_2$$
$${-1}{0}{-1}{0}$$

よって，反応の進行方向において，Br_2 が酸化剤としてはたらいているため（Br：$0 \rightarrow -1$），酸化力は「$Br_2 > I_2$」であることがわかる。

$$4H\underline{Br} + \underline{O}_2 \longrightarrow 2\underline{Br}_2 + 2H_2\underline{O}$$
$${-1}{0}{0}{-2}$$

よって，反応の進行方向において，O_2 が酸化剤としてはたらいているため（$O : 0 \rightarrow -2$），酸化力は「$O_2 > Br_2$」であることがわかる。

$$\underset{0}{I_2} + \underset{-2}{H_2\underline{S}} \longrightarrow 2\underset{-1}{H\underline{I}} + \underset{0}{\underline{S}}$$

よって，反応の進行方向において，I_2 が酸化剤としてはたらいているため（$I : 0 \rightarrow -1$），酸化力は「$I_2 > S$」であることがわかる。

以上より，酸化力の強さは，「$_{(ア)}\underline{O_2} >_{(イ)}\underline{Br_2} >_{(ウ)}\underline{I_2} >_{(エ)}\underline{S}$」の順と推定される。

[Ⅲ]　(1)　IO_3^- 中の I 原子の酸化数は，以下のように求まる。

$$\underline{I}O_3^-$$

$$x + (-2) \times 3 = -1 \quad \therefore \quad x = \underline{+5}$$

(2)　$\underset{-1}{5\underline{I}^-} + \underset{+5}{\underline{I}O_3^-} + 6H^+ \longrightarrow \underset{0}{3I_2} + 3H_2O$

よって，I^- 中の I 原子の酸化数は -1 から 0 に増加しているため，還元剤としてはたらいているのは $\underline{I^-}$ である。また，IO_3^- 中の I 原子の酸化数は $+5$ から 0 に減少しているため，酸化剤としてはたらいているのは $\underline{IO_3^-}$ である。

(3)　HSO_3^- の e^- を含むイオン反応式は，P.117 にある手順にしたがって作成する（H，O 原子以外の原子である S 原子の数は $\boxed{\text{Step1}}$ の段階において，両辺で等しいため，$\boxed{\text{Step2}}$ は割愛）。

$\boxed{\text{Step1}}$　$HSO_3^- \longrightarrow SO_4^{2-}$

$\boxed{\text{Step3}}$　$HSO_3^- + H_2O \longrightarrow SO_4^{2-}$

$\boxed{\text{Step4}}$　$HSO_3^- + H_2O \longrightarrow SO_4^{2-} + 3H^+$

（電荷）　$1 \times (-1) + 0 = -1 \qquad 1 \times (-2) + 3 \times (+1) = +1$

$\boxed{\text{Step5}}$　$HSO_3^- + H_2O \longrightarrow SO_4^{2-} + 3H^+ + 2e^-$

(4)　式③の反応における還元剤と酸化剤の e^- を含むイオン反応式は，それぞれ次式となる。

還元剤：$HSO_3^- + H_2O \longrightarrow SO_4^{2-} + 3H^+ + 2e^-$　…（ⅰ）

酸化剤：$I_2 + 2e^- \longrightarrow 2I^-$　　　　　　　　　…（ⅱ）

よって，（ⅰ）式＋（ⅱ）式より e^- を消去すると，以下のように式③が完成する。

$$\underline{I_2 + HSO_3^- + H_2O \longrightarrow SO_4^{2-} + 3H^+ + 2I^-}$$

過マンガン酸カリウム滴定

フレーム 25

◎酸化還元滴定の当量点で成り立つ式

$$\underbrace{\text{還元剤の物質量〔mol〕×価数}}_{\text{還元剤が放出する e}^-\text{〔mol〕}}=\underbrace{\text{酸化剤の物質量〔mol〕×価数}}_{\text{酸化剤が受け取る e}^-\text{〔mol〕}}$$

※価数…酸化剤または還元剤 1 つあたりが授受する e^- の個数。

[例] チオ硫酸イオン $S_2O_3{}^{2-}$ の価数

$$2S_2O_3{}^{2-} \longrightarrow S_4O_6{}^{2-} + 2e^-$$

　上式より，$S_2O_3{}^{2-}$ 2 つあたり e^- 2 つを放出していることがわかる。よって，$S_2O_3{}^{2-}$ 1 つあたり e^- 1 つを放出することになるため，$S_2O_3{}^{2-}$ の価数は 1 となる。

◎化学的酸素要求量 COD（chemical oxygen demand）の測定

　水の汚染度を測定するものの一つで，強力な酸化剤を用いて湖沼や海水中の被酸化性物質（＝汚れ：有機物 etc.）を酸化し，このとき消費された酸化剤（主に $KMnO_4$ か $K_2Cr_2O_7$）の量を試料水 1L あたりの酸素 O_2 量〔mg〕に換算する。この COD〔mg/L〕の値が大きいほど，試料水の汚染度が高いといえる。

《測定手順》

① 試料水 V〔mL〕を三角フラスコに入れ，さらに純水と硫酸を加える。

② ここに硝酸銀 $AgNO_3$ 水溶液を加える。

③ C〔mol/L〕$KMnO_4$ 水溶液を a〔mL〕加えて加熱する。

④ C'〔mol/L〕$Na_2C_2O_4$ 水溶液 c〔mL〕を加え，$KMnO_4$ との反応を停止させる。

⑤ C〔mol/L〕$KMnO_4$ 水溶液で未反応の $Na_2C_2O_4$ を滴定する（このときの滴下量を b〔mL〕とする）。

※② 　試料水中に Cl^- が含まれている場合，この Cl^- も $KMnO_4$ により酸化されてしまい滴下量に誤差が生じてしまうため，あらかじめ Ag_2SO_4（または $AgNO_3$）を加えることで Cl^- は $AgCl$ の沈殿にして除去する。

※⑤ 　$Na_2C_2O_4$ で $KMnO_4$ を滴定すると終点の色の変化（赤紫色→無色）がわかりにくいため，過剰量の $Na_2C_2O_4$ を改めて $KMnO_4$ で滴定するほうが終点の色の変化（無色→赤紫色）がわかりやすい。

※⑤ 　試料水を用いずに滴定し（これをブランク測定という），滴下量 b〔mL〕との差から COD を算出することもある。

《計算解法》

COD は，以下の手順で求めていく。

Step1　酸化剤と還元剤に分けた線分図を書く（下図）。

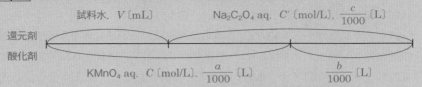

Step2　線分図から，$Na_2C_2O_4$ と反応した $KMnO_4$ の物質量〔mol〕を x〔mol〕とおき，反応式の係数を用いて x を求める（実際はイオン反応式で OK）。

$2KMnO_4 + 5Na_2C_2O_4 + 8H_2SO_4$

　　　$\longrightarrow 2MnSO_4 + 10CO_2 + 8H_2O + K_2SO_4 + 5Na_2SO_4$ より，

$KMnO_4$〔mol〕：$Na_2C_2O_4$〔mol〕$= 2 : 5$

$\Leftrightarrow \quad x$〔mol〕$: C'$〔mol/L〕$\times \dfrac{c}{1000}$〔L〕$= 2 : 5 \quad \therefore \quad x = \dfrac{2cC'}{5 \times 10^3}$〔mol〕

Step3　滴下した $KMnO_4$ の全物質量〔mol〕から Step2 で求めた（$Na_2C_2O_4$ と反応した）$KMnO_4$ の物質量〔mol〕を差し引くことで，試料水の酸化に消費した $KMnO_4$ の物質量 y〔mol〕を求める。

$$y\text{〔mol〕} = C\text{〔mol/L〕} \times \frac{a+b}{1000}\text{〔L〕} - x = \frac{(a+b)C - \dfrac{2}{5}cC'}{1000}\text{〔mol〕}$$

全 $KMnO_4$〔mol〕　　　　　　　　　$Na_2C_2O_4$ と反応した量〔mol〕

Step4　次式のように e^- の係数をそろえることで，用いた酸化剤（今回は MnO_4^-）の物質量〔mol〕を O_2 の物質量〔mol〕に変換する（結果は割愛）。

$1 \cdot MnO_4^- + 8H^+ + \boxed{5e^-} \longrightarrow Mn^{2+} + 4H_2O$

$\dfrac{5}{4} O_2 + 5H^+ + \boxed{5e^-} \longrightarrow \dfrac{5}{2} H_2O$　　$\times \dfrac{5}{4}$

> $O_2 + 4H^+ + 4e^-$
> $\longrightarrow 2H_2O$ の e^- の係数を「5」にするために，全体を $\dfrac{5}{4}$ 倍する。

Step5　単位計算を意識しながら COD〔mg/L〕を算出する。

$$COD\text{〔mg/L〕} = \frac{\dfrac{(a+b)C - \dfrac{2}{5}cC'}{1000}\text{〔mol〕} \times \dfrac{5}{4} \times 32\text{〔g/mol〕} \times 10^3\text{〔mg/g〕}}{\dfrac{V}{1000}\text{〔L〕}}$$

O_2〔mol〕　　O_2〔g〕　　O_2〔mg〕

〔I〕　次の文章を読み，各問いに答えよ。計算問題では計算過程も示し，有効数字3桁まで求めよ。原子量：H = 1.0，O = 16

過マンガン酸カリウム $KMnO_4$ の希硫酸溶液は，強い酸化作用を示す。赤紫色の過マンガン酸イオン $MnO_4{}^-$ は，酸性溶液では相手の物質から電子を奪って淡紅色のマンガン（II）イオン Mn^{2+} になるので酸化剤として働き，その反応式は ┌ ア ┐ のようになる。これに対してシュウ酸 $(COOH)_2$ は還元剤として働き，酸化剤に電子を与えて二酸化炭素になる。その反応式は ┌ イ ┐ のようになる。硫酸酸性条件下での過マンガン酸カリウムとシュウ酸との反応を化学反応式で書くと ┌ ウ ┐ となる。

過酸化水素水中の H_2O_2 の濃度を，この酸化還元反応を利用して求めることができる。すなわち，正確な濃度のシュウ酸標準溶液を用いて $KMnO_4$ 溶液の濃度を求め，その $KMnO_4$ 溶液を用いて H_2O_2 の濃度を求めればよい。

純粋なシュウ酸二水和物 $(COOH)_2 \cdot 2H_2O$ 0.630 g をメスフラスコにいれ，蒸留水に溶かして 100 mL にした。ホールピペットで，このシュウ酸溶液 10.0 mL をコニカルビーカーにとり，9 mol/L 硫酸 5 mL と蒸留水 5 mL を加えて 60 ℃ まであたためてから，(a)濃度のわからない $KMnO_4$ 溶液で滴定したところ，9.80 mL 必要であった。

過酸化水素水は $KMnO_4$ のような強い酸化剤に対しては，┌ エ ┐ のように電子を与える働きをする。硫酸酸性における H_2O_2 と $KMnO_4$ との反応を化学反応式で書くと ┌ オ ┐ となる。(b)濃度のわからない過酸化水素水 10.0 mL をホールピペットでとってメスフラスコにいれ，蒸留水で薄めて全量を 100 mL とした。この薄めた過酸化水素水 10.0 mL をホールピペットでとって 9 mol/L 硫酸 5 mL と，蒸留水 5 mL を加えて先の $KMnO_4$ 溶液で滴定したところ，9.45 mL 必要であった。

問1　前の文中の ┌ ア ┐ ～ ┌ オ ┐ に適切な反応式を書け。

問2　下線部（a）の滴定により明らかになった過マンガン酸カリウム溶液の濃度〔mol/L〕を求めよ。

問3　下線部（b）の薄める前の過酸化水素水の濃度をモル濃度〔mol/L〕，質量パーセント濃度で求めよ。ただし，水溶液の密度は 1.00 g/cm³ とする。

（2003 香川）

[Ⅱ]　次の文を読み，**問1**から**問6**に答えよ。計算結果は，特に指定のない限り有効数字3桁で記せ。

　　原子量：H = 1.00，C = 12.0，O = 16.0

　水質汚染の指標にはいくつかあるが，中でも化学的酸素要求量（COD）は，水に含まれる有機物質量の手軽な指標として日本工業規格で用いられてきた。CODは，有機物質を酸化分解するのに必要な過マンガン酸カリウムの消費量を酸素（O_2）の消費量〔mg/L〕に換算して表したもので，その測定は以下のような3段階の操作により行う。

〔操作Ⅰ〕

　ある河川水 10.0 mL に 5.00×10^{-3} mol/L の硫酸酸性の過マンガン酸カリウム水溶液 10.0 mL を加えた後，80℃で5分間反応させ，河川水中の有機物を分解した。

〔操作Ⅱ〕

　操作Ⅰの反応液に濃度 A〔mol/L〕のシュウ酸水溶液 10.0 mL を加えてよく混合し，未反応の過マンガン酸イオンをすべて反応させた。

〔操作Ⅲ〕

　操作Ⅱの反応液を 5.00×10^{-3} mol/L の硫酸酸性過マンガン酸カリウム水溶液で滴定し，未反応のシュウ酸がすべて反応するまで加えた。

問1　酸素，過マンガン酸イオンおよびシュウ酸が酸化剤あるいは還元剤として働くときの変化をそれぞれ電子 e^- を含むイオン反応式で示せ。

問2　問1のイオン反応式で，過マンガン酸イオン中のマンガン原子およびシュウ酸中の炭素原子の酸化数はどのように変化したか。それぞれの変化を次の例にならって答えよ。　　〔例〕　＋3　→　－4

問3　問1のイオン反応式をもとに，硫酸酸性下での過マンガン酸イオンとシュウ酸との酸化還元反応をイオン反応式で示せ。

問4　操作Ⅱで用いたシュウ酸水溶液の濃度 A〔mol/L〕を求めよ。なお別の実験で，この溶液の一定量を 5.00×10^{-3} mol/L の硫酸酸性過マンガン酸カリウム水溶液で滴定したところ，同体積を用いたところで反応が終点に達することを確認した。また，この濃度のシュウ酸水溶液をシュウ酸二水和物の結晶を用いて調製したい。この水溶液 1.00 L を調製するのに必要なシュウ酸二水和物の質量〔g〕を求めよ。

問5 操作Ⅲの反応は指示薬を加える必要がない。滴定の終点はどのようにして判断できるか。60字以内で説明せよ。

問6 操作Ⅲの滴定値が 8.00 mL であった。ここで用いた河川水の COD〔mg/L〕を求めるため，次の（1）から（5）に答えよ。

（1） 操作Ⅱの未反応のシュウ酸の物質量〔mol〕を求めよ。

（2） 操作Ⅱで，操作Ⅰの未反応の過マンガン酸カリウムと反応したシュウ酸の物質量〔mol〕を求めよ。

（3） 操作Ⅰの未反応の過マンガン酸カリウムの物質量〔mol〕を求めよ。

（4） 操作Ⅰにおいて消費された過マンガン酸カリウムの物質量〔mol〕を求めよ。

（5） 試料溶液の COD〔mg/L〕を求めよ。

（2009 岐阜・医（後））

解答

[Ⅰ]**問1** ア $MnO_4^- + 8H^+ + 5e^- \longrightarrow Mn^{2+} + 4H_2O$

イ $(COOH)_2 \longrightarrow 2CO_2 + 2H^+ + 2e^-$

ウ $2KMnO_4 + 3H_2SO_4 + 5(COOH)_2 \longrightarrow 2MnSO_4 + K_2SO_4 + 8H_2O + 10CO_2$

エ $H_2O_2 \longrightarrow O_2 + 2H^+ + 2e^-$

オ $2KMnO_4 + 3H_2SO_4 + 5H_2O_2 \longrightarrow 2MnSO_4 + K_2SO_4 + 8H_2O + 5O_2$

問2 2.04×10^{-2} mol/L

問3 モル濃度…4.82×10^{-1} mol/L　　質量パーセント濃度…1.64％

[Ⅱ]**問1** $O_2 + 4H^+ + 4e^- \longrightarrow 2H_2O$

$MnO_4^- + 8H^+ + 5e^- \longrightarrow Mn^{2+} + 4H_2O$

$H_2C_2O_4 \longrightarrow 2CO_2 + 2H^+ + 2e^-$

問2 Mn：$+7 \rightarrow +2$　　C：$+3 \rightarrow +4$

問3 $2MnO_4^- + 5H_2C_2O_4 + 6H^+ \longrightarrow 2Mn^{2+} + 10CO_2 + 8H_2O$

問4 濃度A…1.25×10^{-2} mol/L　　質量…1.58 g

問5 無色のシュウ酸水溶液に滴下している過マンガン酸イオンの淡い赤紫色が，滴下後に撹拌しても消えなくなった点を終点とする。（58字）

問6（1）　1.00×10^{-4} mol　　（2）　2.50×10^{-5} mol

（3）　1.00×10^{-5} mol　　（4）　4.00×10^{-5} mol

（5）　1.60×10^2 mg/L

[解説]

[Ⅰ]　**問1**　ウ　$KMnO_4$ と $(COOH)_2$ は次式のように反応する。

$$\text{酸化剤}\ (MnO_4^- + 8H^+ + 5e^- \longrightarrow Mn^{2+} + 4H_2O) \times 2$$

$$+)\quad \text{還元剤}\ ((COOH)_2 \longrightarrow 2CO_2 + 2H^+ + 2e^-) \times 5$$

$$2MnO_4^- + 5(COOH)_2 + 6H^+ \longrightarrow 2Mn^{2+} + 10CO_2 + 8H_2O$$

$$+)\quad 2K^+ \qquad\qquad 3SO_4^{2-} \quad 2SO_4^{2-} \qquad\qquad 2K^+\ SO_4^{2-}$$

$$2KMnO_4 + 5(COOH)_2 + 3H_2SO_4 \longrightarrow 2MnSO_4 + 10CO_2 + 8H_2O + K_2SO_4$$

オ　$KMnO_4$ と H_2O_2 は次式のように反応する。

$$\text{酸化剤}\ (MnO_4^- + 8H^+ + 5e^- \longrightarrow Mn^{2+} + 4H_2O) \times 2$$

$$+)\quad \text{還元剤}\ (H_2O_2 \longrightarrow O_2 + 2H^+ + 2e^-) \times 5$$

$$2MnO_4^- + 5H_2O_2 + 6H^+ \longrightarrow 2Mn^{2+} + 5O_2 + 8H_2O$$

$$+)\quad 2\,K^+ \qquad\qquad 3SO_4^{2-} \quad 2SO_4^{2-} \qquad\qquad 2K^+\ SO_4^{2-}$$

$$2KMnO_4 + 5H_2O_2 + 3H_2SO_4 \longrightarrow 2MnSO_4 + 5O_2 + 8H_2O + K_2SO_4$$

問2　$KMnO_4$ 水溶液のモル濃度を x 〔mol/L〕とおくと，当量点では次式が成り立つ。

$$\underbrace{\underbrace{\frac{0.630\,〔g〕}{126\,〔g/mol〕}}\times \underbrace{\frac{10.0\,〔mL〕}{100\,〔mL〕}}_{\text{摂取による減少率}}\times \underbrace{2}_{\text{価数}}}_{(COOH)_2\ \text{が放出する}\ e^-\,〔mol〕} = \underbrace{x\,〔mol/L〕\times \frac{9.80}{1000}〔L〕\times \underbrace{5}_{\text{価数}}}_{MnO_4^-\ \text{が受け取る}\ e^-\,〔mol〕}$$

$(COOH)_2 \cdot 2H_2O〔mol〕 = (COOH)_2〔mol〕$

$\therefore\quad x = 2.040\cdots \times 10^{-2} \doteqdot \underline{2.04 \times 10^{-2}}\ 〔mol/L〕$

問3　希釈前の H_2O_2 水溶液のモル濃度を y 〔mol/L〕とおくと，当量点では次式が成り立つ。

$$\underbrace{y〔mol/L〕\times \underbrace{\frac{10.0〔mL〕}{100〔mL〕}}_{\text{希釈率}}\times \frac{10.0}{1000}〔L〕\times \underbrace{2}_{\text{価数}}}_{H_2O_2\ \text{が放出する}\ e^-\,〔mol〕} = \underbrace{2.040\times 10^{-2}〔mol/L〕\times \frac{9.45}{1000}〔L〕\times \underbrace{5}_{\text{価数}}}_{MnO_4^-\ \text{が受け取る}\ e^-\,〔mol〕}$$

$\therefore\quad y = 4.819\cdots \times 10^{-1} \doteqdot \underline{4.82 \times 10^{-1}}\ 〔mol/L〕$

また，この H_2O_2 水溶液の質量パーセント濃度は，水溶液 $1L (= 1.00 \times 10^3\,cm^3)$ あたりで考えると，

$$\frac{H_2O_2〔g〕}{H_2O_2\text{水溶液}〔g〕} \times 100 = \frac{4.819 \times 10^{-1}〔mol/L〕\times 1〔L〕\times 34〔g/mol〕}{1.00〔g/cm^3〕\times 1000〔cm^3〕} \times 100$$

$$= 1.638\cdots \fallingdotseq \underline{1.64}\ [\%]$$

[Ⅱ] **問1，3** $KMnO_4$ と $H_2C_2O_4$ は次式のように反応する。

酸化剤 $(MnO_4^- + 8H^+ + 5e^- \longrightarrow Mn^{2+} + 4H_2O\ )\times 2$

+) 還元剤 $(H_2C_2O_4 \longrightarrow 2CO_2 + 2H^+ + 2e^-\ )\times 5$

$2MnO_4^- + 5H_2C_2O_4 + 6H^+ \longrightarrow 2Mn^{2+} + 10CO_2 + 8H_2O$

問2 ［Mn の酸化数］

反応前 $\underline{Mn}O_4^-$ $\longrightarrow$ 反応後 $\underline{Mn}^{2+}$

$x + (-2)\times 4 = -1$ ∴ $x = \underline{+7}$ $\underline{+2}$

［C の酸化数］

反応前 $H_2\underline{C}_2O_4$ $\longrightarrow$ 反応後 $\underline{C}O_2$

$(+1)\times 2 + x \times 2 + (-2)\times 4 = 0$ $\qquad x + (-2)\times 2 = 0$

∴ $x = \underline{+3}$ $\qquad\qquad\qquad\qquad$ ∴ $x = \underline{+4}$

問4 操作Ⅱにおいて，滴定に用いた $KMnO_4$ 水溶液と $H_2C_2O_4$ 水溶液の体積は題意より等しく，その体積を V ［L］とおくと，当量点では次式が成り立つ。

$$A\ [\text{mol/L}] \times V\ [\text{L}] \times \underset{\text{価数}}{2} = 5.00\times 10^{-3}\ [\text{mol/L}] \times V\ [\text{L}] \times \underset{\text{価数}}{5}$$

$\underbrace{}_{H_2C_2O_4\ \text{が放出する}\ e^-\ [\text{mol}]}$ $\underbrace{}_{MnO_4^-\ \text{が受け取る}\ e^-\ [\text{mol}]}$

∴ $A = \underline{1.25 \times 10^{-2}}\ [\text{mol/L}]$

よって，この $H_2C_2O_4$ 水溶液 1.00 L を調製するのに必要なシュウ酸二水和物 $H_2C_2O_4 \cdot 2H_2O$ (= 126) の質量［g］は，

$$\underbrace{H_2C_2O_4\ [\text{mol}] = H_2C_2O_4 \cdot 2H_2O\ [\text{mol}]}$$

$1.25 \times 10^{-2}\ [\text{mol/L}] \times 1.00\ [\text{L}] \times 126\ [\text{g/mol}] = 1.575 \fallingdotseq \underline{1.58}\ [\text{g}]$

問5 過マンガン酸カリウム滴定のしくみは，以下の通りである。

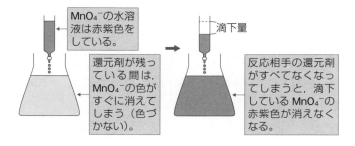

MnO_4^- の水溶液は赤紫色をしている。

還元剤が残っている間は，MnO_4^- の色がすぐに消えてしまう（色づかない）。

滴下量

反応相手の還元剤がすべてなくなってしまうと，滴下している MnO_4^- の赤紫色が消えなくなる。

問 6　今回の COD 測定では，線分図で考えると還元剤と酸化剤に以下のような量的関係がある。ここでは，試料水中の有機物質の酸化に要した $KMnO_4$ の物質量〔mol〕に注目することが重要。

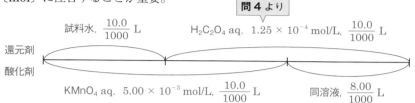

（1）　操作 II における未反応の $H_2C_2O_4$ の物質量〔mol〕は，5.00×10^{-3} mol/L の $KMnO_4$ 水溶液 8.00 mL と反応した分に相当するので，

$$5.00 \times 10^{-3}\ \text{〔mol/L〕} \times \underbrace{\frac{8.00}{1000}\ \text{〔L〕}}_{KMnO_4\ \text{〔mol〕}} \times \underbrace{\frac{5}{2}}_{\text{係数比}} = \underline{1.00 \times 10^{-4}}\ \text{〔mol〕}$$

問3より

[別解]　**問 4** の結果より，

$$1.25 \times 10^{-2}\ \text{〔mol/L〕} \times \frac{8.00}{1000}\ \text{〔L〕} = \underline{1.00 \times 10^{-4}}\ \text{〔mol〕}$$

（2）　操作 II において，操作 I の未反応の $KMnO_4$ と反応した $H_2C_2O_4$ の物質量〔mol〕は，（1）で求めた $H_2C_2O_4$ の物質量〔mol〕を，$H_2C_2O_4$ の全量〔mol〕から差し引いた分に相当するので，

$$\underbrace{1.25 \times 10^{-2}\ \text{〔mol/L〕} \times \frac{10.0}{1000}\ \text{〔L〕}}_{\text{全 } H_2C_2O_4 \text{ の物質量〔mol〕}} - 1.00 \times 10^{-4}\ \text{〔mol〕}$$

$$= \underline{2.50 \times 10^{-5}}\ \text{〔mol〕}$$

[別解]　$1.25 \times 10^{-2}\ \text{〔mol/L〕} \times \dfrac{10.00 - 8.00}{1000}\ \text{〔L〕} = \underline{2.50 \times 10^{-5}}\ \text{〔mol〕}$

（3）　操作 I における未反応の $KMnO_4$ の物質量〔mol〕は，（2）で求めた $H_2C_2O_4$ の物質量〔mol〕の $\dfrac{2}{5}$ 倍に相当するので，**問 3** の結果から，

$$2.50 \times 10^{-5}\ \text{〔mol〕} \times \underbrace{\frac{2}{5}}_{\text{係数比}} = \underline{1.00 \times 10^{-5}}\ \text{〔mol〕}$$

$H_2C_2O_4$〔mol〕　問3より

別解 5.00×10^{-3}〔mol/L〕$\times \dfrac{2.00}{1000}$〔L〕$= \underline{1.00 \times 10^{-5}}$〔mol〕

(4) 操作Ⅰにおいて，試料水中の有機物質の酸化に要した $KMnO_4$ の物質量〔mol〕は，(3)で求めた $KMnO_4$ の物質量〔mol〕を，$KMnO_4$ の全量〔mol〕から差し引いた分に相当するので，

$$\underbrace{5.00 \times 10^{-3}\text{〔mol/L〕} \times \dfrac{10.0}{1000}\text{〔L〕}}_{\text{全}KMnO_4\text{の物質量〔mol〕}} - 1.00 \times 10^{-5}\text{〔mol〕}$$

$= \underline{4.00 \times 10^{-5}}$〔mol〕

別解 5.00×10^{-3}〔mol/L〕$\times \dfrac{8.00}{1000}$〔L〕$= \underline{4.00 \times 10^{-5}}$〔mol〕

(5) 滴定で用いた $KMnO_4$ の物質量〔mol〕と，O_2 の物質量〔mol〕の関係は，次式のように各物質のイオン反応式の e^- の係数をそろえることで導くことができる。

$$\begin{cases} \boxed{1}\,MnO_4^- + 8H^+ + 5e^- \longrightarrow Mn^{2+} + 4H_2O \\ \boxed{\dfrac{5}{4}}\,O_2 + 5H^+ + 5e^- \longrightarrow \dfrac{5}{2}H_2O \\ (O_2 + 4H^+ + 4e^- \longrightarrow 2H_2O) \quad \times \dfrac{5}{4} \end{cases}$$

よって，「$KMnO_4$〔mol〕：O_2〔mol〕$= 1 : \dfrac{5}{4}$」となるため，(4)の結果より COD〔mg/L〕は次式で求められる。

$$\text{COD〔mg/L〕} = \dfrac{\overset{O_2\text{〔mol〕}}{4.00 \times 10^{-5}\text{〔mol〕} \times \dfrac{5}{4}}\; \Big|\; \overset{O_2\text{〔g〕}}{\times 32\text{〔g/mol〕}}\;\Big|\; \overset{O_2\text{〔mg〕}}{\times 10^3\text{〔mg/g〕}}}{\underset{\text{試料水の体積}}{\dfrac{10.0}{1000}\text{〔L〕}}}$$

$= \underline{1.60 \times 10^2}$〔mg/L〕

ヨウ素滴定①
（ヨードメトリー）

フレーム 26

◎ヨウ素滴定（ヨードメトリー）の計算解法

パターン 1　酸化剤と I^- の反応と，その反応で生じた I_2 と $Na_2S_2O_3$ の反応の物質量〔mol〕の関係から，定量したい酸化剤と $Na_2S_2O_3$ の物質量〔mol〕に関する比例式をつくる。

［例］$Na_2S_2O_3$ 水溶液によるオキシドール（H_2O_2 水溶液）の定量

$$1H_2O_2 + 2I^- + 2H^+ \longrightarrow 1I_2 + 2H_2O$$
$$1mol 1mol$$

$$1I_2 + 2Na_2S_2O_3 \longrightarrow 2NaI + Na_2S_4O_6$$
$$1mol \quad 2mol$$

上式より，H_2O_2 と $Na_2S_2O_3$ の物質量〔mol〕に関する比例式は次式のようになる。

$$H_2O_2 \,〔mol〕: Na_2S_2O_3 \,〔mol〕= 1 : 2$$

パターン 2　次式にあてはめる。

還元剤（$Na_2S_2O_3$）が放出する e^-〔mol〕＝（定量したい）酸化剤が受け取る e^-〔mol〕

［例］$Na_2S_2O_3$ 水溶液によるオキシドール（H_2O_2 水溶液）の定量

酸化剤　$H_2O_2 + 2H^+ + 2e^- \longrightarrow 2H_2O$
還元剤　$2S_2O_3^{2-} \longrightarrow S_4O_6^{2-} + 2e^-$

上式より，次式が成り立つ。

$$Na_2S_2O_3 \,〔mol〕× 1 = H_2O_2 \,〔mol〕× 2$$
$$\underset{価数}{} \qquad\qquad \underset{価数}{}$$

◎溶存酸素 DO（dissolved oxygen）の測定

水の汚染度を測定するものの一つで，湖沼や河川の溶存酸素（水中に溶けている酸素 O_2）の量〔mg/L〕を測定することで，水中の生物（魚類，微生物，水生植物 etc.）に必要不可欠な O_2 が水中にどれだけ存在しているのかがわかる。

《簡易的測定手順（ウィンクラー法）》

Step1　試料水 V〔mL〕に硫酸マンガン $MnSO_4$ と水酸化ナトリウム $NaOH$ を加えると水酸化マンガン（Ⅱ）$Mn(OH)_2$ の白色沈殿を生じる。

$$Mn^{2+} + 2OH^- \longrightarrow Mn(OH)_2 \downarrow \quad \cdots（\,i\,）$$

Step2 この試料水中に溶存酸素 O_2 があると，$Mn(OH)_2$ の沈殿が酸化されて，褐色固体のオキシ水酸化マンガン $MnO(OH)_2$ となる。

$$2Mn(OH)_2 \ + \ \underset{1mol}{1}O_2 \ \longrightarrow \ \underset{2mol}{2}MnO(OH)_2 \qquad \cdots (ii)$$

Step3 この $MnO(OH)_2$ は塩基性下では安定だが，酸性下でヨウ化カリウム KI を加えるとヨウ化物イオン I^- を酸化してヨウ素 I_2 を遊離させる。

$$\underset{2mol}{1}MnO(OH)_2 \ +2I^- \ + \ 4H^+ \ \longrightarrow \ Mn^{2+} \ + \ \underset{2mol}{1}I_2 \ + \ 3H_2O \quad \cdots (iii)$$

Step4 ここで遊離した I_2 を，a〔mol/L〕チオ硫酸ナトリウム $Na_2S_2O_3$ 水溶液で滴定する（このときの滴下量を b〔mL〕とする）ことにより，溶存酸素量が測定できる。

$$\underset{2mol}{1}I_2 \ + \ \underset{4mol}{2S_2O_3{}^{2-}} \ \longrightarrow \ 2I^- \ + \ S_4O_6{}^{2-} \qquad\qquad \cdots (iv)$$

《計算解法》

DO は，以下の手順で求めていく。

Step1 基本的にはヨードメトリーと同じ考え方。(ii) ～ (iv) 式を用いて，反応式の係数から溶存酸素 O_2 と $Na_2S_2O_3$ の物質量〔mol〕の比を求める。

$$O_2 〔mol〕 : Na_2S_2O_3 〔mol〕 = 1 : 4 \quad \cdots①$$

Step2 滴下した $Na_2S_2O_3$ のモル濃度 a〔mol/L〕と体積 b〔mL〕から，①の結果を用いて溶存酸素 O_2 の物質量（x〔mol〕とおく）を求める。

$$O_2 〔mol〕 : Na_2S_2O_3 〔mol〕 = 1 : 4$$

$$\Leftrightarrow \ x 〔mol〕 : a 〔mol/L〕 \times \frac{b}{1000} 〔L〕 = 1 : 4 \quad \therefore \ x = \frac{ab}{4 \times 10^3} 〔mol〕$$

Step3 単位計算を意識しながら DO〔mg/L〕を算出する。

$$DO 〔mg/L〕 = \frac{\overset{O_2〔mol〕}{\frac{ab}{4\times10^3}〔mol〕} \times \overset{O_2〔g〕}{32〔g/mol〕} \times \overset{O_2〔mg〕}{10^3 〔mg/g〕}}{\frac{V}{1000}〔L〕}$$

※場合によっては，（p.260 にあるヘンリーの法則を用いて）飽和溶存酸素量を求め，その量に対する（ Step3 で算出した）溶存酸素量の百分率を求めることもある（実際には，この値が小さい試料ほど溶存酸素量は少なく，生物が生息しづらい水ということになる）。

目標：25 分　実施日：　　／　　　／　　　／

［Ｉ］　オゾンに関する次の記述を読んで，以下の問い（**問 1 ～問 3**）に答えよ。

　オゾンはかすかに青色を帯びた気体である。地上約 20 ～ 30 km 上空にはこの気体の多い層があり，紫外線を吸収し，人体や生物を紫外線から保護する役割を果たしている。オゾンは強い（　ア　）作用を示すので，(a)これを硫化水素水に通じると単体 A が遊離する。オゾンを含む空気 B 中のオゾンの濃度を決定するため，以下に示すヨウ素滴定を行った。標準状態で 22.4 L の空気 B をヨウ化カリウム水溶液に通じ，オゾンを完全に分解した。このとき生成した単体 C を含む水溶液にデンプンを少量加えると，（　イ　）色に呈色した。(b)この水溶液に 0.100 mol/L のチオ硫酸ナトリウム $Na_2S_2O_3$ 水溶液 6.00 mL を加えると，$Na_2S_4O_6$ が生成し，（　イ　）色が消えた。

問 1　（　ア　）～（　イ　）に最も適当な語句を記入せよ。

問 2　適当な化学式または数値を記入して，下線（a），（b）で起こる反応の化学反応式を完成せよ。

問 3　空気 B 中のオゾンの体積百分率はいくらか。有効数字 2 桁で答えよ。

（2001 神戸薬科）

［Ⅱ］　次の文章を読み，**問 1 ～問 7** に答えよ。

　ある河川から採取した試料水中の溶存酸素量を測定した。ただし，試料水以外に測定に用いた試薬溶液中の溶存酸素は無視できる。まず，試料水 100 mL を空気が入らないように密閉容器に詰めて，12 mol/L の水酸化カリウム水溶液 0.50 mL と(i)2.0 mol/L の硫酸マンガン（Ⅱ）水溶液 0.50 mL を，その密閉容器内に注入した。溶液中では以下の式（1）の反応がおこり，水酸化アルミニウムと同じ（　ア　）色の沈殿が生じた。

　　$Mn^{2+} + 2OH^- \longrightarrow Mn(OH)_2 \downarrow$　　　…（1）

　生成した沈殿が密閉容器内の全体に及ぶように溶液を混ぜると，沈殿の一部は以下の式（2）の反応のように，(ii)試料水中のすべての溶存酸素と反応して，沈殿は灰色に変化した。

　　$2Mn(OH)_2 + O_2 \longrightarrow 2MnO(OH)_2$　…（2）

　この式（2）の反応ではマンガンの酸化数は（　a　）から（　b　）に変化する。このあとこの密閉容器内に，1 mol/L のヨウ化カリウム水溶液 0.50 mL と

12 mol/L の硫酸 2.0 mL を注入し，溶液を混ぜると，以下の式（3）の反応が起こり，沈殿は溶解して，ヨウ素の遊離により溶液の色は　(イ)　色になった。

$$MnO(OH)_2 + 2I^- + 4H^+ \longrightarrow Mn^{2+} + I_2 + 3H_2O \quad \cdots (3)$$

　　この容器中の溶液をすべて三角フラスコに移し，1.0％デンプン水溶液 1.0 mL を加えると，溶液は　(ウ)　色に変化した。この溶液を 0.025 mol/L のチオ硫酸ナトリウム（$Na_2S_2O_3$）標準溶液で滴定すると，3.00 mL 滴下したところで　(ウ)　色が完全に消滅した。この滴定時の反応は以下の式（4）で表される。

$$I_2 + 2Na_2S_2O_3 \longrightarrow 2NaI + Na_2S_4O_6 \quad\quad \cdots (4)$$

問1　文中の　(ア)　〜　(ウ)　にあてはまる適切な語句を，下の（あ）〜（か）から選び，記号で答えよ。

（あ）赤　　（い）黄褐　　（う）白　　（え）黒　　（お）青紫　　（か）緑

問2　文中の　(a)　と　(b)　に入る整数値を正負の符号も含めて答えよ。

問3　以下の（1），（2）に答えよ。

(1)　「気体の水への溶解度は，温度が変わらなければ，水に接しているその気体の分圧に比例する」という法則がある。この法則の名前を答えよ。

(2)　文中の試料水の温度では酸素の分圧 1.01×10^5 Pa 下での水 1 L への酸素の溶解度は 2.0×10^{-3} mol だった。空気は窒素と酸素が体積比で 4：1 の混合物であるとして，この温度で大気圧 1.01×10^5 Pa 下での水 100 mL 中に溶解できる酸素量（飽和溶存酸素量〔mg〕）を，**問3**（1）の法則を用いて有効数字 2 桁で求めよ。

問4　文中の下線部（ⅱ）のように，**問3**（2）で計算した飽和溶存酸素量のすべてを $Mn(OH)_2$ と反応させるために必要な，文中の下線部（ⅰ）の 2.0 mol/L の硫酸マンガン（Ⅱ）水溶液の容量〔mL〕を有効数字 2 桁で求めよ。

問5　文中の式（2）〜（4）から，溶存酸素分子 1.0 mol を滴定するのに必要なチオ硫酸ナトリウムの物質量〔mol〕を有効数字 2 桁で求めよ。

問6　文中の式（2）〜（4）から，1.0 mol のチオ硫酸ナトリウムで滴定できる最大の溶存酸素量〔g〕を有効数字 2 桁で求めよ。

問7　文中の試料水 100 mL 中に含まれていた溶存酸素量〔mg〕を有効数字 2 桁で求めよ。

（2010 北海道）

解答

[Ⅰ]**問1** ア　酸化　　イ　青(紫)

　　問2(a)　$O_3 + H_2S \longrightarrow S + O_2 + H_2O$

　　　　　(b)　$I_2 + 2Na_2S_2O_3 \longrightarrow 2NaI + Na_2S_4O_6$

　　問3　3.0×10^{-2} %

[Ⅱ]**問1**(ア)　(う)　　　(イ)　(い)　　　(ウ)　(お)

　　問2(a)　+2　　(b)　+4

　　問3(1)　ヘンリーの法則　　(2)　1.3 mg　　**問4**　4.0×10^{-2} mL

　　問5　4.0 mol　　**問6**　8.0 g　　**問7**　6.0×10^{-1} mg

[解説]

[Ⅰ]　**問1**　酸化剤を定量することを目的としたヨウ素滴定（ヨードメトリー）のしくみは以下の通りである。

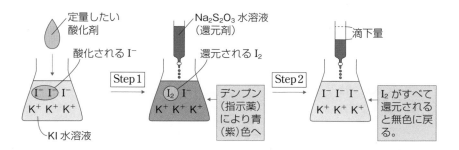

問2　（a）　O_3 と H_2S は次式のように反応する。

　　　　酸化剤　　$O_3 + 2H^+ + 2e^- \longrightarrow \quad\quad\quad O_2 + H_2O$

$+)$　　還元剤　　　　　$H_2S \longrightarrow \quad S + 2H^+ + 2e^-$

　　　　　　　　$O_3 + H_2S \quad\longrightarrow \underset{単体A}{S} \downarrow （黄白） + O_2 + H_2O$

問2　（b），**問3**　O_3 と $KI(I^-)$ との反応，またそこで生じた I_2 と $Na_2S_2O_3$ の
反応は次式のようになる。

　　　　酸化剤　　$O_3 \quad\quad + 2H^+ + 2e^- \longrightarrow \quad\quad O_2 + H_2O$

$+)$　　還元剤　　　　$2I^- \quad\quad\quad \longrightarrow I_2 + 2e^-$

　　　　　$\underset{1mol}{1O_3} + 2I^- + 2H^+ \quad\longrightarrow \underset{1mol}{1I_2} + O_2 + H_2O$　…①

135

$$\text{酸化剤} \quad I_2 \ + \ 2e^- \ \longrightarrow \ 2I^-$$

$$+)\quad \text{還元剤} \ 2S_2O_3{}^{2-} \ \longrightarrow \ S_4O_6{}^{2-} \ + \ 2e^-$$

$$I_2 \ + \ 2S_2O_3{}^{2-} \ \longrightarrow \ 2I^- \ + \ S_4O_6{}^{2-}$$

$$+)\quad\quad\quad 4Na^+ \quad\quad\quad\quad 2Na^+ \quad\quad 2Na^+$$

$$\underset{\substack{1mol \quad\quad 2mol}}{1I_2 \ + \ 2Na_2S_2O_3} \ \longrightarrow \ 2NaI \ + \ Na_2S_4O_6 \quad \cdots ②$$

よって，標準状態における空気 B 中のオゾンの体積百分率を x〔%〕とおくと，①，②式の係数の関係から，次式が成り立つ。

$$O_3 \ 〔mol〕: Na_2S_2O_3 \ 〔mol〕 = 1 : 2$$

$$\Leftrightarrow \quad \frac{22.4〔L〕\times \dfrac{x}{100}\ \overset{O_3\,〔L〕}{}}{22.4〔L/mol〕} : 0.100 \ 〔mol/L〕 \times \frac{6.00}{1000} 〔L〕 = 1 : 2$$

$$\therefore \quad x = \underline{3.0 \times 10^{-2}} \ 〔\%〕$$

別解 O_3 と $Na_2S_2O_3$ は直接反応していなくても最終的に受け渡しされる電子の物質量〔mol〕は必ず等しくなるので，受け渡しされた電子の物質量〔mol〕について次式が成り立つ。

$$\underset{S_2O_3{}^{2-}\text{が放出する}e^-〔mol〕}{\underbrace{0.100 \ 〔mol/L〕 \times \frac{6.00}{1000} 〔L〕 \times \underset{\text{価数}}{1}}} = \underset{O_3\text{が受け取る}e^-〔mol〕}{\underbrace{\frac{22.4〔L〕\times \dfrac{x}{100}\ \overset{O_3\,〔L〕}{}}{22.4〔L/mol〕} \times \underset{\text{価数}}{2}}}$$

$$\therefore \quad x = \underline{3.0 \times 10^{-2}} \ 〔\%〕$$

※次式より，$S_2O_3{}^{2-}$ は 2 つあたり 2 個の e^- を放出しているため，$S_2O_3{}^{2-}$ 1 つあたり放出している e^- は 1 個である。つまり，$S_2O_3{}^{2-}$ の価数は 1 となる。

$$2S_2O_3{}^{2-} \ \longrightarrow \ S_4O_6{}^{2-} \ + \ 2e^-$$

[II] 問1 （イ）[I]問1 の図において，Step1 の後に生じる I_2 は，未反応の I^- と次式のように反応して $I_3{}^-$ となり水溶液は黄褐色になる。

$$I_2 \ + \ I^- \ \rightleftharpoons \ I_3{}^- \ (\text{黄褐})$$

問2 マンガン Mn の酸化数の変化は，以下のように求めることができる。

反応前　$\underline{Mn}(OH)_2$　$\longrightarrow$　反応後　$\underline{Mn}O(OH)_2$

$x + (-1) \times 2 = 0$　　　　$x + (-2) + (-1) \times 2 = 0$

$\therefore \quad x = {}_{(a)}\underline{+2}$　　　　$\therefore \quad x = {}_{(b)}\underline{+4}$

問3 (1)　<u>ヘンリーの法則</u>について，詳しくは P.260 を参照のこと。

(2)　飽和溶存酸素量〔mg〕は，ヘンリーの法則より，

$$2.0 \times 10^{-3} \underset{O_2[g]}{[\text{mol}]} \times 32 [\text{g/mol}] \times 10^3 \times \underset{O_2[mg]}{\frac{(1.01 \times 10^5) \times \frac{1}{4+1} [\text{Pa}]}{1.01 \times 10^5 [\text{Pa}]}}$$

圧力比

$$\times \underset{水量比}{\frac{100 [\text{mL}]}{1000 [\text{mL}]}} = 1.28 \fallingdotseq \underline{1.3} \ [\text{mg}]$$

問4
$$\begin{cases} \underset{1\text{mol}}{1Mn^{2+}} + 2OH^- \longrightarrow \underset{1\text{mol}}{1Mn(OH)_2} \downarrow \quad \cdots (1) \\[2mm] \underset{1\text{mol}}{2Mn(OH)_2} + \underset{\frac{1}{2}\text{mol}}{1O_2} \longrightarrow 2MnO(OH)_2 \quad \cdots (2) \end{cases}$$

上の (1)・(2) 式より，$MnSO_4(Mn^{2+})$ と O_2 の物質量〔mol〕に関する比例式は次式のようになる。よって，$MnSO_4$ 水溶液の体積を v〔mL〕とおくと，**問3** (2) の結果より，

$$MnSO_4 [\text{mol}] : O_2 [\text{mol}] = 1 : \frac{1}{2}$$

$$\Leftrightarrow \quad 2.0 [\text{mol/L}] \times \frac{v}{1000} [\text{L}] : \frac{1.28 \times 10^{-3} [\text{g}]}{32 [\text{g/mol}]} = 1 : \frac{1}{2}$$

$$\therefore \quad v = \underline{4.0 \times 10^{-2}} [\text{mL}]$$

問5, 6
$$\begin{cases} \underset{1\text{mol}}{2Mn(OH)_2} + 1O_2 \longrightarrow \underset{2\text{mol}}{2MnO(OH)_2} \hspace{3cm} \cdots (2) \\[2mm] \underset{2\text{mol}}{1MnO(OH)_2} + 2I^- + 4H^+ \longrightarrow Mn^{2+} + \underset{2\text{mol}}{1I_2} + 3H_2O \quad \cdots (3) \\[2mm] \underset{2\text{mol}}{1I_2} + \underset{4\text{mol}}{2Na_2S_2O_3} \longrightarrow 2NaI + Na_2S_4O_6 \hspace{2cm} \cdots (4) \end{cases}$$

前ページの（2）〜（4）式より，溶存酸素 O_2 と $Na_2S_2O_3$ の物質量〔mol〕に関する比例式は次式のようになる。よって，最大の溶存酸素 O_2 の質量を x〔g〕とおくと，

O_2〔mol〕：$Na_2S_2O_3$〔mol〕 = 1：問5 <u>4.0</u>

$$\Leftrightarrow \quad \frac{x\text{〔g〕}}{32\text{〔g/mol〕}} : 1.0\text{〔mol〕} = 1:4 \qquad \therefore \quad x = _{問6}\underline{8.0}\text{〔g〕}$$

問7 試料水 100mL 中の溶存酸素 O_2 の質量を y〔mg〕 = $1 \times 10^{-3}y$〔g〕とおくと，**問5** の結果より，

O_2〔mol〕：$Na_2S_2O_3$〔mol〕 = 1：4

$$\Leftrightarrow \quad \frac{1\times10^{-3}y\text{〔g〕}}{32\text{〔g/mol〕}} : 0.0250\text{〔mol/L〕} \times \frac{3.00}{1000}\text{〔L〕} = 1:4$$

$$\therefore \quad y = \underline{6.0 \times 10^{-1}}\text{〔mg〕}$$

DO〔mg/L〕と酸素飽和率〔%〕の算出

本問では問われていないが，それぞれ求められるようになっておいたほうがよい。

〔DO〔mg/L〕の算出について〕

問7 の結果より，

$$\text{DO〔mg/L〕} = \frac{6.0\times10^{-1}\text{〔mg〕}}{\frac{100}{1000}\text{〔L〕}} = \underline{6.0}\text{〔mg/L〕}$$

試料水の体積

〔酸素飽和率〔%〕の算出について〕

問3(2)と**問7** の結果より，

$$\frac{\text{溶存酸素}O_2\text{〔mg〕}}{\text{飽和酸素}O_2\text{〔mg〕}} \times 100 = \frac{6.0\times10^{-1}\text{〔mg〕}}{1.28\text{〔mg〕}} \times 100 = 46.8\cdots \fallingdotseq \underline{4.7 \times 10}\text{〔%〕}$$

テーマ 27 ヨウ素滴定②（ヨージメトリー）

フレーム 27

◎ヨウ素滴定（ヨージメトリー）の計算解法

Step1 ヨージメトリーは，そもそも逆滴定であるため，線分図の上下に化学式・濃度・体積などの情報を，還元剤と酸化剤に分けて書く。

Step2 線分図上の関係を以下の式に代入して未知数を求める。

> **還元剤が放出する e^- の物質量〔mol〕の合計**
>
> **＝酸化剤が受け取る e^- の物質量〔mol〕の合計**

実践問題 　　　　　　　　　　　　　　　　　　　1回目　2回目　3回目

目標：15分　実施日：　　／　　　　／　　　　／

計算のために必要な場合には，以下の数値を使用せよ。

原子量：$H = 1.00$，$C = 12.0$，$O = 16.0$，$S = 32.0$，$I = 127$，$Ba = 137$

［I］　下記の実験により二酸化硫黄の定量を行った。（1）〜（2）に答えよ。

　水 100 mL にヨウ化カリウム 3.00 g とヨウ素 0.381 g を溶かしたヨウ素ヨウ化カリウム水溶液に，濃度の不明な二酸化硫黄の水溶液 10.0 mL を加えた。この混合溶液を，デンプン溶液を指示薬として，濃度 0.100 mol/L の $Na_2S_2O_3$ 水溶液で滴定したところ，終点までに 10.5 mL を要した。

（1）　ヨウ素ヨウ化カリウム水溶液に二酸化硫黄の水溶液を加えたときの反応をイオン反応式で書け。

（2）　$Na_2S_2O_3$ とヨウ素との反応は以下のイオン反応式で考えることができる。

$$I_2 + 2S_2O_3^{2-} \longrightarrow 2I^- + S_4O_6^{2-}$$

　この反応式を参考にして，二酸化硫黄の水溶液の濃度〔mol/L〕を有効数字3桁で求め，その数値を書け。

（2015 東北（後））

［II］　火山ガス 100 L を 0.10 mol/L ヨウ素溶液 1.0 L に通して二酸化硫黄および硫化水素を完全に吸収させた。ただし，二酸化硫黄，硫化水素以外にヨウ素と反応する物質は含まれないものとし，火山ガスの吸収により溶液の体積は変化しないものとする。

ⅰ) この吸収液 100 mL をビーカーにとり，塩化バリウム水溶液を十分加えた
ところ 116.5 mg の沈殿が生成した。

ⅱ) 別に，吸収液 100 mL をビーカーにとり，デンプンを指示薬として未反応
のヨウ素を 0.20 mol/L チオ硫酸ナトリウム水溶液で滴定したところ 85 mL
を必要とした。

チオ硫酸ナトリウムとヨウ素は次のように反応する。

$$I_2 + 2Na_2S_2O_3 \longrightarrow 2NaI + Na_2S_4O_6$$

問 1 火山ガス中の二酸化硫黄の物質量（mol）を求め，有効数字 2 桁で答えよ。

問 2 火山ガス中の二酸化硫黄と硫化水素のモル比を整数値で求めよ。

（2002 明治薬科 改）

....
解答
....

[Ⅰ]（1） $I_2 + SO_2 + 2H_2O \longrightarrow 2I^- + SO_4^{2-} + 4H^+$

（または $I_3^- + SO_2 + 2H_2O \longrightarrow 3I^- + SO_4^{2-} + 4H^+$）

（2） 9.75×10^{-2} mol/L

[Ⅱ]**問 1** 5.0×10^{-3} mol　　**問 2** 二酸化硫黄：硫化水素 ＝ 1：2

[解説]

[Ⅰ] 還元剤を定量することを目的としたヨウ素滴定（ヨージメトリー）のしく
みは以下の通りである。

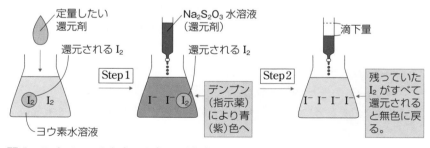

問 1 I_2 と SO_2 は次式のように反応する。

酸化剤　$I_2 + 2e^- \longrightarrow 2I^-$

+）還元剤　$SO_2 + 2H_2O \longrightarrow SO_4^{2-} + 4H^+ + 2e^-$

$I_2 + SO_2 + 2H_2O \longrightarrow 2I^- + SO_4^{2-} + 4H^+$

※ヨウ素ヨウ化カリウム水溶液中で I_2 の大部分は三ヨウ化物イオン I_3^- となって溶解しているため，次式のようなイオン反応式でもよい。

$$酸化剤 \quad I_3^- + 2e^- \longrightarrow 3I^-$$

$$+) \quad 還元剤 \quad\quad SO_2 + 2H_2O \longrightarrow \quad\quad SO_4^{2-} + 4H^+ + 2e^-$$

$$\overline{\quad\quad\quad\quad I_3^- + SO_2 + 2H_2O \longrightarrow 3I^- + SO_4^{2-} + 4H^+ \quad\quad\quad}$$

問2 本問はヨージメトリーのため，SO_2 のモル濃度を x 〔mol/L〕とおき，線分図で考えると還元剤と酸化剤に以下のような量的関係がある。

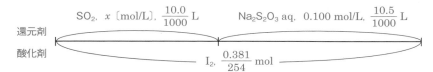

還元剤　SO_2, x 〔mol/L〕, $\dfrac{10.0}{1000}$ L　　$Na_2S_2O_3$ aq.　0.100 mol/L, $\dfrac{10.5}{1000}$ L

酸化剤　　　　　　　　　I_2, $\dfrac{0.381}{254}$ mol

よって，上図より，還元剤と酸化剤の量的関係において次式が成り立つ。

$$\underbrace{x\text{〔mol/L〕} \times \frac{10.0}{1000}\text{〔L〕} \times \underset{価数}{2}}_{SO_2\,が放出する\,e^-\text{〔mol〕}} + \underbrace{0.100\text{〔mol/L〕} \times \frac{10.5}{1000}\text{〔L〕} \times \underset{価数}{1}}_{S_2O_3^{2-}\,が放出する\,e^-\text{〔mol〕}} = \underbrace{\frac{0.381\text{〔g〕}}{254\text{〔g/mol〕}} \times \underset{価数}{2}}_{I_2\,が受け取る\,e^-\text{〔mol〕}}$$

$$\therefore \quad \underline{x = 9.75 \times 10^{-2}\,\text{〔mol/L〕}}$$

[Ⅱ]　**問1**　火山ガスをヨウ素溶液に吸収させると，次式で表される反応が起こる。

$$酸化剤 \quad I_2 + 2e^- \longrightarrow 2I^-$$

$$+) \quad 還元剤 \quad\quad SO_2 + 2H_2O \longrightarrow \quad\quad SO_4^{2-} + 4H^+ + 2e^-$$

$$\overline{\quad\quad\quad\quad I_2 + 1SO_2 + 2H_2O \longrightarrow 2HI + 1H_2SO_4 \quad \cdots① \quad\quad\quad}$$

$$酸化剤 \quad I_2 + 2e^- \longrightarrow 2I^-$$

$$+) \quad 還元剤 \quad\quad H_2S \longrightarrow \quad\quad S + 2H^+ + 2e^-$$

$$\overline{\quad\quad\quad\quad I_2 + H_2S \longrightarrow 2HI + S \quad\quad\quad}$$

この吸収液 100 mL をビーカーにとり，塩化バリウム $BaCl_2$ 水溶液を加えると次式で表される反応が起こる。

$$1H_2SO_4 + BaCl_2 \longrightarrow 1BaSO_4 \downarrow (白) + 2HCl \quad \cdots②$$

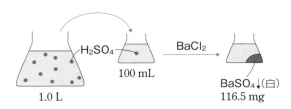

H_2SO_4

100 mL

1.0 L

$BaCl_2$

$BaSO_4\downarrow$(白)

116.5 mg

よって，火山ガス中に含まれていた SO_2 の物質量を x〔mol〕とおき，吸収液 1.0 L（$= 1000$ mL）から 100 mL 量り取ったことに注意すると（前ページの図），①，②式の係数の関係から次式が成り立つ。

$$SO_2 〔mol〕 : BaSO_4 〔mol〕 = 1 : 1$$

$$\Leftrightarrow \quad x 〔mol〕 \times \frac{100〔mL〕}{1000〔mL〕} : \frac{116.5〔mg〕\times 10^{-3}〔g/mg〕}{233〔g/mol〕} = 1 : 1$$

$$\therefore \quad x = \underline{5.0 \times 10^{-3} 〔mol〕}$$

問2 吸収液 1.0 L をすべて滴定するために必要な $Na_2S_2O_3$ 水溶液の体積〔mL〕は以下のように考える。

本問はヨージメトリーのため，H_2S の物質量を y〔mol〕とおき，線分図で考えると還元剤と酸化剤に以下のような量的関係がある。

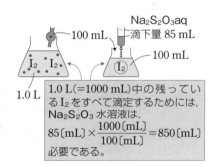

$Na_2S_2O_3aq$
滴下量 85 mL
100 mL
100 mL
1.0 L
I_2 I_2
I_2

1.0 L（$=1000$ mL）中の残っている I_2 をすべて滴定するためには，$Na_2S_2O_3$ 水溶液は，$85〔mL〕\times \dfrac{1000〔mL〕}{100〔mL〕} = 850〔mL〕$ 必要である。

本来の必要量
還元剤 ── $SO_2, 5.0\times10^{-3}$ mol ── $H_2S, y〔mol〕$ ── $Na_2S_2O_3$ aq, 0.20 mol/L, $\dfrac{85}{1000}$ L $\times \dfrac{1000〔mL〕}{100〔mL〕}$
酸化剤 ────────── I_2，0.10 mol/L，1.0 L ──────────

よって，上図より，還元剤と酸化剤の量的関係において次式が成り立つ。

$$\underbrace{5.0\times10^{-3}〔mol〕\times \underset{価数}{2}}_{SO_2 \text{が放出する} e^- 〔mol〕} + \underbrace{y〔mol〕\times \underset{価数}{2}}_{H_2S \text{が放出する} e^- 〔mol〕} + \underbrace{0.20〔mol/L〕\times \frac{85}{1000}〔L〕\times \frac{1000}{100}\times \underset{価数}{1}}_{S_2O_3^{2-} \text{が放出する} e^- 〔mol〕}$$

$$= \underbrace{0.10〔mol/L〕\times 1.0〔L〕\times \underset{価数}{2}}_{I_2 \text{が受け取る} e^- 〔mol〕} \quad \therefore \quad y = 1.0 \times 10^{-2} 〔mol〕$$

以上より，

$$SO_2 〔mol〕 : H_2S 〔mol〕 = 5.0 \times 10^{-3} 〔mol〕 : 1.0 \times 10^{-2} 〔mol〕$$
$$= \underline{1 : 2}$$

テーマ 28 電池①
（ダニエル型電池）

フレーム 28

◎電池とは

①e⁻を放出する還元剤と，e⁻を受け取る酸化剤が空間的に分離されている。

②電子導体とイオン導体でつながれている。

※ここでいう電子導体とは導線であり，イオン導体というのは電解質である。

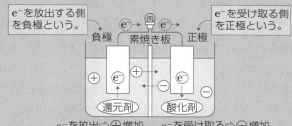

e⁻を放出する側を負極という。

e⁻を受け取る側を正極という。

e⁻を放出⇨⊕増加　　e⁻を受け取る⇨⊖増加

◎起電力

①反応している酸化剤と還元剤の各々の e⁻ の授受のしやすさで決まる。

②各電解槽の電解液の濃度差で変わる。

※標準電極電位：水素 H_2（25 ℃，1 atm）を基準とした起電力〔V〕

標準電極電位 低 ⇔ e⁻を放出しやすい ⇔ 負極活物質としてはたらく

◎ダニエル型電池

イオン化傾向の異なる2種類の金属（M_1，M_2）とその塩の水溶液をイオン導体で仕切っている電池（次図）。

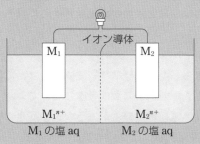

イオン導体

M_1　　M_2

$M_1{}^{n+}$　　$M_2{}^{n+}$

M_1 の塩 aq　　M_2 の塩 aq

イオン化傾向が $M_1 > M_2$ のとき，M_1 が溶解するため（e^-を放出する）負極としてはたらき，その結果，M_2 は正極となる（電解液中の M_2^{n+} が e^- を受け取る）。

$$負極：M_1 \longrightarrow M_1^{n+} + ne^-$$
$$正極：M_2^{n+} + ne^- \longrightarrow M_2$$

標準起電力＝負極活物質と正極活物質の標準電極電位の差

実践問題　　　　　　　　　　　　　　　　　　1回目　2回目　3回目

目標：18分　実施日：　　／　　　　／　　　　／

[I]　次の文章を読み，問に答えよ。

　酸化還元反応の化学エネルギーを電気エネルギーに変える装置が電池である。電池の性能は電極の活物質に強く影響される。活物質と起電力の関係を評価するには，標準電極電位を用いる。標準電極電位は表のように，様々な還元反応の進行のしやすさを電位として数値で表す。標準電極電位が高い程，還元反応が進行しやすい。一方，逆反応に対応する酸化反応は標準電極電位が低いほど進行しやすい。つまり，電子を放出しやすい金属ほど，対応する反応の標準電極電位は ［あ］ 値を持つ。また，同じ元素でも価数や生成物が異なる還元反応は，異なる標準電極電位を持つ。たとえば，Fe^{3+} から Fe^{2+} への還元反応よりも，Fe^{2+} から Fe への還元反応の方が低い標準電極電位を持つため，進行しにくい反応である。また，酸素の還元反応では，酸素のみでの反応よりも水が存在する場合の方が高い標準電極電位を持つため，反応が容易に進行することがわかる。

　自発的に進む酸化還元反応は，高い標準電極電位を持つ物質が酸化剤として，低い標準電極電位を持つ物質が還元剤として働く反応である。さらに，電池の起電力は，電極に使われる活物質の反応の標準電極電位の差に対応する。たとえば，ダニエル電池の起電力は，銅と亜鉛の酸化還元反応の標準電極電位の差に対応するため，

$$+ 0.34\,V - (- 0.76\,V) = 1.10\,V$$

と予測することができる。なお，標準電極電位の値は物質の量によらず一定であり，この計算では反応式中の電子の数は考慮しなくてよい。つまり，正極と負極に使われた活物質の標準電極電位の差が，そのまま電池の起電力に対応する。たとえば表中の亜鉛の還元反応では2つの電子が反応式中に現れるが，銀の還元反応では1つの電子しか反応式に現れない。この2種類の金属を利用して電池を作製した場合でも，起電力は表の値をそのまま用いて，

$$+ 0.80\,V - (-0.76\,V) = 1.56\,V$$

と予想することができる。

　標準電極電位を見れば，目的とする起電力を得るためには，どのような活物質を用いるべきなのかを予測することができる。　い　標準電極電位を持つ物質を負極の活物質に，　う　標準電極電位を持つ物質を正極の活物質に用いることで高い起電力を持つ電池を作製できる。

表　電極反応と対応する標準電極電位（元素記号のアルファベット順）

反応式				標準電極電位
Ag^+	$+$	e^-	$\rightarrow$　Ag	$+ 0.80V$
Br_2	$+$	$2e^-$	$\rightarrow$　$2Br^-$	$+ 1.09V$
Cd^{2+}	$+$	$2e^-$	$\rightarrow$　Cd	$- 0.40V$
Ce^{4+}	$+$	e^-	$\rightarrow$　Ce^{3+}	$+ 1.61V$
Co^{3+}	$+$	e^-	$\rightarrow$　Co^{2+}	$+ 1.81V$
Cr^{3+}	$+$	e^-	$\rightarrow$　Cr^{2+}	$- 0.41V$
Cu^{2+}	$+$	$2e^-$	$\rightarrow$　Cu	$+ 0.34V$
Fe^{2+}	$+$	$2e^-$	$\rightarrow$　Fe	$- 0.44V$
Fe^{3+}	$+$	e^-	$\rightarrow$　Fe^{2+}	$+ 0.77V$
$2H^+$	$+$	$2e^-$	$\rightarrow$　H_2	$0.00V$
I_2	$+$	$2e^-$	$\rightarrow$　$2I^-$	$+ 0.54V$
In^{3+}	$+$	e^-	$\rightarrow$　In^{2+}	$- 0.49V$
Li^+	$+$	e^-	$\rightarrow$　Li	$- 3.05V$
Mn^{3+}	$+$	e^-	$\rightarrow$　Mn^{2+}	$+ 1.51V$
O_2	$+$	e^-	$\rightarrow$　O_2^-	$- 0.56V$
O_2	$+$	$4H^+$	$+$　$4e^- \rightarrow 2H_2O$	$+ 1.23V$
O_2	$+$	$2H_2O$	$+$　$4e^- \rightarrow 4OH^-$	$+ 0.40V$
Pb^{2+}	$+$	$2e^-$	$\rightarrow$　Pb	$- 0.13V$
$PbSO_4$	$+$	$2e^-$	$\rightarrow$　$Pb + SO_4^{2-}$	$- 0.36V$
Ti^{4+}	$+$	e^-	$\rightarrow$　Ti^{3+}	$0.00V$
Zn^{2+}	$+$	$2e^-$	$\rightarrow$　Zn	$- 0.76V$

問1　空欄　あ　～　う　に「高い」，「低い」のいずれかを入れよ。

問2　下線部では，望みの起電力を示す電池を作製する際の，活物質の選択方法を述べている。表を参考にして，以下の反応の中で自発的に進む可能性のある

酸化還元反応を 2 つ選び，ア〜オの記号で答えよ。また，その 2 つの自発的反応を利用した電池の起電力を表の値を用いてそれぞれ計算し，答えよ。

ア　$Co^{3+} + Cr^{2+} \longrightarrow Co^{2+} + Cr^{3+}$

イ　$Cd + Zn^{2+} \longrightarrow Cd^{2+} + Zn$

ウ　$Ti^{4+} + Ce^{3+} \longrightarrow Ti^{3+} + Ce^{4+}$

エ　$Br_2 + 2I^- \longrightarrow 2Br^- + I_2$

オ　$In^{3+} + Mn^{2+} \longrightarrow In^{2+} + Mn^{3+}$

（2017 関西学院）

[Ⅱ]　次の文章を読んで，**設問 (1)** 〜 **(4)** に答えよ。ファラデー定数は 9.65×10^4 C/mol とする。原子量が必要なときは次の値を用いよ。H = 1.0，C = 12，N = 14，O = 16，Zn = 65.4

　ダニエル電池は，$(-)$ Zn｜$ZnSO_4$ aq｜$CuSO_4$ aq｜Cu$(+)$ で表わされ，亜鉛板と硫酸亜鉛 $ZnSO_4$ 水溶液からなる部分と，銅板と硫酸銅（Ⅱ）$CuSO_4$ 水溶液からなる部分とが，素焼き板などで区分されて構成されている。

　一般に電池は，金属板を電解質の水溶液に浸した二つのユニット A と B を，右の図に示すように塩橋で接続して作ることができる。塩橋は，塩化カリウム KCl など塩の水溶液を寒天などで固めて入れた管であり，溶液どうしを電気的に接続する役目をはたす。このような電池を使って，金属のイオンになりやすさを知ることができる。

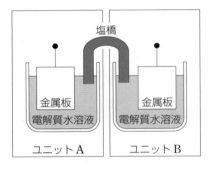

2 種類の金属板を用いた電池では，一般にイオン化しやすい金属からなるユニットが負極となる。

設問 (1)　ダニエル電池が放電しているときの反応をイオン反応式で記せ。

設問 (2)　次ページの表中に記号（a）で表した組み合わせからなる電池は，電流がユニット B からユニット A に向かって流れる。電池が放電しているとき，ユニット B の金属板表面で観察される現象を，句読点を含めて 25 字以内で記せ。

表　ユニットの組み合わせ

記号	ユニットA		ユニットB	
	金属	水溶液中の溶質	金属	水溶液中の溶質
(a)	Al	硫酸アルミニウム	Pt	硫酸
(b)	Al	硫酸アルミニウム	Fe	硫酸鉄(II)
(c)	Al	エタノール	Fe	硫酸鉄(II)
(d)	Fe	硫酸	Cu	硫酸銅(II)
(e)	Fe	硫酸	Cu	硫酸
(f)	Pt	ベンゼンスルホン酸	Fe	硫酸鉄(II)
(g)	Pt	KI	Pt	$KMnO_4$と硫酸

設問 (3)　上の表中に記号 (b) ～ (f) で表した組み合わせの中には，どちらかのユニットが不適切であるため，電流を継続的に**取り出すことができない**ものが含まれている。該当するもの一つを選び，その記号と不適切である理由を簡単に記せ。

設問 (4)　ユニットAとしてヨウ化カリウム KI 水溶液と白金板，ユニットBとして過マンガン酸カリウム $KMnO_4$ 硫酸酸性水溶液と白金板からなる，上の表中に記号 (g) で示した組み合わせの電池を放電させた。このとき負極および正極で起こる反応を，電子 e^- を使ったイオン反応式で記せ。

(2012 名古屋)

・・
解答
・・

[I]**問1** あ　低い　　い　低い　　う　高い

　　問2 ア　2.22 V　　エ　0.55 V

[II]**設問 (1)**　$Zn + Cu^{2+} \longrightarrow Zn^{2+} + Cu$

　　設問 (2)　水素の気泡が発生する。(11字)

　　設問 (3)　記号… (c)　　理由…エタノールは非電解質だから。

　　設問 (4)　負極：$2I^- \longrightarrow I_2 + 2e^-$

　　　　　　　正極：$MnO_4^- + 8H^+ + 5e^- \longrightarrow Mn^{2+} + 4H_2O$

[解説]

[I]　**問1**　(あ)　本文にて「酸化反応は標準電極電位が低い」とあるため，e^- を放出しやすい（酸化数が増加しやすい）金属ほど，標準電極電位は低いと考えられる。

（い），（う）　負極活物質は e^- を放出しやすい（酸化されやすい）ため，（あ）の結果より，標準電極電位は$_{(い)}$低いと考えられる。一方，正極活物質は e^- を受け取りやすい（還元されやすい）ため，標準電極電位は$_{(う)}$高いと考えられる。

問2　本文の下線部「自発的に進む酸化還元反応は，高い標準電極電位を持つ物質が酸化剤として，低い標準電極電位を持つ物質が還元剤として働く反応である」より，自発的に進む酸化還元反応は，以下の条件を満たす必要がある。

「自発的に進む酸化還元反応 $\Leftrightarrow$ 標準電極電位：酸化剤 $>$ 還元剤」

　　ここで，式ア〜オの反応において，酸化数の変化から，還元剤と酸化剤を特定する（酸化数 UP が還元剤，酸化数 DOWN が酸化剤）。

ア　$\underset{+3}{\underline{Co^{3+}}}$（酸化剤）$+ \underset{+2}{\underline{Cr^{2+}}}$（還元剤）$\longrightarrow \underset{+2}{\underline{Co^{2+}}} + \underset{+3}{\underline{Cr^{3+}}}$（標準電極電位：$Co^{3+} > Cr^{3+}$）

イ　$\underset{0}{\underline{Cd}}$（還元剤）$+ \underset{+2}{\underline{Zn^{2+}}}$（酸化剤）$\longrightarrow \underset{+2}{\underline{Cd^{2+}}} + \underset{0}{\underline{Zn}}$（標準電極電位：$Cd^{2+} > Zn^{2+}$）

ウ　$\underset{+4}{\underline{Ti^{4+}}}$（酸化剤）$+ \underset{+3}{\underline{Ce^{3+}}}$（還元剤）$\longrightarrow \underset{+3}{\underline{Ti^{3+}}} + \underset{+4}{\underline{Ce^{4+}}}$（標準電極電位：$Ce^{4+} > Ti^{4+}$）

エ　$\underset{0}{\underline{Br_2}}$（酸化剤）$+ 2\underset{-1}{\underline{I^-}}$（還元剤）$\longrightarrow 2\underset{-1}{\underline{Br^-}} + \underset{0}{\underline{I_2}}$（標準電極電位：$Br_2 > I_2$）

オ　$\underset{+3}{\underline{In^{3+}}}$（酸化剤）$+ \underset{+2}{\underline{Mn^{2+}}}$（還元剤）$\longrightarrow \underset{+2}{\underline{In^{2+}}} + \underset{+3}{\underline{Mn^{3+}}}$（標準電極電位：$Mn^{3+} > In^{3+}$）

　　以上より，「標準電極電位：酸化剤＞還元剤」の関係を満たしているのは，以下の2つの反応である。

ア　$\underline{Co^{3+}}$（酸化剤）$+ \underline{Cr^{2+}}$（還元剤）$\longrightarrow Co^{2+} + Cr^{3+}$（標準電極電位：$Co^{3+} > Cr^{3+}$）

エ　$\underline{Br_2}$（酸化剤）$+ 2\underline{I^-}$（還元剤）$\longrightarrow 2Br^- + I_2$（標準電極電位：$Br_2 > I_2$）

また，各反応を利用した電池の起電力は，

ア　$\underset{Co^{3+}}{+1.81} - \underset{Cr^{3+}}{(-0.41)} = \underline{2.22}〔V〕$

エ　$\underset{Br_2}{+1.09} - \underset{I_2}{(+0.54)} = \underline{0.55}〔V〕$

[Ⅱ] **設問 (1)**　ダニエル電池では，イオン化傾向の大きい方の Zn が e^- を放出し還元剤としてはたらき，負極になる（このときの Zn を負極活物質という）。

$$Zn \longrightarrow Zn^{2+} + 2e^- \quad \cdots ①$$

　一方，正極ではイオン化傾向の小さい方の Cu のイオン Cu^{2+} が e^- を受け取り酸化剤としてはたらく（このときの Cu^{2+} を正極活物質という）。

$$Cu^{2+} + 2e^- \longrightarrow Cu \quad \cdots ②$$

　よって，①式＋②式より，電池全体のイオン反応式は次式のようになる。

$$Zn + Cu^{2+} \longrightarrow Zn^{2+} + Cu$$

設問 (2)　記号（a）において，題意よりユニット B からユニット A に向かって電流が流れているので，e^- はその逆向きのユニット A からユニット B に向かって流れる。つまり，ユニット A においてイオン化傾向の大きい Al が e^- を放出し還元剤としてはたらき，負極になる。

$$Al \longrightarrow Al^{3+} + 3e^-$$

　一方，ユニット B は正極になり，硫酸 H_2SO_4 から放出された H^+ が反応し，Pt 極板上で H_2 の気泡が発生する。

$$2H^+ + 2e^- \longrightarrow H_2$$

設問 (3)　電池にはイオン導体（⇨ P.143）が必要である。つまり，電解質を含んだ電解液中でイオンが移動できないと電気的中性が保てず，継続的に放電させることができない。よって，溶質として非電解質であるエタノール C_2H_5OH を含む (c) は電流を継続的に取り出すことができない。

設問 (4)　電池では，e^- を放出し還元剤としてはたらく物質が負極活物質であり，e^- を受け取り酸化剤としてはたらく物質が正極活物質である。記号（g）で起こる反応は次式で表される。

$$\left\{ \begin{array}{l} 還元剤（負極）：2I^- \longrightarrow I_2 + 2e^- \\ 酸化剤（正極）：MnO_4^- + 8H^+ + 5e^- \longrightarrow Mn^{2+} + 4H_2O \end{array} \right.$$

電池②
（鉛蓄電池・乾電池）

フレーム 29

◎鉛蓄電池の質量変化

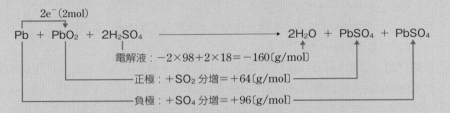

$$\underset{\text{2e}^-\,(2\text{mol})}{Pb + PbO_2 + 2H_2SO_4} \longrightarrow 2H_2O + PbSO_4 + PbSO_4$$

電解液：$-2 \times 98 + 2 \times 18 = -160$〔g/mol〕

正極：$+SO_2$ 分増 $= +64$〔g/mol〕

負極：$+SO_4$ 分増 $= +96$〔g/mol〕

◎電気量

1 アンペア〔A〕の電流が 1 秒〔s〕間流れたときに移動する電気量を 1 クーロン〔C〕としている。つまり，i〔A〕の電流が t〔s〕間流れたときに移動する電気量を Q〔C〕とすると，次式が成り立つ。

$$Q\,(C) = i\,(A) \times t\,(s)$$

◎電気化学の計算フロー

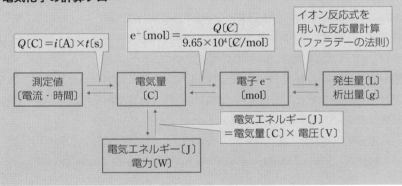

$Q(C) = i(A) \times t(s)$

$$e^-\,(mol) = \frac{Q(C)}{9.65 \times 10^4\,(C/mol)}$$

イオン反応式を用いた反応量計算（ファラデーの法則）

測定値〔電流・時間〕 ← → 電気量〔C〕 ← → 電子 e^-〔mol〕 ← → 発生量〔L〕析出量〔g〕

電気エネルギー〔J〕 = 電気量〔C〕× 電圧〔V〕

電気エネルギー〔J〕電力〔W〕

実践問題　　　　　　　　　　　　　　　　　1 回目　2 回目　3 回目

目標：15 分　実施日：　　／　　　／　　　／

以下の**問 1** および**問 2** に答えよ。必要があれば，次の数値を用いよ。計算結果は，有効数字 3 桁で示せ。

ファラデー定数：$F = 9.65 \times 10^4\,C/mol$

原子量：H = 1.0，O = 16，S = 32，Pb = 207

問 1 代表的な一次電池であるアルカリマンガン乾電池では，正極活物質に MnO_2，負極活物質に Zn 粉末，電解液に (a)ZnO を溶解させた濃 KOH 水溶液が用いられ，(b)MnO_2 が MnO(OH) に還元され，(c)Zn 粉末が酸化されることで放電する。

(1) 下線部（a）において，ZnO は亜鉛イオンに水酸化物イオンが配位した錯イオンを形成して溶解する。この溶解反応のイオン反応式を示せ。

(2) 下線部（b）の反応を電子 e^- を含むイオン反応式で示せ。

(3) 下線部（c）の反応を電子 e^- を含むイオン反応式で示せ。

(4) アルカリマンガン乾電池の放電における，全体の酸化還元反応に関するイオン反応式を示せ。

問 2 代表的な二次電池である鉛蓄電池は，正極に PbO_2，負極に Pb，電解液に質量パーセント濃度が 38.0 ％の希硫酸（密度 $1.28 \ g/cm^3$）を用いており，放電すると両電極の表面に水に不溶な $PbSO_4$ が形成される。

(1) 正極および負極における放電時の反応を電子 e^- を含むイオン反応式でそれぞれ示せ。

(2) 38.0 ％希硫酸のモル濃度を求めよ。

(3) 電流 5.00 A で 5 時間 21 分 40 秒の放電を行った時，負極および正極の質量はそれぞれどれだけ増減するかを求めよ。

(4) 放電前の希硫酸が 1.00 kg であった場合，上記の放電後の硫酸の質量パーセント濃度を求めよ。

（2012 岐阜）

解答

問 1(1)　$ZnO + H_2O + 2OH^- \longrightarrow [Zn(OH)_4]^{2-}$

(2)　$MnO_2 + H_2O + e^- \longrightarrow MnO(OH) + OH^-$

(3)　$Zn + 4OH^- \longrightarrow [Zn(OH)_4]^{2-} + 2e^-$

(4)　$Zn + 2MnO_2 + 2OH^- + 2H_2O \longrightarrow [Zn(OH)_4]^{2-} + 2MnO(OH)$

問 2(1)　正極：$PbO_2 + 4H^+ + SO_4^{2-} + 2e^- \longrightarrow PbSO_4 + 2H_2O$

正極：$Pb + SO_4^{2-} \longrightarrow PbSO_4 + 2e^-$

(2)　4.96 mol/L

(3)　正極…3.20×10 g 増加する　　負極…4.80×10 g 増加する

(4)　3.07×10 ％

[解説]

問 1 （1） この反応は以下のように 2 ステップで作成するとよい。

$$ZnO + H_2O \longrightarrow Zn(OH)_2$$
$$+\underline{)\quad Zn(OH)_2 + 2OH^- \longrightarrow [Zn(OH)_4]^{2-}}$$
$$ZnO + H_2O + 2OH^- \longrightarrow [Zn(OH)_4]^{2-}$$

（2） MnO_2 が $MnO(OH)$ に還元されるときのイオン反応式は以下のように作成するとよい（①～④は手順を表している）。

$$MnO_2 + {}^{②}H^+ + {}^{③}e^- \longrightarrow {}^{①}MnO(OH) \qquad {}^{④}両辺に + OH^-$$
$$MnO_2 + H_2O + e^- \longrightarrow MnO(OH) + OH^-$$

（3） この反応は以下のように 2 ステップで作成するとよい。

$$Zn \longrightarrow Zn^{2+} + 2e^-$$
$$+\underline{)\quad Zn^{2+} + 4OH^- \longrightarrow [Zn(OH)_4]^{2-}}$$
$$Zn + 4OH^- \longrightarrow [Zn(OH)_4]^{2-} + 2e^-$$

（4） この電池全体のイオン反応式は次式のように作成する。

負極　$Zn + 4OH^- \longrightarrow [Zn(OH)_4]^{2-} + 2e^-$
$+\underline{)\quad 正極 \qquad MnO_2 + H_2O + e^- \longrightarrow \{MnO(OH) + OH^-\} \times 2}$
$\quad Zn + 2MnO_2 + 2OH^- + 2H_2O \longrightarrow [Zn(OH)_4]^{2-} + 2MnO(OH)$

問 2 （2） この希硫酸 1.00 L（= 1000 cm³）あたりで考えると，

$$\cfrac{1.28 \overbrace{[g/cm^3]}^{希硫酸[g]} \times 1000[cm^3] \times \overbrace{\dfrac{38.0}{100}}^{H_2SO_4[g]}}{\underset{1.00[L]}{\dfrac{98.0[g/mol]}{}} \bigg|_{H_2SO_4[mol]}} = 4.963\cdots \fallingdotseq \underline{4.96}[mol/L]$$

（1），（3）　［流れた e^- の物質量］

$$e^-[mol] = \frac{5.00 \times (5 \times 3600 + 21 \times 60 + 40)[\mathscr{C}]}{9.65 \times 10^4 [\mathscr{C}/mol]} = 1.00[mol]$$

［正極の質量変化］　正極において，次式で表される反応が起こっている。

$$PbO_2 + SO_4{}^{2-} + 4H^+ + 2e^- \longrightarrow PbSO_4 + 2H_2O \quad \cdots ①$$

SO₂ 分増加

よって，e^- が 2 mol 流れたとき増加した分の質量は，$SO_2 = 64$ より 64 g となる。

以上より，正極で増加した質量を x〔g〕とおくと，

e^-〔mol〕：増加 SO_2〔g〕$= 2$〔mol〕：64〔g〕

$= 1.00$〔mol〕：x〔g〕

∴ $x = \underline{3.20 \times 10}$〔g〕の増加

[負極の質量変化]　負極において，次式で表される反応が起こっている。

$$Pb + SO_4^{2-} \longrightarrow PbSO_4 + 2e^- \quad \cdots ②$$

SO$_4$ 分増加

よって，e^- が 2mol 流れたとき増加した分の質量は，$SO_4 = 96$ より 96 g となる。

以上より，負極で増加した質量を y〔g〕とおくと，

e^-〔mol〕：増加 SO_4〔g〕$= 2$〔mol〕：96〔g〕

$= 1.00$〔mol〕：y〔g〕

∴ $y = \underline{4.80 \times 10}$〔g〕の増加

(4)　(3)の①式＋②式より両辺の $2e^-$ を消去し，H^+ と SO_4^{2-} を H_2SO_4 にすると，鉛蓄電池の放電における全体の反応は以下のようになる。

$$Pb + PbO_2 + \overset{2e^-}{2H_2SO_4} \longrightarrow 2PbSO_4 + 2H_2O \quad より，$$

流れた e^-〔mol〕$=$ 減少 H_2SO_4〔mol〕$=$ 増加 H_2O〔mol〕となる。(3) より，流れた e^- の物質量は 1.00 mol なので，H_2SO_4 と H_2O の質量変化は，以下のように求まる。

減少 H_2SO_4〔g〕：98.0〔g/mol〕$\times 1.00$〔mol〕$= \boxed{98.0}$〔g〕

増加 H_2O〔g〕：18.0〔g/mol〕$\times 1.00$〔mol〕$= \boxed{18.0}$〔g〕

以上より，放電後の希硫酸の質量パーセント濃度〔%〕は，

放電前　　　減少 H_2SO_4

$$\frac{H_2SO_4〔g〕}{希硫酸〔g〕} \times 100 = \frac{1.00 \times 10^3〔g〕\times \dfrac{38.0}{100} \quad -98.0}{1.00 \times 10^3〔g〕\quad -98.0 \quad +\boxed{18.0}} \times 100$$

減少 H_2SO_4　　増加 H_2O

$$= 30.65\cdots \fallingdotseq \underline{3.07 \times 10}〔\%〕$$

電池③
（燃料電池）

フレーム 30

◎燃料電池におけるエネルギー変換効率

例えば，水素－酸素燃料電池において，水素 H_2 の燃焼反応における発熱量〔kJ〕に対する供給された電気エネルギー〔kJ〕の割合〔%〕。

$$エネルギー変換効率〔\%〕 = \frac{供給された電気エネルギー〔kJ〕}{H_2の燃焼反応における発熱量〔kJ〕} \times 100$$

※各エネルギーは以下のように求めることが多い（公式として暗記は不要）。

H_2 の燃焼反応における発熱量〔kJ〕

$$= |H_2の燃焼エンタルピー|〔kJ/mol〕 \times H_2の反応量〔mol〕$$

供給された電気エネルギー〔J〕 $=$ $\begin{cases} 電気量〔C〕 \times 電圧〔V〕 \\ 電力〔J/s〕 \times 時間〔s〕 \end{cases}$

◎燃料電池におけるさまざまな燃料

有機化合物など，H_2 と同様，e^- を放出するため負極活物質としてはたらく。

有機化合物が燃料としてはたらく場合，いずれも二酸化炭素 CO_2 などが生じる。

実践問題　　　　　　　　　　　　　　1回目　2回目　3回目

目標：18分　実施日：　／　　　／　　　／

［Ⅰ］　次の文章を読み，下の問い（**問 1 ～ 6**）に答えよ。

（原子量は水素 $= 1.00$，酸素 $= 16.0$，リン $= 31.0$，カリウム $= 39.0$，

ファラデー定数 $= 9.65 \times 10^4$ C/mol とする）

燃料の燃焼時に放出されるエネルギーを電気エネルギーとして取り出す装置を燃料電池という。下図は，白金を添加した多孔質電極を用いた水素－酸素燃料電池の模式図である。

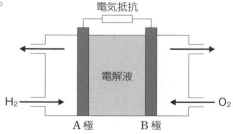

問1 電解質にリン酸水溶液を用いたときのA極とB極で起こる変化を，それぞれ電子 e⁻ を含むイオン反応式で書け。

問2 電解質に水酸化カリウム水溶液を用いたときのA極とB極で起こる変化を，それぞれ電子 e⁻ を含むイオン反応式で書け。

問3 酸素の供給源として空気を用いると副反応が生じて起電力が著しく低下していくのは，電解液が（ア）リン酸水溶液，（イ）水酸化カリウム水溶液 のどちらであるときか記号で答えよ。また，生じる副反応の化学反応式を書け。

問4 燃料電池をある時間運転させたところ 9.00 kg の水が発生した。この電池が消費した水素と同量の水素を完全燃焼させたときに得られる熱量は何 kJ か求めよ。なお，水素の燃焼エンタルピーは－286 kJ/mol とする。

問5 問4の条件で燃料電池を運転させたときの平均電圧は 0.800 V であった。この電池から得られた電気エネルギーは何 kJ か求めよ。ただし，1 J＝1 C×1 V とする。

問6 問4と問5の結果から，燃料電池のエネルギー変換効率（燃焼で得られる熱量のうち電気エネルギーに変換された割合）は何 %か求めよ。（小数点以下第2位を四捨五入して，小数点以下第1位まで求めよ）

（2014 岩手医科 改）

〔Ⅱ〕 燃料電池の発電の原理はダニエル電池と本質的には変わらないが，反応物質（燃料）が外部から供給されて，反応生成物が外部に排出されるという点で異なる。負極に水素，正極に酸素を用いた燃料電池の模式図を図1に示す。

負極では $H_2 \longrightarrow 2H^+ + 2e^-$ （Pt板上）

正極では $\frac{1}{2} O_2 + 2H^+ + 2e^- \longrightarrow H_2O$ （Pt板上）

の電極反応が起こり，水が生成される。

負極側の燃料として水素の代わりにメタノール，エタノールを用いるものも開発されている。例えば，メタノールの場合，負極にメタノール水溶液を供給し，Pt–Ru触媒上で直接メタノールを酸化して H^+ を発生させ，正極には酸素を供給する。さらに，無機触媒の代わりに生体触媒（酵素）を用いた燃料電池も開発途上にあり，生物電池（バイオ電池）

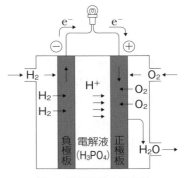

図1 燃料電池の模式図

と呼ばれる。生物電池の負極の燃料としてグルコースが用いられることが多い。

以下の問に答えよ。

数値を計算して答える場合は、結果のみではなく途中の計算式も書き、計算式には必ず簡単な説明文または式と式をつなぐ文をつけよ。必要のある場合には次の数値を用いよ。

原子量：H = 1.0, O = 16　　気体定数：$R = 8.31 \times 10^3 \, \text{Pa·L} / (\text{K·mol})$
ファラデー定数：$F = 9.65 \times 10^4 \, \text{C/mol}$

問1　図1の正極で $1.00 \, \text{kg}$ の水を得たとすると、負極で消費された水素は $1.013 \times 10^5 \, \text{Pa}$、27℃で何 L になるか。有効数字3桁で答えよ。

問2　燃料としてメタノール水溶液を用いた場合、負極側の反応は

$$CH_3OH + H_2O \longrightarrow CO_2 + 6H^+ + 6e^-$$である。

メタノールの代わりにエタノールおよびグルコースを用いた場合の負極の電極反応を書け。ただし、炭素は完全に酸化されるものとする。

問3　$_7\underline{C}H_3OH$, $_7\underline{C}O_2$, $_9\underline{C}H_3$ $_{\text{エ}}\underline{C}H_2OH$ の炭素原子アからエの酸化数をそれぞれ求めよ。

問4　ダニエル電池の電池反応は $Zn + CuSO_4 \longrightarrow ZnSO_4 + Cu$ で表される。負極側の燃料にグルコース、正極側に酸素を用いた燃料電池の電池反応を示せ。

問5　負極にメタノール、エタノール、グルコースをそれぞれ用いた燃料電池から $9.65 \times 10^4 \, \text{C}$ の電気量をとり出した。電池反応から100%の効率で電気がとり出せたものと仮定して、消費量〔g〕が最も少なくてすむのはどの燃料か。また、その選んだ燃料の消費量〔g〕を有効数字2桁で求めよ。

（2007 東京医科歯科）

解答

[Ⅰ]**問1**　A極：$H_2 \longrightarrow 2H^+ + 2e^-$

　　　　　B極：$O_2 + 4H^+ + 4e^- \longrightarrow 2H_2O$

　　問2　A極：$H_2 + 2OH^- \longrightarrow 2H_2O + 2e^-$

　　　　　B極：$O_2 + 2H_2O + 4e^- \longrightarrow 4OH^-$

　　問3　記号…（イ）　　反応式：$2KOH + CO_2 \longrightarrow K_2CO_3 + H_2O$

　　問4　$1.43 \times 10^5 \, \text{kJ}$　　**問5**　$7.72 \times 10^4 \, \text{kJ}$　　**問6**　$5.40 \times 10 \, \%$

[Ⅱ]問 1　1.37×10^3 L

問 2　エタノール：$C_2H_5OH + 3H_2O \longrightarrow 2CO_2 + 12H^+ + 12e^-$

　　　　グルコース：$C_6H_{12}O_6 + 6H_2O \longrightarrow 6CO_2 + 24H^+ + 24e^-$

問 3ア　－ 2　　イ　＋ 4　　ウ　－ 3　　エ　－ 1

問 4　$C_6H_{12}O_6 + 6O_2 \longrightarrow 6CO_2 + 6H_2O$

問 5　燃料…エタノール　　消費量…3.8 g

[解説]

[Ⅰ]　問 1, 2　イオン反応式中の H^+ や OH^- は，電解液の液性に合わせて記す。具体的には，酸性溶液であれば H^+ を，塩基性溶液であれば OH^- を記す。

[負極]

リン酸型：$H_2 \longrightarrow 2H^+ + 2e^-$

アルカリ型：$H_2 + 2OH^- \longrightarrow 2H_2O + 2e^-$

　　　　両辺に $2OH^-$ を加えて $2H^+$ を中和する。

[正極]

リン酸型：$O_2 + 4H^+ + 4e^- \longrightarrow 2H_2O$

アルカリ型：$O_2 + 2H_2O + 4e^- \longrightarrow 4OH^-$

　　　　両辺に $4OH^-$ を加えて $4H^+$ を中和する。

問 3　空気中には酸性酸化物である CO_2 が含まれており，塩基である電解質の KOH と次式のように中和反応してしまう。

$$2KOH + CO_2 \longrightarrow K_2CO_3 + H_2O$$

　そのため，空気中で KOH を電解質とするアルカリ型燃料電池を用いると，電解質が消費され起電力が低下してしまう（アルカリ型燃料電池は空気がないロケットの燃料などの宇宙産業などで利用されている）。

問 4　電解質にリン酸水溶液を用いた場合，各極板では次式で表される反応が起こる。

負極：$H_2 \longrightarrow 2H^+ + 2e^-$　　　　　…①

正極：$O_2 + 4H^+ + 4e^- \longrightarrow 2H_2O$　…②

　ここで，①式× 2 ＋②式より両辺の $4e^-$ を消去すると，電池全体の反応は以下のようになる。

$$2H_2 + O_2 \xrightarrow{4e^-} 2H_2O$$

　よって，「生成した H_2O 〔mol〕＝反応した H_2 〔mol〕」より，燃焼に必要な H_2 の物質量〔mol〕は，

$$\frac{9.00 \times 10^3 \, \text{[g]}}{18 \, \text{[g/mol]}} = 500 \, \text{[mol]}$$

以上より，得られる熱量〔kJ〕は，

$$286 \, \text{[kJ/mol]} \times 500 \, \text{[mol]} = \underline{1.43 \times 10^5} \, \text{[kJ]}$$

問5 $2H_2 + O_2 \xrightarrow{4e^-} 2H_2O$　より，このとき流れた e^- の物質量〔mol〕は，

$$\frac{9.00 \times 10^3 \, \text{[g]}}{18 \, \text{[g/mol]}} \times \frac{4}{2} = 1.0 \times 10^3 \, \text{[mol]}$$

よって，流れた電気量〔C〕は，

$$9.65 \times 10^4 \, \text{[C/mol]} \times 1.0 \times 10^3 \, \text{[mol]} = 9.65 \times 10^7 \, \text{[C]}$$

以上より，与式「$1J = 1C \times 1V$」より，得られた電気エネルギー〔kJ〕は，

$$9.65 \times 10^7 \, \text{[C]} \times 0.800 \, \text{[V]} = 7.72 \times 10^7 \, \text{[J]} = \underline{7.72 \times 10^4} \, \text{[kJ]}$$

問6　問4，5の結果より，エネルギー変換効率〔%〕は，

$$\frac{\text{電気エネルギー〔kJ〕}}{\text{熱量〔kJ〕}} \times 100 = \frac{7.72 \times 10^4 \, \text{[kJ]}}{1.43 \times 10^5 \, \text{[kJ]}} \times 100$$

$$= 53.98\cdots \fallingdotseq \underline{5.40 \times 10} \, \text{[%]}$$

[Ⅱ]　問1　この燃料電池全体の反応式は，以下のように作成できる。

負極　　　$(H_2 \longrightarrow 2H^+ + 2e^-) \times 2$

正極　　$+) \underline{O_2 + 4H^+ + 4e^- \longrightarrow 2H_2O}$

$$2H_2 \ + O_2 \ \longrightarrow 2H_2O$$

よって，H_2〔mol〕$= H_2O$〔mol〕$= \dfrac{1.00 \times 10^3 \, \text{[g]}}{18 \, \text{[g/mol]}}$ となるので，気体の状態方程式より，

$$PV = nRT$$

$$\Leftrightarrow \ V = \frac{nRT}{P} = \frac{\dfrac{1.00 \times 10^3}{18} \times (8.31 \times 10^3) \times (27 + 273)}{1.013 \times 10^5} = 1.367\cdots \times 10^3 \, \text{[L]}$$

$$\fallingdotseq \underline{1.37 \times 10^3} \, \text{[L]}$$

問2　題意より，エタノール C_2H_5OH およびグルコース $C_6H_{12}O_6$ はともに完全に酸化されるため，C 原子はいずれも CO_2 に変化する。よって，各燃料の負極の反応は次式のように作成する（作成法は P.117 にならう）。

［エタノール］

| Step1 | C_2H_5OH | | $\longrightarrow$ | CO_2 |

$\boxed{\text{Step1}}$ $C_2H_5OH \longrightarrow CO_2$

$\boxed{\text{Step2}}$ $C_2H_5OH \longrightarrow 2CO_2$

$\boxed{\text{Step3}}$ $C_2H_5OH + 3H_2O \longrightarrow 2CO_2$

$\boxed{\text{Step4}}$ $C_2H_5OH + 3H_2O \longrightarrow 2CO_2 + 12H^+$

（電荷）　$1 \times 0 + 3 \times 0 = 0$　　　　$2 \times 0 + 12 \times (+1) = +12$

$\boxed{\text{Step5}}$ $C_2H_5OH + 3H_2O \longrightarrow 2CO_2 + 12H^+ + 12e^-$

［グルコース］

$\boxed{\text{Step1}}$ $C_6H_{12}O_6 \longrightarrow CO_2$

$\boxed{\text{Step2}}$ $C_6H_{12}O_6 \longrightarrow 6CO_2$

$\boxed{\text{Step3}}$ $C_6H_{12}O_6 + 6H_2O \longrightarrow 6CO_2$

$\boxed{\text{Step4}}$ $C_6H_{12}O_6 + 6H_2O \longrightarrow 6CO_2 + 24H^+$

（電荷）　$1 \times 0 + 6 \times 0 = 0$　　　　$6 \times 0 + 24 \times (+1) = +24$

$\boxed{\text{Step5}}$ $C_6H_{12}O_6 + 6H_2O \longrightarrow 6CO_2 + 24H^+ + 24e^-$

問3　ア　$\underline{C}H_3OH$

$x + (+1) \times 3 + (-2) + (+1) = 0$　$\therefore$　$x = \underline{-2}$

イ　$\underline{C}O_2$

$x + (-2) \times 2 = 0$　$\therefore$　$x = \underline{+4}$

ウ，エ　エタノール CH_3CH_2OH 中の2つのC原子は互いに異なる結合状態のため，酸化数は形式的方法（⇨ P.113）で求める。電気陰性度は「O＞C＞H」なので，CH_3CH_2OH の電子式と，各C原子の e^-（•）の割り当ては右図のようになる。

よって，2つのC原子の形式的な酸化数は，

「酸化数＝（中性原子の電子数）－（化合物中で割り当てられた原子の電子数）」

より，

$\begin{cases} \text{左側のC原子：} 4 - 7 =_{\text{ウ}}\underline{-3} \\ \text{右側のC原子：} 4 - 5 =_{\text{エ}}\underline{-1} \end{cases}$

問4　グルコースと酸素による燃料電池全体の反応式は，**問1，2**より，

負極　　　$C_6H_{12}O_6 + 6H_2O \longrightarrow 6CO_2 + 24H^+ + 24e^-$

正極　$+)$　$(O_2 + 4H^+ + 4e^- \longrightarrow 2H_2O) \qquad\qquad \times 6$

$\overline{C_6H_{12}O_6 + 6O_2 \longrightarrow 6CO_2 + 6H_2O}$

159

問5 各燃料のイオン反応式は次式となる。

$$\left\{ \begin{array}{ll} \text{メタノール：} & 1CH_3OH + H_2O \longrightarrow CO_2 + 6H^+ + 6e^- \\ \text{エタノール：} & 1C_2H_5OH + 3H_2O \longrightarrow 2CO_2 + 12H^+ + 12e^- \\ \text{グルコース：} & 1C_6H_{12}O_6 + 6H_2O \longrightarrow 6CO_2 + 24H^+ + 24e^- \end{array} \right.$$

よって，9.65×10^4 C の電気量を得る，つまり 1.00 mol の e^- が流れるとき用いる燃料の質量〔g〕は，以下のように求められる。

$$\left\{ \begin{array}{l} \text{メタノール：} 1.00 \,\text{〔mol〕} \times \underset{\text{係数比}}{\dfrac{1}{6}} \overset{CH_3OH \,\text{〔mol〕}}{\times 32 \,\text{〔g/mol〕}} = 5.33\cdots ≒ 5.3 \,\text{〔g〕} \\[3em] \text{エタノール：} 1.00 \,\text{〔mol〕} \times \underset{\text{係数比}}{\dfrac{1}{12}} \overset{C_2H_5OH \,\text{〔mol〕}}{\times 46 \,\text{〔g/mol〕}} = 3.83\cdots ≒ 3.8 \,\text{〔g〕} \\[3em] \text{グルコース：} 1.00 \,\text{〔mol〕} \times \underset{\text{係数比}}{\dfrac{1}{24}} \overset{C_6H_{12}O_6 \,\text{〔mol〕}}{\times 180 \,\text{〔g/mol〕}} = 7.5 \,\text{〔g〕} \end{array} \right.$$

以上より，消費量が最も少なくてすむ燃料は<u>エタノール</u>で，その消費量は<u>3.8</u> g である。

電池④
（リチウム電池・リチウムイオン電池）

フレーム 31

◎リチウム電池

　負極にリチウム Li を，正極に酸化マンガン（Ⅳ）MnO_2 を用いた一次電池。

（－）Li｜リチウム塩など（有機化合物中）｜ MnO_2（＋）

$$負極：Li \longrightarrow Li^+ + e^-$$
$$正極：MnO_2 + Li^+ + e^- \longrightarrow LiMnO_2$$

※Li は水と反応しやすいので，電解液には有機化合物を用いる。

◎リチウムイオン電池

　負極にリチウム Li を含む黒鉛 C を，正極にコバルト（Ⅲ）酸リチウム $LiCoO_2$ を用いた二次電池。

（－）Li（黒鉛中）｜リチウム塩など（有機化合物中）｜ $LiCoO_2$（＋）

$$負極：Li（黒鉛中）\rightleftarrows Li^+ + e^-$$
$$正極：CoO_2 + Li^+ + e^- \rightleftarrows LiCoO_2$$

全体の反応：Li（黒鉛中）＋ CoO_2 $\underset{充電}{\overset{放電}{\rightleftarrows}}$ 黒鉛 ＋ $LiCoO_2$

※電解液には炭酸ジエチルや炭酸エチレンなどの有機溶媒にリン酸塩を溶かしたものを用いる。

実践問題　　　　　　　　　　　　　　　　　　　1回目　2回目　3回目

目標：18分　実施日：　　／　　　／　　　／

[Ⅰ]　必要なら次の値を用いよ。原子量：Li ＝ 6.94，

　　ファラデー定数：9.65×10^4 C/mol。

　イオン化傾向が最も大きな金属として，リチウム(Li)が知られている。同じ金属が正極であった時，リチウムを負極に用いると最も大きな起電力が得られる。それを利用したのがリチウム電池であり，現在ボタン電池などとして幅広く用いられている。リチウム電池の代表的なものは金属リチウムと二酸化マンガンをそれぞれ負極，正極とし，電解質としてはリチウム塩を用い，また電解液としてリチウム塩を溶解できる有機溶媒を用いている。リチウム電池に関する次の各問いに答えよ。

問 1　この電池が電解液として有機溶媒を用いる理由を 30 字以内で記せ。

問2 電池の性能は，起電力の他に取り出せる電気量（放電容量）も大切な要素となる。基本的には電極の単位重量あたりできるだけ多くの電子の出し入れが出来る物質が電極材料として優れている。リチウムはその点でも優れた電極材料である。放電容量の表示法として，X アンペアの電流を1時間流せる量で示す方法があり，X 〔Ah〕と表す。今，負極に用いられたリチウムが電池全体の放電容量を決めているとし，その電極反応が完全に進行するものと仮定する。その時の理論的に取り出せる放電容量は，リチウム 1.0 g では何 Ah となるか。有効数字2桁で示せ。

(2012 順天堂・医)

[Ⅱ] 次の文 (a)，(b) を読んで，**問1 〜 問5** に答えよ。ただし，原子量は Li = 6.94，C = 12.0，O = 16.0，S = 32.0 とする。

(a) 炭素の単体の一つである黒鉛では，図1に示すように炭素原子は他の3個の炭素原子と ア 結合して，巨大な平面状網目構造をつくる。平面網目間（層間）は弱い イ により結合している。そのため，黒鉛の層間距離は容易に変化するので，多くの原子，分子を挿入させたり，脱離させたりすることができる。この現象を利用しているのがリチウム二次電池である。

リチウム二次電池では適当な有機溶媒中で正極からリチウムイオンが脱離し，負極の黒鉛の層間にリチウムイオンが取り込まれることにより充電反応が生じる。この負極の充電反応を考えてみる。いま，炭素 n〔mol〕に対して，リチウムイオン 1 mol が黒鉛中に取り込まれ，①$\underline{LiC_n}$ という化合物ができたとする。この反応式を電子 e^- を含んだ式で表すと，

ウ

となる。黒鉛の層間にリチウムがもっとも多く取り込まれた場合，リチウムは，黒鉛のすべての平面状網目構造に対して図2の配置をとり，黒鉛の層間では1層である。したがって，このときの n は エ となる。

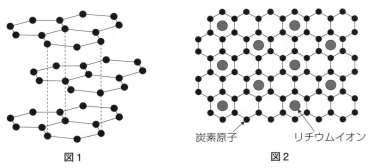

炭素原子　　　　リチウムイオン

図1　　　　　　　　　図2

問1 ［ ア ］～［ エ ］にそれぞれ適切な語句，化学式，数値を入れよ。

問2 下線部①の LiC_n を大気中に出すと，大気中の水分と反応して分解し，黒鉛層内からリチウムイオンを放出する。このときの反応式を記せ。ただし，LiC_n は金属リチウムと似た性質を示すことが知られている。

(b) 次に図3に示すように配線し，リチウム二次電池を用いて鉛蓄電池を充電してみよう。鉛蓄電池を使用する放電反応の逆向きの反応が充電反応であるので，電極Ⅰの充電反応を電子 e^- を含んだ式で表すと，

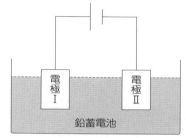

リチウム二次電池

図3

|　　　　　　　　　オ　　　　　　　　　|

であり，また，同様に電極Ⅱの充電反応は，

|　　　　　　　　　カ　　　　　　　　　|

となる。このとき，リチウム二次電池の負極の質量は 2.30g 減少した。この質量変化から計算すると，リチウム二次電池から鉛蓄電池に流れた電子の物質量は［ キ ］mol である。したがって，理論的には電極Ⅰの質量減少は［ ク ］g となる。しかしながら，実際には電極Ⅰの質量減少は 9.80 g であった。

問3 ［ オ ］と［ カ ］にそれぞれ適切な化学式を入れよ。

問4 ［ キ ］と［ ク ］にそれぞれ適切な数値を有効数字3けたで入れよ。

問5 リチウム二次電池が放電したエネルギーの何パーセントが鉛蓄電池の充電に利用されたか。有効数字3けたで求めよ。

（2006 京都）

解答
....

［Ⅰ］**問1** 電解液に水を用いると，リチウムが水と激しく反応するため。(28字)

　　問2 3.9 Ah

［Ⅱ］**問1** ア　共有　　イ　分子間力（または，ファンデルワールス力）

　　　　ウ　$nC + Li^+ + e^- \longrightarrow LiC_n$　　エ　6

　　問2 $2LiC_n + 2H_2O \longrightarrow 2LiOH + 2nC + H_2$

　　問3 オ　$PbSO_4 + 2H_2O \longrightarrow PbO_2 + 4H^+ + SO_4^{2-} + 2e^-$

　　　　カ　$PbSO_4 + 2e^- \longrightarrow Pb + SO_4^{2-}$

　　問4 キ　3.31×10^{-1} mol　　ク　1.06×10 g

　　問5 9.25×10 %

[解説]

[I] **問1** Li はイオン化傾向が非常に大きく，常温の水と激しく反応する（次式）。そのため，リチウム電池の電解液には水は用いず，リチウムと反応しない有機溶媒を用いる。

$$2Li + 2H_2O \longrightarrow 2LiOH + H_2\uparrow$$

問2 リチウム電池の負極では，次式の反応が起こる。

$$1Li \longrightarrow Li^+ + 1e^-$$

ここで，上式より，Li 1.0 g が消費されたときに流れる e^- の物質量〔mol〕は，消費された Li の物質量〔mol〕と等しいので，

$$e^- \text{〔mol〕} = Li \text{〔mol〕} = \frac{1.0\text{〔g〕}}{6.9\text{〔g/mol〕}}$$

よって，X〔A〕の電流を 1 時間（= 3600 秒）流したとき，e^- の物質量〔mol〕について，

$$e^- \text{〔mol〕} = \frac{X\text{〔A〕} \times 3600\text{〔s〕}}{9.65 \times 10^4 \text{〔C/mol〕}} \quad \Leftrightarrow \quad \frac{1.0}{6.9} \text{〔mol〕} = \frac{3600\,X\text{〔C〕}}{9.65 \times 10^4 \text{〔C/mol〕}}$$

$$\therefore \quad X = 3.88\cdots \fallingdotseq 3.9 \text{〔A〕}$$

以上より，放電容量は，3.9 Ah となる。

[II] リチウム二次電池の模式図を，右図に記す。

[放電時] 負極の黒鉛の層の間から Li^+ が電解液に溶け出し，すき間の多い構造をもつ正極に取り込まれて $LiCoO_2$ になる。

[充電時] 放電とは逆向きに Li^+ が移動し，負極として用いた黒鉛に取り込まれて LiC_n に戻る。

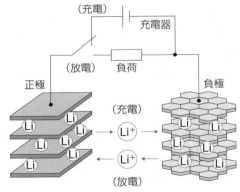

リチウムイオン電池のしくみ

問1 ア，イ 黒鉛（グラファイト）は C 原子がァ共有結合で正六角形をつくり，それが平面状につらなっている。その層がィ分子間力（ファンデルワールス力）により，図1のような積み重なった構造をとる。

ウ 題意より，負極活物質は LiC_n と推測できる。よって，リチウム二次電池の負極での反応は，次式で表される。

$$\text{LiC}_n \longrightarrow n\text{C} + \text{Li}^+ + \text{e}^-$$

なお，本問では充電反応を表さなければならないため，上式の逆向きの反応式
を記せばよい。

$$n\text{C} + \text{Li}^+ + \text{e}^- \longrightarrow \text{LiC}_n$$

エ　図2より，Li^+ 1個に対し，6個の C 原子が取り囲んでいることがわかる。

問2　題意より，反応物質は LiC_n であるが，単体の Li の反応を考えればよい。
[Ⅰ] **問1** の解説より，Li 単体のみの反応は次式で表される。

$$2\text{Li} + 2\text{H}_2\text{O} \longrightarrow 2\text{LiOH} + \text{H}_2 \uparrow$$

以上より，上式の両辺に n 個の C 原子 を加えて式を完成させると，次式とな
る（反応物質は LiC_n で表す）。

$$2\text{LiC}_n + 2\text{H}_2\text{O} \longrightarrow 2\text{LiOH} + 2n\text{C} + \text{H}_2 \uparrow$$

問3　オ　図3より，電極Ⅰは，リチウム二次電池の正極につながれているこ
とがわかる。よって，鉛蓄電池の正極の放電の反応式（⇨ P.152）の逆向きの
反応式を記せばよい。

$$\underline{\text{PbSO}_4 + 2\text{H}_2\text{O} \longrightarrow \text{PbO}_2 + 4\text{H}^+ + \text{SO}_4{}^{2-} + 2\text{e}^-}$$

カ　図3より，電極Ⅱは，リチウム二次電池の負極につながれていることがわ
かる。よって，鉛蓄電池の負極の放電の反応式（⇨ P.153）の逆向きの反応式
を記せばよい。

$$\underline{\text{PbSO}_4 + 2\text{e}^- \longrightarrow \text{Pb} + \text{SO}_4{}^{2-}}$$

問4　キ　**問1** ウの解説より，リチウム二次電池の負極では次式の反応が起こる。

$$\text{LiC}_n \longrightarrow n\text{C} + 1\text{Li}^+ + 1\text{e}^-$$

ここで，上式より，負極で質量が減少するのは Li が溶解した分であり，流れる
e^- の物質量〔mol〕は，溶解した Li^+ の物質量〔mol〕と等しいので，次式が成り立つ。

$$\text{e}^- \text{〔mol〕} = \text{Li}^+ \text{〔mol〕} = \frac{2.30\text{〔g〕}}{6.94\text{〔g/mol〕}} = 0.3314\cdots \fallingdotseq \underline{3.31 \times 10^{-1}}\text{〔mol〕}$$

ク　電極Ⅰでは，**問3** オより，次式で表される反応が起こっている。

$$\boxed{\text{PbSO}_4} + 2\text{H}_2\text{O} \longrightarrow \boxed{\text{PbO}_2} + \text{SO}_4{}^{2-} + 4\text{H}^+ + 2\text{e}^-$$

SO_2 分減少

よって，e^- が 2 mol 流れたとき減少する質量は，$\text{SO}_2 = 64$ より 64 g となる。

以上より，電極Ⅰで減少する理論的な質量を x〔g〕とおくと，**問4** キの結果
より，次式が成り立つ。

e^-〔mol〕：減少 SO_2〔g〕 $= 2$〔mol〕：64〔g〕

$= 0.3314$〔mol〕：x〔g〕

∴ $x = 10.60\cdots ≒ \underline{1.06 \times 10}$〔g〕

問5 電極Ⅰの理論的な減少量に対する実際の減少量の比率が，放電したエネルギーに対する充電に用いられたエネルギーの割合，つまりエネルギー変換効率〔%〕に等しい。よって，**問4** クの結果より，

$$\frac{実際の減少量〔g〕}{理論的な減少量〔g〕} \times 100 = \frac{9.80〔g〕}{10.60〔g〕} \times 100 = 92.45\cdots ≒ \underline{9.25 \times 10}〔\%〕$$

32 電気分解①
(しくみ)

フレーム 32

◎電池と電気分解の関係性

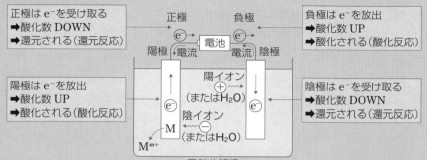

正極は e^- を受け取る
➡酸化数 DOWN
➡還元される（還元反応）

負極は e^- を放出
➡酸化数 UP
➡酸化される（酸化反応）

陽極は e^- を放出
➡酸化数 UP
➡酸化される（酸化反応）

陰極は e^- を受け取る
➡酸化数 DOWN
➡還元される（還元反応）

電気分解槽

◎極板反応式の作成法

Step0　簡単な回路図をかき，陽極・陰極・e^- の流れる向きをその図にかき込む。

[陽極]

Step1　電極板の材質を見る。

　イオン化傾向が Ag 以上（[例] Cu）の金属電極の場合，極板自体が酸化される（一般に溶解する）。

　[例] $\begin{cases} Ag \longrightarrow Ag^+ + e^- \\ Cu \longrightarrow Cu^{2+} + 2e^- \end{cases}$

Step2　（電極板が反応しない場合）電解液中の陰イオンを書き出し（H_2O の電離により生じる OH^- も），陰イオンを陽極に近づける。

Step3　近づけた陰イオンを用いて e^- を含んだイオン反応式を書く（直流電源の正極に e^- を送るため，右辺に e^- がくる）。

※複数の陰イオンがある場合の選別の仕方

多原子イオン（NO_3^-, SO_4^{2-}）＞OH^-（H_2O）＞ハロゲン化物イオン（Cl^-＞Br^-＞I^-）

安定性 大　　　　　　　　　　　小
反応性 小　　　　　　　　　　　大

※ OH^- が反応する場合は，電解質により以下の2式を書き分けられるように。

$\begin{cases} 4OH^- \longrightarrow O_2\uparrow + 2H_2O + 4e^- \\ 2H_2O \longrightarrow O_2\uparrow + 4H^+ + 4e^- \end{cases}$ 両辺に（強塩基性のとき [例]NaOHaq）
$+4H^+$（中・酸性のとき）

[陰極]

Step1　電解液中の陽イオンを書き出し（H_2O の電離により生じる H^+ も），陽イオンを陰極に近づける。

Step2　近づけた陽イオンを用いて，e^- を含んだイオン反応式を書く（直流電源の負極から e^- を受け取るため，左辺に e^- がくる）。

※複数の陽イオンがある場合の選別の仕方

Li^+　K^+　Ca^{2+}　Na^+　Mg^{2+}　Al^{3+}　Zn^{2+}　Fe^{2+}　Ni^{2+}　Sn^{2+}　Pb^{2+}　$H^+(H_2O)$　Cu^{2+}　Hg^+　Ag^+

※ H^+ が反応する場合は，電解質により以下の2式を書き分けられるように。

$$2H^+ + 2e^- \longrightarrow H_2 \uparrow \qquad (強酸性のとき [例]H_2SO_4aq)$$
$$2H_2O + 2e^- \longrightarrow H_2 \uparrow + 2OH^- \qquad (中・塩基性のとき)$$

両辺に $+2OH^-$

実践問題　　　　　　　　　　　　　　　　　　　　　1回目　2回目　3回目

目標：8分　実施日：　／　　　／　　　／

　次の文章を読み，(ウ)(エ) には**有効数字3桁**の数値，(ア)(イ) には物質名を入れよ。必要であれば次の原子量と数値を用いよ。

　　H = 1.00，C = 12.0，N = 14.0，O = 16.0，Cu = 63.5，Ag = 108

　　標準状態（0℃，1.01×10^5 Pa）の気体 1 mol の体積：22.4 L，

　　ファラデー定数 = 9.65×10^4 C/mol

　硝酸銀と硫酸銅（Ⅱ）を含む水溶液 100 mL を，陰極に炭素，陽極に白金を用いて電気分解した。陰極で気体が発生しないように注意しながら，陽極と陰極の間にかける電圧を 0 V から徐々に大きくしていくと，陰極では (ア) が先に析出しはじめた。さらに電気分解を続け，水溶液中の2種類の金属イオンを還元して，陰極上に金属としてすべて析出させたところ，陰極の質量は 775 mg 増加した。この間，陽極では (イ) が発生し，その体積は標準状態で 56.0 mL であった。以上の実験から，電気分解前の硝酸銀の濃度は (ウ) mol/L，電気分解後に析出した銅の質量は (エ) mg であることがわかった。　　　　　　　　（2009 慶應・理工）

解答

（ア）銀　　（イ）酸素　　（ウ）6.00×10^{-2}　　（エ）1.27×10^2

[解説]

（ア），（イ）　右図のように，陰極では
イオン化傾向の小さい Ag のイオン
Ag^+ がまず e^- を受け取り還元され，
(ア)銀 Ag の単体が析出する。さらに電
気分解を続けると Cu^{2+} が e^- を受け取
り還元され，銅 Cu の単体が析出する。
一方，陽極では $OH^-(H_2O)$ が e^- を

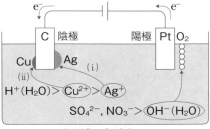

AgNO₃, CuSO₄aq

奪われて酸化され，(イ)酸素 O_2 の単体が発生する。よって，各極板の反応は，

$$陰極\begin{cases}（ i ）\quad Ag^+ + e^- \longrightarrow Ag \\ （ ii ）\quad Cu^{2+} + 2e^- \longrightarrow Cu\end{cases}$$

陽極：$2H_2O \longrightarrow O_2\uparrow + 4H^+ + 4e^-$　←　両辺に $4H^+$ を加えて
$（4OH^- \longrightarrow O_2\uparrow + 2H_2O + 4e^-）$　　$4OH^-$ を中和する。

（ウ）　陽極において，「$2H_2O \longrightarrow 1O_2\uparrow + 4H^+ + 4e^-$」より，流れた e^- の物
質量〔mol〕は，

$$\underbrace{\frac{56.0\times10^{-3}\overset{O_2〔mol〕}{〔L〕}}{22.4〔L/mol〕}}\times\underbrace{\frac{4}{1}}_{係数比} = 1.00\times10^{-2}〔mol〕$$

　ここで，水溶液中の $CuSO_4$ の Cu^{2+} を x〔mol〕，$AgNO_3$ の Ag^+ を y〔mol〕
とおくと，陰極の反応で流れた e^- の物質量〔mol〕について次式が成り立つ。

$$\underbrace{x\times2}_{Cu^{2+}が受け取ったe^-〔mol〕} + \underbrace{y\times1}_{Ag^+が受け取ったe^-〔mol〕} = 1.00\times10^{-2}〔mol〕\quad\cdots①$$

　また，陰極の増加した質量〔g〕について次式が成り立つ。

$$\underbrace{63.5〔g/mol〕\times x〔mol〕}_{析出したCu〔g〕} + \underbrace{108〔g/mol〕\times y〔mol〕}_{析出したAg〔g〕} = 775\times10^{-3}〔g〕\quad\cdots②$$

よって，①，②式より，$x = 2.00\times10^{-3}$〔mol〕，$y = 6.00\times10^{-3}$〔mol〕
以上より，電解前の $AgNO_3$ 水溶液のモル濃度〔mol/L〕は，

$$\frac{6.00\times10^{-3}〔mol〕}{\dfrac{100}{1000}〔L〕} = \underline{6.00\times10^{-2}}〔mol/L〕$$

（エ）　（ウ）より，析出した Cu の質量〔g〕は，

$$63.5〔g/mol〕\times 2.00\times10^{-2}〔mol〕 = 0.127〔g〕 = \underline{1.27\times10^2}〔mg〕$$

電気分解②
（直列回路・並列回路）

フレーム 33

◎回路の違いによる電子 e⁻ の物質量〔mol〕の関係

パターン1　直列回路

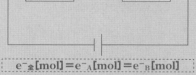

$$e^-_全[mol] = e^-_A[mol] = e^-_B[mol]$$

パターン2　並列回路

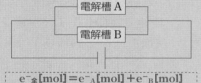

$$e^-_全[mol] = e^-_A[mol] + e^-_B[mol]$$

◎仕切板

　電気分解の進行により仕切板で隔てられた両極室で電気的なバランスが崩れたときに，イオンが移動することでそのバランスを回復しようとする。

パターン1　素焼き板・隔膜：陽イオン・陰イオン両方を透過させる。

パターン2　陽イオン交換膜・陰イオン交換膜：陽イオンまたは陰イオンのどちらか一方を透過。

実践問題　　　　　　　　　　　　　　　　　　　　1回目　2回目　3回目

目標：23分　実施日：　／　　／　　／

　　　原子量 Ni = 59, Cu = 63.5　ファラデー定数 = 9.65×10^4 C/mol とする。

[Ⅰ]　異なるイオンを含む電解槽Ⅰ～Ⅲを図のように電源に接続し，1.5 A の一定電流を32分10秒間通電して，電気分解を行った。このとき，電解槽Ⅰ全体で発生した気体の体積は標準状態で 168 mL であった。

　下の問いに答えよ。計算結果は有効数字3桁で答えよ。

(1)　電解槽ⅠおよびⅡの各電極で起きた反応を e⁻ を含むイオン反応式で示せ。

(2)　電解槽Ⅰ～Ⅲに流れた電気量〔C〕をそれぞれ求めよ。

(3)　電解槽Ⅱの白金電極の質量の増加量〔g〕を求めよ。

(4) 電解槽Ⅲの白金電極では，0.236 g の質量の増加とともに気体の発生も観察された。各電極で起きた反応をすべてイオンの化学式で示せ。

(5) 電解槽Ⅲの白金電極および炭素電極から発生する気体の標準状態における体積〔L〕をそれぞれ求めよ。　　　　　　　　　　（2009 岐阜薬科 改）

[Ⅱ]　次の文章を読み，以下の問い（**問1 ～ 5**）に答えよ。必要があれば次の数値を用いよ。

　　原子量：H = 1.00，C = 12.0，N = 14.0，O = 16.0，S = 32.0，
　　　K = 39.1，Cu = 63.5，Ag = 108.0，I = 127.0
　　気体定数：$R = 8.31 \times 10^3$ Pa·L / (K·mol)
　　ファラデー定数：$F = 9.65 \times 10^4$ C/mol

図に示すように電解槽A ～ C にそれぞれ異なる水溶液 200 mL と電極（a）～（f）を入れ，実験1および実験2を行った。電解槽A には隔膜として陽イオン交換膜を取り付けてあり，その両側の溶液の体積はそれぞれ 100 mL である。ただし，電気分解により水溶液の体積は変化しないものとする。

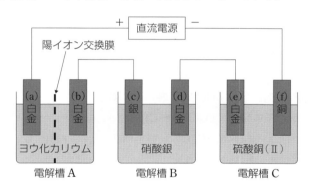

実験1　電解槽A ～ C を直列につなぎ，0.500 A の電流を 1930 秒間流し電気分解を行った。

実験2　実験1の後に電解槽C の銅（Ⅱ）イオン濃度を求めるためにヨウ素滴定を行った。電気分解後，電解槽C から水溶液 10.0 mL を取り出し，弱酸性条件下でヨウ化カリウムを加えると式(1)の反応によりすべての Cu^{2+} が CuI として沈殿し，I_2 が遊離した。この遊離した I_2 を 0.100 mol/L のチオ硫酸ナトリウム水溶液で滴定したところ式(2)の反応が起き，10.0 mL で終点となった。

$$2Cu^{2+} + 4I^- \longrightarrow 2CuI\downarrow + I_2 \qquad \cdots (1)$$

$$I_2 + 2Na_2S_2O_3 \longrightarrow 2NaI + Na_2S_4O_6 \qquad \cdots (2)$$

問1 実験１において電極（a）〜（f）で起こる反応を，それぞれ電子 e^- を含むイオン反応式でかけ。

問2 電気分解後の電解槽 A について，25℃における陰極側の水溶液の pH を求めよ。計算過程も示し，有効数字２けたで答えよ。

問3 電気分解により発生した気体の体積が最も大きかった電極はどれか。（a）〜（f）から選び記号で答えよ。またその体積は 27℃，1.01×10^5 Pa で何 L か。計算過程も示し，有効数字２けたで答えよ。ただし，発生する気体は水に溶けないものとする。

問4 電気分解後に，最も質量が増えた電極はどれか。（a）〜（f）から選び記号で答えよ。また，その増加した質量は何 g か。計算過程も示し，有効数字２けたで答えよ。

問5 実験２の結果から電気分解前の電解槽 C で用いた水溶液中の銅イオン濃度は何 mol/L であったか。計算過程も示し，有効数字２けたで答えよ。

（2015 千葉）

解答

[Ⅰ]（1）［電解槽Ⅰ］ 陰極：$2H_2O + 2e^- \longrightarrow H_2 + 2OH^-$

陽極：$2H_2O \longrightarrow O_2 + 4H^+ + 4e^-$

［電解槽Ⅱ］ 陰極：$Cu^{2+} + 2e^- \longrightarrow Cu$

陽極：$2Cl^- \longrightarrow Cl_2 + 2e^-$

（2） 電解槽Ⅰ：9.65×10^2 C 　　電解槽Ⅱ：9.65×10^2 C

電解槽Ⅲ：1.93×10^3 C

（3） 3.18×10^{-1} g

（4） 陰極：$Ni^{2+} + 2e^- \longrightarrow Ni$, $2H_2O + 2e^- \longrightarrow H_2 + 2OH^-$

陽極：$2H_2O \longrightarrow O_2 + 4H^+ + 4e^-$

（5） 白金電極：1.34×10^{-1} L 　　炭素電極：1.12×10^{-1} L

[Ⅱ]**問1**（a） $2I^- \longrightarrow I_2 + 2e^-$ 　　（b） $2H_2O + 2e^- \longrightarrow H_2 + 2OH^-$

（c） $Ag \longrightarrow Ag^+ + e^-$ 　　（d） $Ag^+ + e^- \longrightarrow Ag$

（e） $2H_2O \longrightarrow O_2 + 4H^+ + 4e^-$ 　　（f） $Cu^{2+} + 2e^- \longrightarrow Cu$

問2 pH = 13 　　**問3** 記号…（b） 　　体積…1.2×10^{-1} L

問4 記号…（d） 　　質量…1.1 g

問5 1.3×10^{-1} mol/L（**問2**〜**問5** の計算過程は解説参照）

[解説]

[Ⅰ] (1), (4) 各電解槽では, 題意より次図のような反応が起こっていると考えられる。

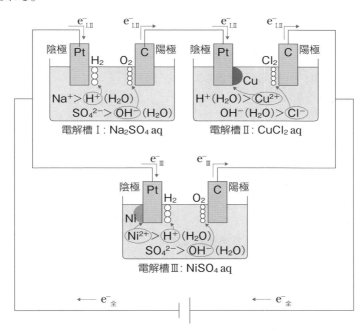

電解槽Ⅰ: Na₂SO₄ aq

電解槽Ⅱ: CuCl₂ aq

電解槽Ⅲ: NiSO₄ aq

[電解槽Ⅰ] 上図より, 陰極では $H_2O(H^+)$ が e^- を受け取り（還元され）, 陽極では $H_2O(OH^-)$ が e^- を奪われる（酸化される）。よって, 各極板での反応は次式のようになる（Na_2SO_4 水溶液は中性であり, 電離している H^+, OH^- はともにごくわずかなので H_2O でのイオン反応式にする）。

陰極：$\underline{2H_2O + 2e^- \longrightarrow H_2\uparrow + 2OH^-}$ ・・・①

$(2H^+ + 2e^- \longrightarrow H_2\uparrow)$

陽極：$\underline{2H_2O \longrightarrow O_2\uparrow + 4H^+ + 4e^-}$ ・・・②

$(4OH^- \longrightarrow O_2\uparrow + 2H_2O + 4e^-)$

[電解槽Ⅱ] 上図より, 陰極では Cu^{2+} が e^- を受け取り（還元され）, 陽極では Cl^- が e^- を奪われる（酸化される）。よって, 各極板での反応は次式のようになる。

陰極：$\underline{Cu^{2+} + 2e^- \longrightarrow Cu}$ ・・・③

陽極：$\underline{2Cl^- \longrightarrow Cl_2\uparrow + 2e^-}$ ・・・④

[電解槽Ⅲ] 上図より, 陰極では Ni^{2+} と $H_2O(H^+)$ が e^- を受け取り（還元され）,

陽極では H_2O（OH^-）が e^- を奪われる（酸化される）。よって，各極板での反応は次式のようになる（$NiSO_4$ 水溶液は中性付近であり，電離している H^+，OH^- はともにごくわずかなので H_2O でのイオン反応式にする）。

陰極 $\begin{cases} Ni^{2+} + 2e^- \longrightarrow Ni & \cdots⑤ \\ 2H_2O + 2e^- \longrightarrow H_2\uparrow + 2OH^- & \cdots⑥ \end{cases}$

陽極：$2H_2O \longrightarrow O_2\uparrow + 4H^+ + 4e^-$ $\qquad \cdots⑦$

$\qquad (4OH^- \longrightarrow O_2\uparrow + 2H_2O + 4e^-)$

(2) この回路全体に流れた e^- の物質量を $e^-_{全}$〔mol〕とおくと，

$$e^-_{全}〔\text{mol}〕 = \frac{\overset{A}{1.5} \times (\overset{s}{32 \times 60} + 10)〔C〕}{9.65 \times 10^4〔C/\text{mol}〕} = 3.00 \times 10^{-2}〔\text{mol}〕$$

また，①式 × 2 + ②式より，電解槽 I の全体の反応は次式のようになる。

$$2H_2O \overset{4e^-}{\longrightarrow} 2H_2\uparrow + 1O_2\uparrow$$

よって，流れた e^- の物質量と発生する気体の総物質量は「$4 : (2 + 1) = 4 : 3$」とわかる。また，電解槽 I と電解槽 II は直列につながれているため，電解槽 I と電解槽 II に流れた e^- の物質量は等しい。よって，流れた e^- の物質量を $e^-_{I, II}$〔mol〕とおくと，

$e^-_{I, II}$〔mol〕：電解槽 I の気体の総物質量〔mol〕$= 4 : 3$

$\Leftrightarrow$ $e^-_{I, II}$〔mol〕：$\dfrac{168 \times 10^{-3}〔L〕}{22.4〔L/\text{mol}〕} = 4 : 3$

$\therefore$ $e^-_{I, II} = 1.00 \times 10^{-2}$〔mol〕

以上より，電解槽 I，II に流れた電気量〔C〕は，

9.65×10^4〔C/mol〕$\times 1.00 \times 10^{-2}$〔mol〕$= \underline{9.65 \times 10^2}$〔C〕

また，電解槽 I，II と電解槽 III は並列につながれているため，電解槽 III に流れた e^- の物質量を e^-_{III}〔mol〕とおくと，回路全体に流れた $e^-_{全}$ の物質量〔mol〕について次式が成り立つ。

$e^-_{全} = e^-_{I, II} + e^-_{III}$

$\Leftrightarrow$ $e^-_{III} = e^-_{全} - e^-_{I, II} = 3.00 \times 10^{-2} - 1.00 \times 10^{-2} = 2.00 \times 10^{-2}$〔mol〕

以上より，電解槽 III に流れた電気量〔C〕は，

9.65×10^4〔C/mol〕$\times 2.00 \times 10^{-2}$〔mol〕$= \underline{1.93 \times 10^3}$〔C〕

(3) 電解槽IIのPt電極（陰極）において，③式から，

「$Cu^{2+} + 2e^- \longrightarrow 1Cu$」なので，析出したCuの質量〔g〕は，

$$\underbrace{1.00 \times 10^{-2} \,〔\text{mol}〕}_{e^-_{\text{I, II}}} \times \underbrace{\frac{1}{2}}_{\text{係数比}}^{\overset{\text{Cu〔mol〕}}{}} \times 63.5 \,〔\text{g/mol}〕 = 0.3175 \fallingdotseq \underline{3.18 \times 10^{-1}} \,〔\text{g}〕$$

(5) ［陽極］ 電解槽IIIのC電極（陽極）において，⑦式から，

「$2H_2O \longrightarrow 1O_2\uparrow + 4H^+ + 4e^-$」なので，発生した$O_2$の体積〔L〕は，

$$\underbrace{2.00 \times 10^{-2} \,〔\text{mol}〕}_{e^-_{\text{III}}} \times \underbrace{\frac{1}{4}}_{\text{係数比}}^{\overset{O_2〔\text{mol}〕}{}} \times 22.4 \,〔\text{L/mol}〕 = \underline{1.12 \times 10^{-1}} \,〔\text{L}〕$$

［陰極］ 電解槽IIIのPt電極（陰極）において，⑤式から

「$Ni^{2+} + 2e^- \longrightarrow 1Ni$」なので，Niの析出に用いられた$e^-$の物質量〔mol〕は，

$$\overset{\text{Ni〔mol〕}}{\frac{0.236〔\text{g}〕}{59〔\text{g/mol}〕}} \times \underbrace{\frac{2}{1}}_{\text{係数比}} = 8.00 \times 10^{-3} \,〔\text{mol}〕$$

よって，このPt電極（陰極）において，H_2の発生に用いられたe^-の物質量〔mol〕は，

$$\underbrace{2.00 \times 10^{-2}}_{e^-_{\text{III}}} - 8.00 \times 10^{-3} = 1.20 \times 10^{-2} \,〔\text{mol}〕$$

以上より，⑥式から「$2H_2O + 2e^- \longrightarrow 1H_2\uparrow + 2OH^-$」なので，発生した$H_2$の体積〔L〕は，

$$1.20 \times 10^{-2} \,〔\text{mol}〕 \times \underbrace{\frac{1}{2}}_{\text{係数比}}^{\overset{H_2〔\text{mol}〕}{}} \times 22.4 \,〔\text{L/mol}〕 = 0.1344 \fallingdotseq \underline{1.34 \times 10^{-1}} \,〔\text{L}〕$$

[Ⅱ] **問1** 各電解槽では，次図のような反応が起こっていると考えられる。

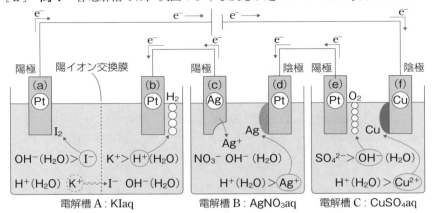

電解槽 A：KIaq 電解槽 B：AgNO₃aq 電解槽 C：CuSO₄aq

※電解槽 A の I_2 は生じた後，次式のように，残っている I^- と反応し三ヨウ化物イオン I_3^- となるため，陽極側の電解液はしだいに褐色になる。

$$I_2 + I^- \rightleftharpoons I_3^- （褐）$$

[電解槽 A] 上図より，陽極では I^- が e^- を奪われ（酸化され），陰極では H_2O （H^+）が e^- を受け取る（還元される）。よって，各極板での反応は次式のようになる（KI 水溶液は中性であり，電離している H^+，OH^- はともにごくわずかなので H_2O が反応するイオン反応式にする）。

$$\begin{cases} \text{(a) 陽極：} \underline{2I^- \longrightarrow I_2 + 2e^-} & \cdots① \\ \text{(b) 陰極：} \underline{2H_2O + 2e^- \longrightarrow H_2\uparrow + 2OH^-} & \cdots② \\ \quad\quad\quad (2H^+ + 2e^- \longrightarrow H_2\uparrow) \end{cases}$$

なお，陰極側の水溶液は OH^- の生成により，負電荷が大きくなる。この電荷を中和するために，陽極側の水溶液中の K^+ が陽イオン交換膜を通過し，陰極側に移動する（結果として KOH が生じる）。

[電解槽 B] 上図より，陽極では電極板の Ag が e^- を奪われ（酸化され），Ag^+ となって溶出する。また，陰極では Ag^+ が e^- を受け取り（還元され），Ag となって析出する。よって，各極板での反応は次式のようになる。

$$\begin{cases} \text{(c) 陽極：} \underline{Ag \longrightarrow Ag^+ + e^-} & \cdots③ \\ \text{(d) 陰極：} \underline{Ag^+ + e^- \longrightarrow Ag} & \cdots④ \end{cases}$$

[電解槽 C] 上図より，陽極では H_2O （OH^-）が e^- を奪われ（酸化され），陰極では Cu^{2+} が e^- を受け取る（還元される）。よって，各極板の反応は次式のようになる（CuSO₄ 水溶液は中性付近であり，電離している H^+，OH^- はともに

ごくわずかなので，H_2O が反応するイオン反応式にする）。

$\left\{\begin{array}{l} \text{(e)} \quad \text{陽極}：2H_2O \longrightarrow O_2\uparrow + 4H^+ + 4e^- \qquad \cdots ⑤ \\ \qquad\qquad (4OH^- \longrightarrow O_2\uparrow + 2H_2O + 4e^-) \\ \text{(f)} \quad \text{陰極}：Cu^{2+} + 2e^- \longrightarrow Cu \qquad\qquad \cdots ⑥ \end{array}\right.$

問2 この回路で流れた e^- の物質量〔mol〕は，

$$e^-\text{〔mol〕} = \dfrac{\overset{A}{0.500} \times \overset{s}{1930}\text{〔C〕}}{9.65 \times 10^4\text{〔C/mol〕}} = 1.00 \times 10^{-2}\text{〔mol〕}$$

ここで，電解槽 A の陰極側の水溶液において，②式から，
「$2H_2O + 2e^- \longrightarrow H_2 + 2OH^-$」なので，生成した OH^- の物質量〔mol〕は，

$$\underbrace{1.00 \times 10^{-2}\text{〔mol〕}}_{e^-} \times \underbrace{\overset{OH^-\text{〔mol〕}}{\dfrac{2}{2}}}_{\text{係数比}} = 1.00 \times 10^{-2}\text{〔mol〕}$$

よって，電解槽 A の陰極側の水溶液の水酸化物イオン OH^- 濃度〔mol/L〕は，

$$[OH^-]\text{〔mol/L〕} = \dfrac{1.00 \times 10^{-2}\text{〔mol〕}}{\dfrac{100}{1000}\text{〔L〕}} = 1.00 \times 10^{-1}\text{〔mol/L〕}$$

$$\therefore \quad pH = 14 - pOH = 14 - (-\log[OH^-])$$
$$= 14 + \log(1.0 \times 10^{-1}) = 14 - 1 = \underline{13}$$

問3 気体が発生する極板は，**問1** の結果より，(b) と (e) である。

$\left\{\begin{array}{l} \text{(b)} \ \text{陰極}：2H_2O + 2e^- \longrightarrow H_2\uparrow + 2OH^- \qquad \cdots ② \\ \text{(e)} \ \text{陽極}：2H_2O \longrightarrow O_2\uparrow + 4H^+ + 4e^- \qquad \cdots ⑤ \end{array}\right.$

ここで，②式の両辺を 2 倍して e^- の係数を 4 にそろえると，

陰極：$4H_2O + 4e^- \longrightarrow 2H_2\uparrow + 4OH^- \qquad\qquad \cdots ②'$

よって，②' 式より，e^- が 4 mol 流れたときに H_2 は 2 mol 発生する。一方，⑤式より，e^- が 4 mol 流れたときに O_2 は 1 mol しか発生しない。

以上より，発生する気体の体積が最も大きい電極は <u>(b)</u> であり，そのときに発生する H_2 の物質量〔mol〕は，②式より，

$$\underbrace{1.00 \times 10^{-2}\text{〔mol〕}}_{e^-} \times \underbrace{\dfrac{1}{2}}_{\text{係数比}} = 5.00 \times 10^{-3}\text{〔mol〕}$$

よって，気体の状態方程式より，27 ℃，$1.01 \times 10^5\,Pa$ における H_2 の体積 V〔L〕は，

$$PV = nRT \iff V = \frac{nRT}{P} = \frac{(5.00 \times 10^{-3}) \times (8.31 \times 10^3) \times (27 + 273)}{1.01 \times 10^5}$$

$$= 0.123\cdots \fallingdotseq \underline{1.2 \times 10^{-1}} \text{ [L]}$$

問4 質量が増加する極板は，**問1**の結果より，(d) と (f) である。

$\begin{cases} \text{(d)} \quad \text{陰極}: Ag^+ + e^- \longrightarrow Ag \quad \cdots ④ \\ \text{(f)} \quad \text{陰極}: Cu^{2+} + 2e^- \longrightarrow Cu \quad \cdots ⑥ \end{cases}$

ここで，⑥式に比べ④式のほうが少ない e^- の物質量で，よりモル質量の大きい金属（$Ag = 108.0 > Cu = 63.5$）が析出することがわかる。よって，最も質量が増える電極は (d) であり，そのときに析出する Ag の質量は，④式より，

$$\underbrace{1.00 \times 10^{-2} \text{ [mol]}}_{e^-} \times \underbrace{\overset{Ag\,[mol]}{\frac{1}{1}}}_{\text{係数比}} \times 108.0 \text{ [g/mol]} = 1.08 \fallingdotseq \underline{1.1} \text{ [g]}$$

問5 ［析出した Cu^{2+} について］ ⑥式から，「$1Cu^{2+} + 2e^- \longrightarrow Cu$」なので，析出した Cu^{2+} の物質量 [mol] は，

$$\underbrace{1.00 \times 10^{-2} \text{ [mol]}}_{e^-} \times \underbrace{\frac{1}{2}}_{\text{係数比}} = 5.00 \times 10^{-3} \text{ [mol]}$$

［電解液中に残っている Cu^{2+} について］ 与式 (1)，(2) より

$$\underset{\text{2mol}}{2Cu^{2+}} + 4I^- \longrightarrow 2CuI \downarrow + \underset{\text{1mol}}{1I_2} \qquad \underset{\text{1mol}}{1I_2} + \underset{\text{2mol}}{2Na_2S_2O_3} \longrightarrow 2NaI + Na_2S_4O_6$$

よって，電解液中に残っている Cu^{2+} の物質量を x [mol] と，滴定で用いた $Na_2S_2O_3$ の物質量の関係は次式のようになる。

$$Cu^{2+} \text{ [mol]} : Na_2S_2O_3 \text{ [mol]} = 2 : 2$$

$$\iff x \text{ [mol]} \times \underbrace{\frac{10.0 \text{[mL]}}{200 \text{[mL]}}}_{\text{採取による減少率}} : 0.100 \text{ [mol/L]} \times \frac{10.0}{1000} \text{ [L]} = 1 : 1$$

$$\therefore \quad x = 2.00 \times 10^{-2} \text{ [mol]}$$

以上より，電気分解前の電解槽 C で用いた水溶液中の銅（Ⅱ）イオン Cu^{2+} のモル濃度 [mol/L] は，

$$\frac{\overset{\text{析出した } Cu^{2+}}{5.00 \times 10^{-3}} + \overset{\text{残っている } Cu^{2+}}{2.00 \times 10^{-2}} \text{[mol]}}{\frac{200}{1000} \text{ [L]}} = 0.125 \fallingdotseq \underline{1.3 \times 10^{-1}} \text{ [mol/L]}$$

テーマ 34 光エネルギー

フレーム 34

◎光化学反応の2パターン

パターン1　分解（ハロゲン化銀の感光性）

[例]　$2AgCl \longrightarrow 2Ag + Cl_2$

パターン2　光合成

　植物が光エネルギーを吸収して，CO_2 と H_2O からデンプンなどの糖類を合成する反応。

$$6CO_2(気) + 6H_2O(液) \longrightarrow C_6H_{12}O_6(固) + 6O_2(気) \quad \Delta H = 2807 \text{ kJ}$$

◎光エネルギー E〔J/mol〕の算出

$$E \text{〔J/mol〕} = \frac{0.120\text{〔J·m/mol〕}}{光の波長\text{〔m〕}}$$

※この式は暗記する必要はない。

実践問題

	1回目	2回目	3回目

目標：12分　実施日：　／　　　／　　　／

　次の文章を読んで，問いに答えよ。

　太陽から地球には，可視光線だけではなく，紫外線と広い範囲の赤外線が降り注ぐ。紫外線は，人間を含む多くの生物にとって有害であるが，短波長の紫外線は大気中の酸素などによって吸収され，より長波長の紫外線も成層圏のオゾン層に含まれるオゾンによって吸収されるため，地表での紫外線量は宇宙空間と比較して大きく低下している。

　オゾンは，酸素分子が紫外線を吸収することによって生成する。酸素分子が光を吸収して酸素原子に解離し，この酸素原子が酸素分子と反応することによってオゾンが生じる。

　　$O_2 + 光エネルギー \longrightarrow 2O$　…（式1）

　　$O_2 + O \longrightarrow O_3$　　　　　　…（式2）

　式1のように，光の吸収によって引き起こされる化学反応を，　ア　反応という。水素と塩素の混合気体に光をあてると　イ　が生成する反応も　ア　反応であり，この場合は，塩素分子が塩素原子に解離することにより反応が始ま

る。

　成層圏のオゾンは，一般にフロンと総称される化学物質などの存在によって分解が促進される。例えば，化学物質を X とした時，成層圏では以下のような反応によってオゾン濃度の低下がもたらされる。

$$X + O_3 \longrightarrow XO + O_2 \quad \cdots （式3）$$
$$XO + O \longrightarrow X + O_2 \quad \cdots （式4）$$

ここで，式3によってオゾンが分解されるとともに，式4によってオゾン生成の鍵となる酸素原子も失われる。また，式3において反応の引き金になる X は，式4において再び生じる。このように，ある反応で使われる物質が別の反応で生成するために連続的に進行する反応を ［　ウ　］ 反応という。このため，X の量がわずかであっても，オゾン層の消失に影響をおよぼしうる。水素と塩素の混合気体に光をあてた際の反応も ［　ウ　］ 反応であり，この場合は，生成した塩素原子が水素分子と反応し，生成した水素原子が塩素分子と反応することにより塩素原子が再び生じる。

問1　文中の空欄 ［　ア　］ ～ ［　ウ　］ にあてはまる最も適当な語句を答えよ。

問2　光が関与する化学反応が身の回りの生活に応用されている例を1つ答えよ。ただし，商品名ではなく，一般名称で答えること。

問3　水素と塩素の混合気体に光をあてた際の反応は，実際には3段階の反応として考えることができる。本文中の記述から考えて，その3つの反応を化学反応式で表せ。

問4　オゾンは一酸化窒素と反応して，酸素と二酸化窒素になる際には，生じたエネルギーの一部は光として放出される。光のエネルギーは波長に応じて異なるが，1 mol の光子のエネルギー E は，$E〔J/mol〕= 0.120〔J \cdot m/mol〕÷$ 光の波長〔m〕として計算できる。反応物各1分子が反応して生じるエネルギーが，1個の光子として放出されるとした場合に，放出される光の波長を答えよ。なお，オゾンと一酸化窒素が反応する際には，オゾン 1 mol あたり 200 kJ のエネルギーを放出する。ただし，有効数字は3桁，単位は nm とせよ。

（2016 早稲田・教育 改）

解答

問1 ア　光化学　　イ　塩化水素　　ウ　連鎖

問2　写真フィルム　など

問3　Cl_2 ＋ 光エネルギー $\longrightarrow$ 2Cl

　　　　Cl ＋ $H_2 \longrightarrow HCl$ ＋ H

　　　　H ＋ $Cl_2 \longrightarrow HCl$ ＋ Cl

問4　6.00×10^2 nm

[解説]

問1 ウ，**問3**　この反応は以下のステップで連続的に繰り返し起こる。このような反応を連鎖反応という。

　Step1　塩素分子 Cl_2 が光を吸収すると塩素原子のラジカル Cl・ が生じる。

　　　Cl_2 ＋ 光エネルギー $\longrightarrow$ 2Cl・

　Step2　Step1 で生じた Cl・ が水素分子 H_2 にアタックし，塩化水素 HCl が生じるとともに水素原子のラジカル H・ が生じる。

　　　$Cl・$ ＋ $H_2 \longrightarrow HCl$ ＋ H・

　Step3　Step2 で生じた H・ が塩素分子 Cl_2 にアタックし，塩化水素 HCl が生じるとともに，再び塩素原子のラジカル Cl・ が生じる（ Step2 へ戻る）。

　　　$H・$ ＋ $Cl_2 \longrightarrow HCl$ ＋ Cl・

問4　放出される光の波長を λ〔m〕とおくと，題意より，

　　　$E = 0.120 \div \lambda$

$\Leftrightarrow$　$\lambda = \dfrac{0.120}{E} = \dfrac{0.120〔\text{J·m/mol}〕}{200 \times 10^3〔\text{J/mol}〕} = 6.00 \times 10^{-7}〔\text{m}〕 = \underline{6.00 \times 10^2}〔\text{nm}〕$

熱エネルギー①
（比熱・反応エンタルピー）

フレーム 35

◎熱量の算出

熱量 Q〔J〕＝比熱〔J/(g·℃)〕×質量〔g〕×温度変化〔℃〕

◎ヘスの法則（総熱量保存の法則）とは

物質が変化するときに出入りする熱量は，反応前のエンタルピーと反応後のエンタルピーで決まり，反応の経路や方法には無関係である。

与えられたエンタルピー変化（反応エンタルピー）を用いて，ヘスの法則を利用することで，実験で直接測定が難しい反応エンタルピーを間接的に求めることができる。

与えられた物質の反応エンタルピーが，生成エンタルピーまたは燃焼エンタルピーで統一されている場合，以下の公式に代入することにより，目的の反応エンタルピーΔH〔kJ〕を求めることができる。

パターン1　燃焼エンタルピーの利用

$\Delta H =$（左辺物質の燃焼エンタルピーの総和）

－（右辺物質の燃焼エンタルピーの総和）

※完全燃焼した後にできる物質（CO_2 や H_2O（液）など）の燃焼エンタルピーは 0 kJ/mol とする。

パターン2　生成エンタルピーの利用

$\Delta H =$（右辺物質の生成エンタルピーの総和）

－（左辺物質の生成エンタルピーの総和）

※安定な単体の生成エンタルピーは 0 kJ/mol とする。

［Ⅰ］　次の文を読み，問に答えよ（**問1〜問6**）。必要があれば次の原子量を用
いよ。　　H = 1.0, O = 16

図は，1.013×10^5 Pa のもとで -50 ℃ の氷を一様に加熱したときの温度変
化を示す。ただし，水の融解エンタルピーを 6.0 kJ/mol，水の蒸発エンタルピー
を 41 kJ/mol，水の比熱を 4.2 J/(g·℃)，氷の比熱を 2.1 J/(g·℃) とする。

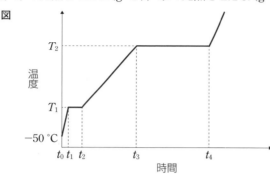

図

問1　図中の T_1 および T_2 の温度はそれぞれ何と呼ばれているか答えよ。

問2　$t_1 \sim t_2$ および $t_3 \sim t_4$ では温度は一定に保たれている。この理由を説明せよ。

問3　$t_0 \sim t_1$ に比べて，$t_2 \sim t_3$ までの温度上昇が遅い理由を比熱という語句を
使用して説明せよ。

問4　縦軸をエンタルピー，横軸を温度として図を書き直すと，どのようなグラ
フとなるか。図および各エンタルピー変化，比熱などを参考にその概略図を書
け。なお，その概略図には T_1 および T_2 の数値も記入せよ。

問5　-50 ℃の氷 18 g を加熱して，-10 ℃の氷にするには，何 J の熱量が
必要か求めよ。

問6　-50 ℃の氷 18 g を加熱して，すべて 100 ℃の水蒸気にするには，何
kJ の熱量が必要か求めよ。

（2014 宮城 改）

［Ⅱ］　次の文章を読み，以下の問いに答えよ。

化学反応は熱の発生や吸収をともなう。熱が発生する化学反応を発熱反応，熱
を吸収する化学反応を吸熱反応という。反応物のエンタルピーの総和が生成物の
エンタルピーの総和よりも 　(あ) 　場合は発熱反応となり，反応物のエンタルピー

理論化学編　第7章　エネルギー②（光・熱）

の総和が生成物のエンタルピーの総和よりも　(い)　場合は吸熱反応となる。反応エンタルピーは温度や圧力で変わるので，25℃，1.013 × 10^5 Pa で反応を行ったときのエンタルピー変化で表す。たとえば，水素と酸素から 1 mol の液体の水が生成する場合 286 kJ の熱が発生し，逆に 1 mol の液体の水を水素と酸素に分解するには 286 kJ の熱が必要である。エンタルピー変化を書き加えた化学反応式において，気体は(g)，液体は(l)，固体は(s)で表す。1 mol の化合物がその成分元素の単体から生成するときの反応エンタルピーを生成エンタルピーという。たとえば，Fe_2O_3(s)の生成エンタルピーは−824 kJ/mol，Fe_3O_4(s)の生成エンタルピーは−1118 kJ/molである。反応エンタルピーは反応の　(う)　にはよらず，反応の最初と最後の　(え)　で決まる。これはヘスの法則として知られている。

問1　文章中の空欄　(あ)　〜　(え)　に適切な語句を記入せよ。

問2　Fe_2O_3(s) および Fe_3O_4(s) が 1 mol 生成する場合の各々のエンタルピー変化を書き加えた化学反応式を記せ。

（2005 静岡 改）

[Ⅲ]　次の文章は，液化石油ガスの主成分であるプロパン C_3H_8 と，近年，化石燃料にとって代わる燃料としても注目されているエタノール C_2H_5OH の燃焼に関して述べたものである。以下の各問に答えよ。単位も記すこと。数値による解答は，有効数字 3 桁とせよ。

プロパン（気体）およびエタノール（液体）を完全燃焼させると，酸素 1.00 mol あたり，それぞれ 444 kJ および 456 kJ の熱を発生し，二酸化炭素（気体）と水（液体）が生成する。また，二酸化炭素（気体）と水（液体）の生成エンタルピーは，それぞれ−394 kJ と−286 kJ である。

問1　プロパン（気体）の完全燃焼を，燃焼エンタルピーを書き加えた化学反応式で記せ。

問2　プロパン（気体）およびエタノール（液体）について，1.00 mol の二酸化炭素（気体）が生成するときに発生する熱量を比べたとき，どちらが何 kJ大きいかを求めよ。

問3　プロパン（気体）の生成エンタルピーを求めよ。

問4　エタノール（液体）の蒸発エンタルピーを 42.0 kJ/mol とするとき，エタノール（気体）の生成エンタルピーを求めよ。

（2009 名古屋市立・薬 改）

解答

[Ⅰ] **問1** T_1…融点　　T_2…沸点

問2 $t_1 \sim t_2$：融解中に加えた熱量は固体の結晶配列を崩すために使われるため。

$t_3 \sim t_4$：沸騰中に加えた熱量は液体の粒子間にはたらく引力を切断するために使われるため。

問3 固体の比熱よりも液体の比熱のほうが大きく，同じ熱量を加えても液体のほうが固体よりも温度上昇が小さくなってしまうため。

問4

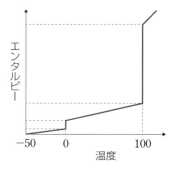

問5 1.5×10^3 J　　**問6** 5.6×10 kJ

[Ⅱ] **問1** (あ) 大きい　　(い) 小さい　　(う) 経路　　(え) 状態

問2 $Fe_2O_3(s)$：$2Fe(s) + \dfrac{3}{2}O_2(g) \longrightarrow Fe_2O_3(s)$　$\Delta H = -824$ kJ

$Fe_3O_4(s)$：$3Fe(s) + 2O_2(g) \longrightarrow Fe_3O_4(s)$　$\Delta H = -1118$ kJ

[Ⅲ] **問1** $C_3H_8(気体) + 5O_2(気体) \longrightarrow 3CO_2(気体) + 4H_2O(液体)$

$\Delta H = -2220$ kJ

問2 プロパンが 56 kJ 大きい。　　**問3** 106 kJ/mol

問4 236 kJ/mol

[解説]

[Ⅰ] **問1, 2** T_1：固体を加熱していくと温度が上がるが，ある温度になると，固体から液体への融解が起こる。このときの温度を融点といい，融解中に加えた熱量は固体の結晶配列を崩すために使われるため，融解中に温度上昇は起こらない。T_2：融解後，さらに温度を上げていくと液体の沸騰が起こる。このときの温度を沸点といい，沸騰中に加えた熱量は液体の粒子間にはたらく引力を切断するために使われるため，沸騰中も温度上昇は起こらない。

問4 $-50\,℃$からT_1（融点）までに変化していくエンタルピーの上昇率は氷の比熱（$2.1\,\mathrm{J/(g\cdot℃)}$）に対応し，$T_1$（融点）から$T_2$（沸点）までに変化していくエンタルピーの上昇率は水の比熱（$4.2\,\mathrm{J/(g\cdot℃)}$）に対応する。また，$T_1$（融点）で変化していくエンタルピーの上昇分は氷の融解エンタルピー（$6.0\,\mathrm{kJ/mol}$）に対応し，T_2（沸点）で変化していくエンタルピーの上昇分は水の蒸発エンタルピー（$41\,\mathrm{kJ/mol}$）に対応している（**問6**の解説を参照のこと）。

問5 $-50\,℃$の氷$18\,\mathrm{g}$を$-10\,℃$の氷にするために必要な熱量〔J〕は，氷の比熱より，

$2.1\,\mathrm{[J/(g\cdot℃)]}\times18\,\mathrm{[g]}\times|-10-(-50)|\,\mathrm{[℃]}=1.51\cdots\times10^3\fallingdotseq\underline{1.5\times10^3}\,\mathrm{[J]}$

問6 各段階で必要な熱量〔kJ〕は以下のように求められる。

氷の温度上昇：$2.1\times10^{-3}\,\mathrm{[kJ/(g\cdot℃)]}\times18\,\mathrm{[g]}\times|0-(-50)|\,\mathrm{[℃]}=1.89\,\mathrm{[kJ]}$

氷の融解：$6.0\,\mathrm{[kJ/mol]}\times\dfrac{18}{18}\,\mathrm{[mol]}=6.0\,\mathrm{[kJ]}$

水の温度上昇：$4.2\times10^{-3}\,\mathrm{[kJ/(g\cdot℃)]}\times18\,\mathrm{[g]}\times(100-0)\,\mathrm{[℃]}=7.56\,\mathrm{[kJ]}$

水の沸騰（蒸発）：$41\,\mathrm{[kJ/mol]}\times\dfrac{18}{18}\,\mathrm{[mol]}=41\,\mathrm{[kJ]}$

よって，熱量の総和は，

$1.89+6.0+7.56+41$

$=56.45\fallingdotseq\underline{5.6\times10}\,\mathrm{[kJ]}$

なお，**問4**のグラフは右のようになる。

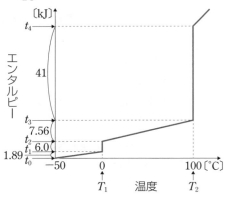

[Ⅱ] 問1 （あ） 発熱反応では，反応物がエネルギーを放出するため，生成物のエンタルピーは小さくなる。言い換えると，反応物のエンタルピーの総和が生成物のエンタルピーの総和よりも大きい場合は発熱反応となる。

なお，エンタルピーの図において，発熱反応では，左辺の物質（反応物）はエンタルピーの総和が大きいため上に，右辺の物質（生成物）はエンタルピーの総和が小さいため下にかく。

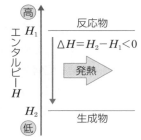

（い）　吸熱反応では，反応物がエネルギーを吸収するため，生成物のエンタルピーは大きくなる。言い換えると，反応物のエンタルピーの総和が生成物のエンタルピーの総和よりも<u>小さい</u>場合は吸熱反応となる。なお，エンタルピーの図において，吸熱反応では，左辺の物質（反応物）はエンタルピーの総和が小さいため下に，右辺の物質（生成物）はエンタルピーの総和が大きいため上にかく。

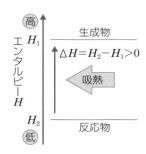

問2　生成エンタルピーとは，化合物 1 mol がその成分元素の単体から生じるときのエンタルピー変化である。そのため，構成元素の単体である $Fe(s)$ と $O_2(g)$ を左辺に書き，右辺には生成物である $Fe_2O_3(s)$ または $Fe_3O_4(s)$ の係数を必ず「1」にして書く。

[Ⅲ]　**問1, 2**　プロパン C_3H_8（気体）とエタノール C_2H_5OH（液体）の燃焼エンタルピー ΔH をそれぞれ x_1〔kJ/mol〕，x_2〔kJ/mol〕とおくと，ΔH を書き加えた各燃焼反応の化学反応式は次式で表される。

$$\begin{cases} C_3H_8(気体) + 5O_2(気体) \longrightarrow 3CO_2(気体) + 4H_2O(液体) & \Delta H = x_1〔kJ〕 \\ C_2H_5OH(液体) + 3O_2(気体) \longrightarrow 2CO_2(気体) + 3H_2O(液体) & \Delta H = x_2〔kJ〕 \end{cases}$$

ここで，O_2 1.00 mol あたりの発熱量がそれぞれ 444 kJ，456 kJ なので，

$$\begin{cases} x_1 = -444 \times 5 = -2220 〔kJ/mol〕 \\ x_2 = -456 \times 3 = -1368 〔kJ/mol〕 \end{cases}$$

よって，各物質の燃焼反応の ΔH を書き加えた化学反応式は次式で表される。

$$\begin{cases} C_3H_8(気体) + 5O_2(気体) \longrightarrow 3CO_2(気体) + 4H_2O(液体) & \Delta H = -2220 \text{ kJ} \\ C_2H_5OH(液体) + 3O_2(気体) \longrightarrow 2CO_2(気体) + 3H_2O(液体) & \Delta H = -1368 \text{ kJ} \end{cases}$$

また，CO_2 1.00 mol が生成するときの各発熱量〔kJ〕は，

$$\begin{cases} C_3H_8 : 2220〔kJ〕 \times \dfrac{1}{3} = 740 〔kJ〕 \\ C_2H_5OH : 1368〔kJ〕 \times \dfrac{1}{2} = 684 〔kJ〕 \end{cases}$$

以上より，C_3H_8 の発熱量のほうが，$740 - 684 = \underline{56}$〔kJ〕大きい。

問3　P.182 の燃焼エンタルピーを用いた公式を適用する。

Step1　C_3H_8（気体）の生成エンタルピー ΔH を x_3〔kJ/mol〕とおくと，C_3H_8（気体）の生成反応の ΔH を書き加えた化学反応式は次式で表される。

$$3C(固体) + 4H_2(気体) \longrightarrow C_3H_8(気体) \quad \Delta H = x_3〔kJ〕$$

（反応エンタルピー）＝（左辺物質の燃焼エンタルピーの総和）

＝（右辺物質の燃焼エンタルピーの総和）より，

$x_3 = \{(-394) \times 3 + (-286) \times 4\} - (-2220) = \underline{-106}$ 〔kJ/mol〕

問4 C_2H_5OH（気体）の生成エンタルピーを x_4〔kJ/mol〕とおくと，C_2H_5OH（気体）の生成反応の ΔH を書き加えた化学反応式は以下のようになる。

$$2C（固体）+ 3H_2（気体）+ \frac{1}{2}O_2（気体）\longrightarrow C_2H_5OH（気体）\quad \Delta H = x_4〔kJ〕$$

C_2H_5OH（液体）$+ 3O_2$（気体）$\longrightarrow 2CO_2$（気体）$+ 3H_2O$（液体）

$$\Delta H = -1368kJ \cdots ①$$

C （固体）$+ O_2$ （気体）$\longrightarrow CO_2$ （気体）$\quad \Delta H = -394kJ \quad \cdots ②$

H_2 （気体）$+ \frac{1}{2}O_2$ （気体）$\longrightarrow H_2O$ （液体）$\quad \Delta H = -286kJ \quad \cdots ③$

C_2H_5OH （液体）$\longrightarrow C_2H_5OH$ （気体）$\quad \Delta H = 42.0kJ \quad \cdots ④$

ここで，公式を用いるためには C_2H_5OH（気体）の燃焼エンタルピーが必要となる。そのため，まず，①式と④式を用いて，C_2H_5OH（気体）の燃焼エンタルピー x_5〔kJ/mol〕を以下のエンタルピーの図から求める（詳しくは，p193の解法を参照）。

右図より，

$x_5 = -1368 - 42.0$

$= -1410$〔kJ/mol〕

よって，C_2H_5OH（気体）の燃焼反応は次式で表される。

$$C_2H_5OH（気体）+ 3O_2（気体）\longrightarrow 2CO_2（気体）+ 3H_2O（液体）$$

$$\Delta H = -1410\,kJ$$

よって，生成エンタルピーを用いた公式を C_2H_5OH（気体）の燃焼反応の化学方程式（上式）に適用すると，

（反応エンタルピー）＝（右辺物質の生成エンタルピーの総和）

＝（左辺物質の生成エンタルピーの総和）より，

$-1410 = \{-394 \times 2 + (-286 \times 3)\} - (x_4 + 0 \times 3)$

$\therefore \quad x_4 = \underline{-236}$〔kJ/mol〕

熱エネルギー②
（測定実験）

フレーム36

◎中和エンタルピーの測定実験

　濃硫酸や水酸化ナトリウム(固)を中和させる場合に発生する熱には，濃硫酸や水酸化ナトリウム(固)の溶解エンタルピーなどの反応エンタルピーも含まれる。

　中和エンタルピー〔kJ/mol〕を求めたい場合は，ヘスの法則（⇨ **P.182**）**を用いる。**

◎反応エンタルピーと比熱のコンボ

　反応エンタルピーと比熱に関する計算式を，熱量〔J〕を媒介に組合せ，反応エンタルピーΔH〔kJ/mol〕や反応物質の物質量 n〔mol〕，さらには，温度変化Δt〔K〕などを求めることができる。

《計算手順》

Step1　実験データなどを次式に代入し，熱量を求める（Δt〔K〕が未知数になることが多い）。

　　熱量〔J〕＝比熱〔J/(g・K)〕×質量〔g〕×温度変化Δt〔K〕

Step2　実験データなどを次式に代入し，熱量を求める（ΔH〔kJ/mol〕あるいは n〔mol〕が未知数になる）。

　　熱量〔kJ〕＝｜反応エンタルピー｜ΔH〔kJ/mol〕×物質量 n〔mol〕

Step3　特に断りがない限りは，熱量の出入りは必ず等しくなるため（＝熱伝導効率が100 %），熱量を介して方程式を作成し，未知数を求める。

実践問題　　　　　　　　　　　　　　　　　　　1回目　2回目　3回目

　　　　　　　　　　目標：15分　実施日：　／　　　／　　　／

　(a)すばやくはかり取った水酸化ナトリウム 2.00 g を，図1の器具を用いてガラス棒でかき混ぜながら，水 50.0 cm³ に溶かした。そのときの水溶液の温度変化が，図2に示されている。室温は，実験中一定であった。また，水の比熱は4.20 J/(g・K)，水の密度は1.00 g/cm³ とし，用いたガラス器具の比熱は無視できるものとする。以下の**問1～6**に答えよ。原子量：H = 1.0，O = 16.0，Na = 23.0

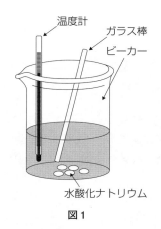

図1

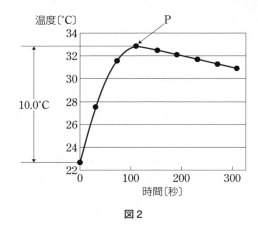

図2

問1 溶液の最高温度（図2中の点P）から求めた溶解による温度上昇は，10.0℃であった。このときの発熱量〔kJ〕を求めよ。なお，発熱量は，有効数字2けたで答えよ。また，この水酸化ナトリウム水溶液の比熱は 4.20 J/（g・K）としてよい。

問2 問1で求めた発熱量〔kJ〕より，水酸化ナトリウムの溶解エンタルピー〔kJ/mol〕を有効数字2けたで答えよ。

問3 問2で求めた溶解エンタルピーの大きさ（絶対値）は，正しい値より小さかった。その理由を図2のグラフを参考にして答えよ。

問4 水酸化ナトリウムの質量の測定は，下線部（a）にあるようにすばやく行わなければならない。その原因となる水酸化ナトリウムの性質を書け。

問5 もし水酸化ナトリウムの質量の測定をすばやく行わなかったとき，実験により得られる溶解エンタルピーの大きさ（絶対値）は，問2の値より小さくなるかそれとも大きくなるか，理由とともに答えよ。

問6 〔実験Ⅰ〕 問1で得られた水酸化ナトリウム水溶液の温度が一定になった後，同じ温度の 1.00 mol/L の硫酸 50.0 mL を加えて中和エンタルピーを求めた。

〔実験Ⅱ〕 実験Ⅰの硫酸の代わりに 1.00 mol/L の塩酸 50.0 mL を用いて，同様に中和エンタルピーを求めた。

　実験Ⅰと実験Ⅱで得られた中和エンタルピーは，ほとんど同じであった。その理由を説明せよ。

（2005 大阪教育 改）

解答

問1　2.2 kJ　　**問2**　-4.4×10 kJ/mol

問3　図2のグラフにおいて，本来読み取るべき温度は，実際に読み取ったピーク時の値よりも高い値となる。そのため，実際に読み取った10.0 ℃で溶解エンタルピーの大きさを求めると，正しい溶解エンタルピーの大きさよりも小さい値となってしまう。

問4　水酸化ナトリウムは潮解性があり，空気中の水分を吸収してしまう。また，塩基性の物質でもあるため，空気中の二酸化炭素と中和反応してしまう。

問5　小さくなる。なぜなら，量り取る2.00 g中に含まれる純粋な水酸化ナトリウムの質量が小さくなるため。

問6　実験で用いた硫酸と塩酸はともに希薄な強酸であり，反応する水酸化ナトリウムの量は一定値である。よって，中和反応により生じる水の量も実験1と実験2で同じ値となるため。

[解説]

問1　水の密度は1.00 g/cm^{3}なので，このときの質量は，

　　1.00〔g/cm^3〕$\times 50.0$〔cm^3〕$= 50.0$〔g〕

　また，題意より，温度変化分は10.0 ℃ = 10.0 Kなので（1 ℃と1 Kは温度としては273の差があるが，1 ℃変化することと1 K変化することは，変化量としては等しい），このときの熱量〔kJ〕は，

$$\text{熱量〔J〕} = 4.20 \underset{}{\text{〔J/(g·K)〕}} \times \underset{\text{H}_2\text{O}\quad\text{NaOH}}{(50.0 + 2.00)\text{〔g〕}} \times 10.0 \text{〔K〕}$$

$$= 2184 \text{〔J〕} \fallingdotseq \underline{2.2} \text{〔kJ〕}$$

問2　NaOH（$= 40.0$）の溶解エンタルピーをx〔kJ/mol〕（発熱のため$x < 0$）とおくと，**問1**の結果より，

　　熱量〔kJ〕= ｜反応エンタルピー｜$-x$〔kJ/mol〕$\times$ NaOHの物質量n〔mol〕

$\Leftrightarrow$　2.184〔kJ〕$= -x$〔kJ/mol〕$\times \dfrac{2.00}{40.0}$〔mol〕

　　$\therefore$　$x = -43.68 \fallingdotseq \underline{-4.4 \times 10}$〔kJ/mol〕

問3 図2のグラフにおいて，本来読み取るべき温度は，実際に読み取ったピーク時の値ではなく，温度上昇時に逃げた熱量を外挿により補正する必要がある（右図）。

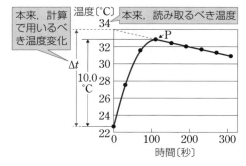

つまり，補正することで，実際に読み取った温度変化（10.0℃）よりも，大きい値（Δt〔℃〕）で発熱量の算出を行う必要がある。そのため，10.0℃を用いて算出した溶解エンタルピーの大きさ（xの絶対値）は，正しい値よりも小さくなってしまう。

問4 水酸化ナトリウム NaOH には潮解性があり，空気中に存在するわずかな水分（水蒸気）と反応してまう。

さらに，NaOH は強塩基性の物質でもあるため，空気中に存在する（酸性酸化物である）二酸化炭素 CO_2 と反応し，表面に炭酸ナトリウム Na_2CO_3 が生じる。

問5 この実験では，溶解エンタルピー x〔kJ/mol〕は次式で求められる。

$$2.184\,〔\text{kJ}〕 = -x\,〔\text{kJ/mol}〕 \times \frac{2.00〔\text{g}〕}{40.0〔\text{g/mol}〕}$$

↑一定値

← これを一定として x が算出される。

NaOH（固）の質量測定をすばやく行わなかった場合，量り取るべき質量（今回の場合は 2.00 g）中に H_2O や Na_2CO_3 の質量も含まれ，純粋な NaOH の含有率が下がってしまう。つまり，質量測定をすばやく行わなかったとき 2.00 g を量り取ってきても上式の発熱量の値が小さくなるため，溶解エンタルピー x〔kJ/mol〕の大きさ（絶対値）は，**問2**で求めた値よりも小さな値で算出されてしまう。

問6 **中和エンタルピー**は，本来，次式で表されるように，水溶液中で酸が放出した H^+ と塩基が放出した OH^- が**中和して液体の水** H_2O **1 mol が生じる**ときに**発生**する反応エンタルピー〔kJ/mol〕である。

$$H^+\text{aq} + OH^-\text{aq} \longrightarrow 1H_2O\,（液） \quad \Delta H = -56.5\text{kJ}$$

そのため，硫酸を用いても塩酸を用いても，（ともに 1.00 mol/L と希薄な強酸で）上式の反応が起こることに変わりはなく，反応する NaOH の物質量〔mol〕は一定値であるから，生じる H_2O（液）の物質量〔mol〕も等しい値となる。つまり，そこから算出される中和エンタルピーもほとんど同じ値となる。

37 熱エネルギー③
（エネルギー図）

フレーム 37

◎エネルギー図

　一般に，バラけている状態のほうがエンタルピーは大きいため，エネルギー図ではバラけた状態は上に記す（次図）。

パターン1 潜熱　　　　　　パターン2 結合エンタルピー　　パターン3 イオン化エネルギー
&電子親和力

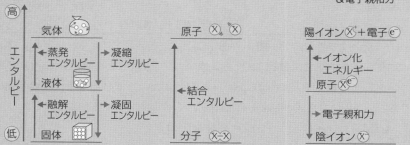

◎溶解エンタルピーの正負の決定（水和エンタルピーと溶解エンタルピーの関係）

　溶解反応の吸熱・発熱，つまり溶解エンタルピー x_3 の正負は，次図のように格子エンタルピーを x_1〔kJ/mol〕，水和エンタルピーを $-x_2$〔kJ/mol〕とおくと（$x_1 > 0$, $x_2 > 0$），x_1 と x_2 の大小で決まる。

パターン1 溶解反応が吸熱　　　　　　パターン2 溶解反応が発熱

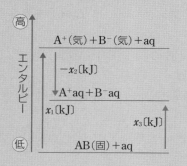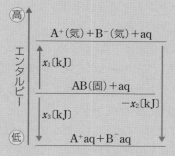

パターン1　$x_1 > x_2$ ⇨ 溶解エンタルピーは $x_1 - x_2 > 0$ （吸熱）
パターン2　$x_2 > x_1$ ⇨ 溶解エンタルピーは $x_1 - x_2 < 0$ （発熱）

実践問題　　　　　　　　　　　　　　　　　　　1回目　2回目　3回目

目標：25 分　実施日：　　／　　　　／　　　　／

[I]　次の文章を読んで, **問 1 ～ 6** に答えよ。

25 ℃, 1.013×10^5 Pa における気体のエタン C_2H_6 とプロパン C_3H_8 の生成エンタルピーはそれぞれ $x_f(C_2H_6) = -84$ [kJ/mol], $x_f(C_3H_8) = 105$ [kJ/mol] である。さらに, 次式が与えられている。

　　　C(黒鉛) ⟶ C(気)　$\Delta H = x$(昇華) [kJ]

　　　H_2(気) ⟶ 2H(気)　$\Delta H = x$(H-H) [kJ]

ここで, x (昇華) は炭素の昇華エンタルピーで x (昇華) = 717 [kJ/mol], x (H-H) は水素分子の H-H 結合の結合エンタルピーで x (H-H) = 436 [kJ/mol] とする。また, エタンやプロパンにおける C-C 結合の結合エンタルピーを x (C-C) [kJ/mol], C-H 結合の結合エンタルピーを x (C-H) [kJ/mol] とし, それらは化合物によらず一定とする。

問 1　エタンの生成を表す化学反応式を, 反応エンタルピー x_f (C_2H_6) を書き加えた形で表せ。

問 2　次の化学反応式の反応エンタルピー x を x(C-C) と x(C-H) を用いて表せ。

　　C_2H_6 (気) ⟶ 2C (気) + 6H (気)　$\Delta H = x$ [kJ]

問 3　エタンの生成エンタルピー x_f (C_2H_6) を x (昇華), x (H-H), x (C-C), x (C-H) を用いて表せ。

問 4　プロパンの生成エンタルピー x_f(C_3H_8) を x (昇華), x(H-H), x(C-C), x(C-H) を用いて表せ。

問 5　x (C-C) および x (C-H) の値を求めよ。

問 6　**問 5** で得られた x (C-C) および x (C-H) の値を用いて, ブタン C_4H_{10} (気) の生成エンタルピーを求めよ。

(2011 神戸 改)

［Ⅱ］　イオン結晶に関するつぎの問に答えよ。

　KCl 結晶を気体状の陽イオン K^+ と陰イオン Cl^- にする反応は，次の化学反応式で表される吸熱反応である。

　　KCl（固）$\longrightarrow K^+$（気）$+ Cl^-$（気）　$\Delta H = x$〔kJ〕

　x はいくらか。解答は有効数字 3 桁目を四捨五入して，下の形式により示せ。

　ただし，KCl（固）の生成反応と K（固）の昇華は，それぞれ次の化学反応式で与えられる。

$$\begin{cases} K\,（固）+ \dfrac{1}{2}\,Cl_2\,（気）\longrightarrow KCl\,（固）\quad \Delta H = -437\ kJ \\[2mm] K\,（固）\longrightarrow K\,（気）\quad \Delta H = 89\ kJ \end{cases}$$

　また，Cl_2（気）の結合エンタルピーは $240\ kJ/mol$，K（気）のイオン化エネルギーは $419\ kJ/mol$，Cl（気）の電子親和力は $349\ kJ/mol$ である。

　　$x = \boxed{}.\boxed{} \times 10^2 kJ$

（2007 東京工業 改）

［Ⅲ］　次の文章を読んで，**設問 (1) 〜 (3)** に答えよ。

　塩化ナトリウムの結晶は，ナトリウムイオン Na^+ と塩化物イオン Cl^- で構成されている。この結晶はイオン間の強い結合によって高い融点を示すが，水には溶けやすい。水中では，例えば Na^+ のまわりには，水分子内で　（ア）　の電荷をいくらか帯びた　（イ）　原子が引きつけられる。このようにイオンと極性をもつ水との間に引力がはたらき，イオンが水分子に囲まれる。この現象を　（ウ）　といい，これによってイオンが溶液中に拡散する現象が溶解である。

　塩化ナトリウム結晶が水に溶解する際の熱の出入りを考えてみよう。塩化ナトリウム結晶を気体状態の Na 原子および Cl 原子とするのに必要なエネルギーは $624\ kJ/mol$ である。また，気体状態の Na 原子を Na^+ に，Cl 原子を Cl^- にイオン化するときの熱量変化は，それぞれ Na 原子のイオン化エ

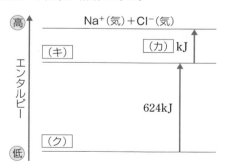

ネルギー $496\ kJ/mol$ および Cl 原子の電子親和力 $349\ kJ/mol$ が対応する。以上のデータから右上の図を描くことができる。一方で気体状態のイオンが多量の

水に溶解したときに発生する熱量は，Na^+では $406\ kJ/mol$，Cl^-では $361\ kJ/mol$ である。したがって $\boxed{\text{（エ）}}$ の法則を用いると塩化ナトリウム結晶が水に溶解する際の溶解エンタルピーは $\boxed{\text{（オ）}}$ kJ/mol と計算できる。

設問 (1)：（ア）～（エ）に該当する語を記せ。

設問 (2)：図中の（カ）に入る適切な数値，および（キ）と（ク）の状態を表す適切な化学式または式を記して，エネルギー図を完成させよ。なお，化学式ではその物質の状態を $Al^{3+}aq$ や H_2O（気）のように記せ。

設問 (3)：（オ）に入る適切な数値を記せ。また塩化ナトリウム結晶の水への溶解を，エンタルピー変化を書き加えた化学反応式で表せ。

（2011 名古屋 改）

解答

[I]**問 1**　2C（黒鉛）+ 3H_2（気）$\longrightarrow$ C_2H_6（気）　$\Delta H = x_f$ （C_2H_6）〔kJ〕

　　問 2　$x = x$（C-C）+ 6x（C-H）

　　問 3　x_f（C_2H_6）= x（C-C）+ 6x（C-H）$- 2x$（昇華）$- 3x$（H-H）

　　問 4　x_f（C_3H_8）= $2x$（C-C）+ 8x（C-H）$- 3x$（昇華）$- 4x$（H-H）

　　問 5　x（C-C）：348 kJ/mol　　x（C-H）：413 kJ/mol

　　問 6　$-126\ kJ/mol$

[II]　$7.2 \times 10^2\ kJ$

[III]**設問(1)**（ア）　負　　　　　　　　（イ）　酸素

　　　　　　　　（ウ）　水和　　　　　　（エ）　ヘス（または，総熱量保存）

　　　　設問(2)（カ）　147　　　　　　　（キ）　Na（気）+ Cl（気）

　　　　　　　　（ク）　NaCl（固）（エネルギー図は解説参照）

　　　　設問(3)　数値…4　式：NaCl(固) + aq $\longrightarrow$ Na^+aq + Cl^-aq　$\Delta H = 4\ kJ$

[解説]

[I]　**問 1～3**　結合エンタルピーが与えられたり求めたりする場合は，エネルギー図を用いるとヘスの法則を用いた立式が容易になることが多い。これを以下の手順で行う。

[Step1]　求めたい反応エンタルピーを書き加えた化学反応式をつくる（または求めたい結合エンタルピーの結合を含む物質が関係する反応エンタルピーを問題文からピックアップする）。本問ではエタン C_2H_6（気）の生成エンタルピーが

$x_f(C_2H_6) = -84$〔kJ/mol〕であるため，C_2H_6（気体）の生成反応を表す化学反応式は次式で表される。

$$2C（黒鉛） + 3H_2（気） \longrightarrow C_2H_6（気） \quad \Delta H = -84〔kJ〕$$

Step2 **Step1** の式，または問題で与えられた反応エンタルピーがある場合には，それを，構造式と併せてエネルギー図にかき込む（発熱・吸熱が判断できない場合は発熱と仮定する）。今回は $x_f = -84$〔kJ/mol〕なので発熱反応である。

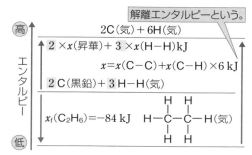

Step3 **Step2** でかき込んだ分子や化合物を，結合エンタルピーを用いてバラバラの原子状態にする。このとき，原子状態は不安定で，そのエンタルピーは分子や化合物より高いため上に記す。C（黒鉛）の昇華は，固体からバラバラの気体原子になるので吸熱反応である。与えられた結合エンタルピーを用いると，上図のようなエネルギー図を作成できる。

Step4 作成したエネルギー図から求めたいエンタルピーを含む一次方程式を，ヘスの法則を用いて立てて，それを解く。本問では，上のエネルギー図より次式が成り立つ。

$$(2x（昇華） + 3x(H\text{-}H)) = x_f(C_2H_6) + x(C\text{-}C) + 6x(C\text{-}H)$$
$$\Leftrightarrow \quad \underline{x_f(C_2H_6) = -x(C\text{-}C) - 6x(C\text{-}H) + 2x（昇華） + 3x(H\text{-}H)}$$
$$\Leftrightarrow \quad -84 = -x(C\text{-}C) - 6x(C\text{-}H) + 2 \times 717 + 3 \times 436$$
$$x(C\text{-}C) + 6x(C\text{-}H) = 2826 \quad \cdots ①$$

問4, 5 同様にして，プロパン C_3H_8（気）の生成エンタルピーを $x_f(C_3H_8)$ としたときに，生成エンタルピーを含んだエネルギー図は右図のようになる。

右図より，ヘスの法則から次式が成り立つ。

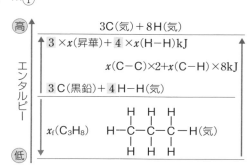

理論化学編 第7章 エネルギー②（光・熱）

197

$$(3x(昇華) + 4x(\text{H-H})) = x_f(\text{C}_3\text{H}_8) + 2x(\text{C-C}) + 8x(\text{C-H})$$

$$\Leftrightarrow \quad {}_{問4}\, x_f(\text{C}_3\text{H}_8) = -2x(\text{C-C}) - 8x(\text{C-H}) + 3x(昇華) + 4x(\text{H-H})$$

$$\Leftrightarrow \quad -105 = -2x(\text{C-C}) - 8x(\text{C-H}) + 3 \times 717 + 4 \times 436$$

$$\Leftrightarrow \quad 2x(\text{C-C}) + 8x(\text{C-H}) = 4000 \quad \cdots ②$$

よって，①，②式より，
$$\begin{cases} x(\text{C-C}) = {}_{問5}\,348 \ [\text{kJ/mol}] \\ x(\text{C-H}) = {}_{問5}\,413 \ [\text{kJ/mol}] \end{cases}$$

問6 同様にして，ブタン C_4H_{10}（気）の生成エンタルピーを $x_f(\text{C}_4\text{H}_{10})$ としたときに，生成エンタルピーを含んだエネルギー図は右図のようになる。なお，ブタン C_4H_{10}（気）の生成反応を発熱反応（$x_f(\text{C}_4\text{H}_{10}) < 0$）と仮定している。

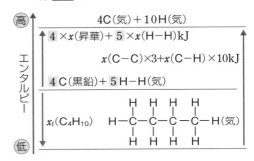

上図より，ヘスの法則から次式が成り立つ。

$$(4x(昇華) + 5x(\text{H-H})) = x_f(\text{C}_4\text{H}_{10}) + 3x(\text{C-C}) + 10x(\text{C-H})$$

$$\Leftrightarrow \quad x_f(\text{C}_4\text{H}_{10}) = -3x(\text{C-C}) - 10x(\text{C-H}) + 4x(昇華) + 5x(\text{H-H})$$

$$= -3 \times 348 - 10 \times 413 + 4 \times 717 + 5 \times 436$$

$$= -126 \ [\text{kJ/mol}]$$

[Ⅱ] KCl（固）の格子エンタルピーを $\Delta H = x$ 〔kJ/mol〕とおき，与えられた反応エンタルピーと各エネルギーの値を用いて次図のようなエネルギー図を作成する（発熱の場合は「→」，吸熱の場合は「←」を各変化に付記し，そのエンタルピー変化 ΔH を数値で示してある）。

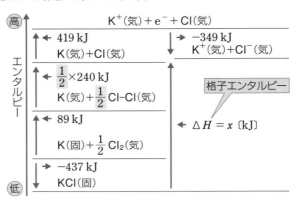

前ページの図において，ヘスの法則から次式が成り立つ。

$$89 + \frac{1}{2} \times 240 + 419 - 349 = -437 + x$$

<u>ΔH の総和</u>　　　　　　　　　<u>ΔH の総和</u>

ここで，$\Delta H = x > 0$ となるので，KCl（固）を K^+（気）＋ Cl^-（気）にする反応は吸熱反応である。よって，$x = \underline{716}$〔kJ/mol〕。

[Ⅲ]　**設問 (1)**　（ア）〜（ウ）

NaCl の結晶が水に溶けると，Na^+ のまわりには H_2O 分子内で (ア)<u>負</u>の電荷を帯びた (イ)<u>酸素</u>原子が引きつけられる。また，Cl^- のまわりには H_2O 分子内で正の電荷を帯びた水素原子が引きつけられる。このようにイオンと極性をもつ水との間に引力がはたらき，イオンが水分子に囲まれる現象を (ウ)<u>水和</u>という。

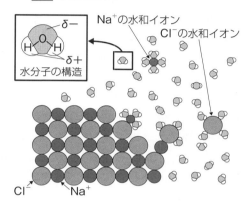

（エ）　「**反応エンタルピーの総和は反応の最初と最後の状態のみで決まり，反応の経路にはよらない**」という**ヘスの法則**（総熱量保存の法則）を用いる。

設問 (2)　（カ）に相当するエンタルピー変化を x〔kJ/mol〕とおき，与えられた各反応エンタルピーとエネルギーの値を用いて右図のようなエネルギー図を作成する（発熱の場合は「→」，吸熱の場合は「←」を各エンタルピー変化に付記している）。

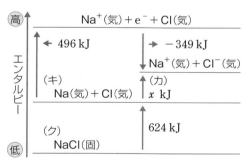

上図において，ヘスの法則から次式が成り立つ。

$$x = 496 - 349 = \underline{147}\ \text{〔kJ/mol〕}$$

設問 **(3)** NaCl（固）の格子エンタルピーは，本問のエネルギー図中の（カ）と 624kJ の和に等しい．よって，**設問 (2)** より，NaCl（固）の格子エンタルピー〔kJ/mol〕は，

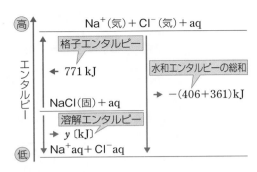

$$147 + 624 = 771 〔kJ/mol〕$$

となる。ここで，NaCl（固）の溶解エンタルピーを y〔kJ/mol〕とおき，格子エンタルピーと各イオンの水和エンタルピーの値を用いて上図のようなエネルギー図を作成する（発熱の場合は「➡」，吸熱の場合は「⬅」を各エンタルピー変化に付記している）。なお，図は NaCl（固）の溶解が発熱反応と仮定して作成しておけばよい。

上図において，ヘスの法則から次式が成り立つ。

$$y = 771 - (406 + 361) = \underline{4}〔kJ/mol〕$$

（$y > 0$ なので，実際には吸熱であることがわかる。）

よって，NaCl（固）の溶解反応の化学反応式は次式のようになる。

NaCl（固）＋ aq ⟶ Na⁺aq ＋ Cl⁻aq ΔH = 4kJ

または，NaCl（固）＋ aq ⟶ NaClaq ΔH = 4kJ

補足 NaCl（固）の溶解反応は吸熱反応のため，上のエネルギー図は，実際には右のようにかき表される（発熱の場合は「➡」，吸熱の場合は「⬅」を各エンタルピー変化に付記している）。

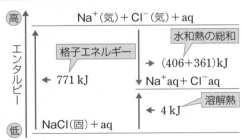

定義式・速度式

フレーム 38

◎定義式

時刻 t_1 のときの物質 A のモル濃度を $[A]_1$,
時刻 t_2 のときも同様に $[A]_2$ と表したとき（右
図），時刻 t_1 から t_2 までの（平均の）反応速
度 $\bar{v}$ は次式のようになる。

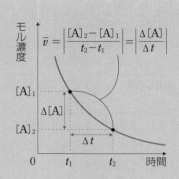

$$\bar{v} = \left| \frac{Aの濃度の変化量}{反応時間} \right| = \left| \frac{[A]_2 - [A]_1}{t_2 - t_1} \right|$$

$$= \left| \frac{\Delta[A]}{\Delta t} \right|$$

※₁ 反応速度は正の値で表すため，減少速度は（$[A]$ の変化量が負になるので）
絶対値か－の符号をつける。Δ は差を表す。

※₂ 反応式の係数と反応速度の関係

化学反応式の係数比と各物質の反応速度の比は一致する。

[例] $1H_2 + 1I_2 \longrightarrow 2HI$

上式で表される反応において，水素 H_2（やヨウ素 I_2）が消費される速度と
ヨウ化水素 HI が生成する速度の間には $1：2$ の関係がある。そのため，次式
のような関係がある。

$$\left| \frac{\Delta[HI]}{\Delta t} \right| = \left| \frac{\Delta[H_2]}{\Delta t} \right| \times 2$$

◎速度式（反応速度式）

「$aA + bB \longrightarrow cC$」の反応において，反応速度と反応物の濃度には，次式
のような関係がある。

$$v = k\,[A]^x\,[B]^y \quad (xやyを反応次数といい，実験によって求められる。)$$

※上式の k を反応速度定数（または速度定数）といい，**反応の種類や温度や触
媒などの条件が一定であれば一定値である。**

《入試頻出の計算問題の解法手順》

Step1 実験データから，**定義式を用いてある時間幅とその時間における反応
物（または生成物質）のモル濃度の変化量から平均の反応速度 $\bar{v}$ を求める。**

実践問題

目標：30分　実施日：　／　　　／　　　／

[Ⅰ] 次の（い）・（ろ）の文章を読んで，下の問いに答えよ。なお，気体はすべて理想気体として取り扱えるものとする。[A]，[B]，[C] はそれぞれ物質 A，B，C の濃度を表す。また，1 mmol = 1×10^{-3} mol である。

（い）触媒を使った化学反応では，同一の反応で触媒を使わないときとくらべて，反応の ［（ア）］ エネルギーが小さくなり反応速度が大きくなるが，［（イ）］ エンタルピーは変わらない。

（ろ）物質 A と物質 B から物質 C が得られる反応 x A $+$ y B $\longrightarrow$ z C で，反応初速度 v_0（反応開始直後の反応速度）は，次の式（1）で表される。

$$v_0 = k \cdot [\text{A}]_0^p \cdot [\text{B}]_0^q \quad : \text{式（1）}$$

ただし，$[\text{A}]_0$，$[\text{B}]_0$ はそれぞれ A, B の初濃度（反応開始時の濃度）である。また，k は反応速度定数である。同じ温度で，A, B の初濃度を変えて反応を行わせ，v_0 を求めた（表1：実験（1）〜実験（3））。表1の値から，式（1）において，$p = $ ［（ウ）］，$q = $ ［（エ）］と求まる。

表1　物質 A，物質 B の初濃度と反応初速度

	$[\text{A}]_0$ 〔mmol/L〕	$[\text{B}]_0$ 〔mmol/L〕	v_0 〔mmol/(L·s)〕
実験（1）	3	4	2
実験（2）	6	4	8
実験（3）	3	2	1

問 （ア）〜（エ）の空欄に適切な語句または数値を書け。

（2009 東京農工 改）

[Ⅱ]　次の文章にかかれた実験について，以下の問い（**問1～5**）に答えよ。
　必要があれば，次の数値を用いよ。気体定数：$R = 8.3 \times 10^3$ Pa·L/(K·mol)
　ふたまた試験管の一方に，30 g/L（0.88 mol/L）の過酸化水素（H_2O_2）水溶液 10 mL を入れ，他方に二酸化マンガン（酸化マンガン（Ⅳ））MnO_2 の粉末 0.05 g を入れた。この試験管に誘導管付きのゴム栓をし，これを 27 ℃（300 K）の水を入れたビーカーに漬けた。しばらく放置してから，試験管を傾けて試薬を完全に混合すると気体が発生した。この気体を水上置換で捕集し，その体積を 2 分ごとにメスシリンダーではかったところ表 1 に示す結果となった。

表 1　試薬混合後の時間と発生した気体の体積の関係

時間〔分〕	0	2	4	6
体積〔mL〕	0	41	66	82

*各時間の体積は，「反応を開始してからその時間に達するまでに発生したガスの総体積」を意味する。

問1　試薬を混合したときに起こる反応の化学反応式をかけ。
問2　反応開始から 2 分後までに発生した気体の物質量〔mol〕を有効数字 2 けたで求め，計算過程も示せ。ただし，実験当日の大気圧は 1014 hPa であり，27 ℃における水の蒸気圧は 36 hPa，1 気圧は 1013 hPa であるとする。また，捕集された気体は水で飽和されているものとする。
問3　2 分後の過酸化水素水溶液のモル濃度を有効数字 2 けたで求め，計算過程も示せ。
問4　**問3**の結果に加えて，他の時間の過酸化水素水溶液のモル濃度も計算したところ表 2 に示した結果となった。試薬を混合してから 6 分後までの過酸化水素の平均濃度と平均分解速度を 2 分ごとに計算し，有効数字 2 けたで記せ。また，両者の関係をグラフで示せ。

表 2　反応時間と過酸化水素水のモル濃度の関係

時間〔分〕	0	2	4	6
濃度〔mol/L〕	0.88	問 3 の答え	0.37	0.24

問5　**問4**の実験結果から過酸化水素の分解における反応速度式を示せ。また，その反応速度定数を有効数字 1 けたで求め，計算過程も示せ。

（2008 千葉（後））

[Ⅲ]　次の文章を読み，[（ア）]には整数，[（イ）][（ウ）]には**有効数字3桁**の数値を入れよ。

　原子番号86のラドンRnは貴ガス（希ガス）であり，[（ア）]個の最外殻電子をもつ。Rnの同位体の1つである^{222}Rnは放射性同位体であり，自発的に壊変することで別の原子へと変化し，半減期は約4日である。

　次のように^{222}Rnの壊変の速度定数を調べる実験を行った。体積一定の密閉容器内に^{222}Rnを含む空気を入れ，実験開始時（時刻$t = 0 \, \text{min}$）の^{222}Rnのモル濃度を測定したところ$9.60 \times 10^{-15} \, \text{mol/L}$であった。実験開始から24時間経過後（$t = 1440 \, \text{min}$）の密閉容器内の^{222}Rn濃度は$8.00 \times 10^{-15} \, \text{mol/L}$であった。この間における^{222}Rnの平均の濃度を用いると，^{222}Rnの壊変の速度定数は[（イ）]/minである。これに続く24時間における速度定数が[（イ）]/minのまま変わらないとすると，実験開始から48時間経過後（$t = 2880 \, \text{min}$）の密閉容器内の^{222}Rn濃度は[（ウ）]mol/Lとなる。

（2017 慶應・理工 改）

....

解答

....

[Ⅰ]（ア）活性化　　（イ）反応　　（ウ）2　　（エ）1

[Ⅱ]**問1**　$2H_2O_2 \longrightarrow O_2 + 2H_2O$

　　問2　$1.6 \times 10^{-3} \, \text{mol}$（計算過程は解説を参照）

　　問3　$5.6 \times 10^{-1} \, \text{mol/L}$（計算過程は解説を参照）

　　問4

時間〔分〕	0 − 2	2 − 4	4 − 6
平均濃度〔mol/L〕	0.72	0.47	0.31
平均速度〔mol/(L・分)〕	0.16	0.095	0.065

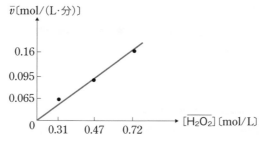

　　問5　$2 \times 10^{-1} \, / 分$

[Ⅲ]（ア）8　　（イ）1.26×10^{-4}　　（ウ）6.67×10^{-15}

[解説]

[I] （ア）・（イ）　触媒は，活性化エネルギーを変えるが，反応エンタルピーは変えない。

（ウ）　実験（1）・（2）において，$[B]_0 = 4$〔mmol/L〕で固定すると，$[A]_0$ が $3 \rightarrow 6$〔mmol/L〕となるとき，v は $2 \rightarrow 8$〔mmol/(L・s)〕となっているので，$v = k [A]^p [B]^q$ より，次式が成り立つ。

$$\frac{8}{2} = \frac{k \times 6^p \times 4^q}{k \times 3^p \times 4^q} \quad \Leftrightarrow \quad 2^p = 4 \quad \therefore \quad p = \underline{2}$$

（エ）　実験（1）・（3）において，$[A]_0 = 3$〔mmol/L〕で固定すると，$[B]_0$ が $2 \rightarrow 4$〔mmol/L〕となるとき，v は $1 \rightarrow 2$〔mmol/(L・s)〕となっているので，$v = k [A]^p [B]^q$ より，次式が成り立つ。

$$\frac{2}{1} = \frac{k \times 3^p \times 4^q}{k \times 3^p \times 2^q} \quad \Leftrightarrow \quad 2^q = 2 \quad \therefore \quad q = \underline{1}$$

[II]　**問 1**　過酸化水素 H_2O_2 水に酸化マンガン(IV)MnO_2 を加えると，MnO_2 が触媒としてはたらき，酸素 O_2 が発生する。なお，触媒は反応の前後で変化しないため，反応式には書き入れない。

$$2H_2O_2 \longrightarrow O_2\uparrow + 2H_2O$$

問 2　反応開始から 2 分後までに O_2 は 41 mL 発生している。また，水上置換法においては，**捕集した気体（O_2）の圧力は大気圧から水の蒸気圧（⇨ P.84）を引くことで求めることができる**ので，O_2 の物質量 n_{O_2}〔mol〕について気体の状態方程式より次式が成り立つ。

$$n_{O_2} = \frac{P_{O_2} V}{RT} = \frac{\{(1014-36) \times 10^2\} \times \dfrac{41}{1000}}{(8.3 \times 10^3) \times (27 + 273)}$$

※ $hPa \rightarrow Pa$

$$= 1.61\cdots \times 10^{-3} \fallingdotseq \underline{1.6 \times 10^{-3}}\text{〔mol〕}$$

問 3　2 分後の過酸化水素のモル濃度 $[H_2O_2]_2$ は，$2H_2O_2 \longrightarrow 1O_2\uparrow + 2H_2O$ より，次式が成り立つ。

$$[H_2O_2]_2 = \frac{\overbrace{0.88\text{〔mol/L〕} \times \dfrac{10}{1000}\text{〔L〕}}^{\text{0 分のときの } H_2O_2 \text{〔mol〕}} - \overbrace{1.61 \times 10^{-3}\text{〔mol〕} \times \dfrac{2}{1}}^{\text{2 分後までに反応した } H_2O_2 \text{〔mol〕}}}{\dfrac{10}{1000}\text{〔L〕}}$$

$$= \underline{5.6 \times 10^{-1}} \text{ (mol/L)}$$

問4 ［0−2分］ 0−2分における過酸化水素の平均濃度 $[\overline{H_2O_2}]_{0-2}$ は，表2と**問3**の結果より，

$$[\overline{H_2O_2}]_{0-2} = \frac{0.88 + 0.56}{2} = \underline{0.72} \text{ (mol/L)}$$

また，このときの平均分解速度 $\overline{v}_{0-2}$〔mol/(L・分)〕は，定義式（⇨ P.201）より，

$$\overline{v}_{0-2} = \left| \frac{0.56 - 0.88}{2 - 0} \right| = \underline{0.16} \text{ (mol/(L・分))}$$

［2−4分］ 2−4分における過酸化水素の平均濃度 $[\overline{H_2O_2}]_{2-4}$ は，表2と**問3**の結果より，

$$[\overline{H_2O_2}]_{2-4} = \frac{0.56 + 0.37}{2} = 0.465 \fallingdotseq \underline{0.47} \text{ (mol/L)}$$

また，このときの平均分解速度 $\overline{v}_{2-4}$〔mol/(L・分)〕は定義式より次式となる。

$$\overline{v}_{2-4} = \left| \frac{0.37 - 0.56}{4 - 2} \right| = \underline{0.095} \text{ (mol/(L・分))}$$

［4−6分］ 4−6分における過酸化水素の平均濃度 $[\overline{H_2O_2}]_{4-6}$ は，表2より，

$$[\overline{H_2O_2}]_{4-6} = \frac{0.37 + 0.24}{2} = 0.305 \fallingdotseq \underline{0.31} \text{ (mol/L)}$$

また，このときの平均分解速度 $\overline{v}_{4-6}$〔mol/(L・分)〕は，定義式より次式が成り立つ。

$$\overline{v}_{4-6} = \left| \frac{0.24 - 0.37}{6 - 4} \right| = \underline{0.065} \text{ (mol/(L・分))}$$

以上より，グラフは解答のようになる。

問5 この反応の反応速度定数を k とおくと，**問4**のグラフより速度式は次式のように表される（平均濃度 $[\overline{H_2O_2}]$ と平均速度 $\overline{v}$ が正比例の関係なので，反応次数は1であることがわかる）。

$$v = k [H_2O_2]^1$$

よって，**問4**の結果から以下のように各時間帯における k を求める。

［0−2分］ $0.16 = k_1 \times 0.72$ ∴ $k_1 \fallingdotseq 0.222$〔/分〕

［2−4分］ $0.095 = k_2 \times 0.465$ ∴ $k_2 \fallingdotseq 0.204$〔/分〕

［4−6分］ $0.065 = k_3 \times 0.305$ ∴ $k_3 \fallingdotseq 0.213$〔/分〕

以上より，$k_1 \sim k_3$ の平均をとると，

$$k = \frac{0.222 + 0.204 + 0.213}{3} \fallingdotseq 0.21 = \underline{2 \times 10^{-1}}\,[\,/\text{分}]$$

別解　実際の入試問題で**問4**の解答記載部分に目盛りがふってあるグラフが用

意されている場合は，そのグラフの直線の傾き$\left(= \dfrac{\overline{v}}{[H_2O_2]}\right)$から k を求めて

もよい。

[Ⅲ]　（ア）　問題文にもあるように Rn は 18 族の貴ガス（希ガス）元素のため，
最外殻電子の数は $\underline{8}$ である。

（イ）　実験開始時（時刻 $t = 0$ min）の ^{222}Rn のモル濃度を $[Rn]_0$，実験開始か
ら 24 時間経過後（$t = 1440$ min）の密閉容器内の ^{222}Rn 濃度を $[Rn]_{1440}$ で表すと，
時刻 $t = 0$ min から $t = 1440$ min までの ^{222}Rn の平均モル濃度 $[\overline{Rn}]_{0-1440}$ は，

$$[\overline{Rn}]_{0-1440} = \frac{[Rn]_0 + [Rn]_{1440}}{2} = \frac{9.60 \times 10^{-15} + 8.00 \times 10^{-15}}{2}$$
$$= 8.80 \times 10^{-15}\,[\text{mol/L}]$$

また，定義式（⇨ P.201）より，時刻 $t = 0$ min から $t = 1440$ min までの
平均壊変速度 $\overline{v}_{0-1440}\,[\text{mol/(L} \cdot \text{min)}]$ は，

$$\overline{v}_{0-1440} = \left| \frac{8.00 \times 10^{-15} - 9.60 \times 10^{-15}}{1440 - 0} \right| = \frac{1.6}{1440} \times 10^{-15}\,[\text{mol/(L} \cdot \text{min)}]$$

ここで，反応速度定数（⇨ P.201）を k とおくと，本問中の反応速度定数の
単位が $[\,/\text{min}]$ となっていることから，反応次数は 1 であることがわかる（反
応次数を x とおいて，速度式 $v = k\,[Rn]^x$ の単位のみに注目すると，
「$\text{mol/(L} \cdot \text{min)} = [\,/\text{min}] \times [\text{mol/L}]^x$」となり，両辺の単位がそろうため
には $x = 1$ とならなければならない）。

よって，速度式より，

$$\overline{v}_{0-1440} = k\,[\overline{Rn}]_{0-1440}$$

$$k = \frac{\overline{v}_{0-1440}}{[\overline{Rn}]_{0-1440}} = \frac{\dfrac{1.6}{1440} \times 10^{-15}}{8.80 \times 10^{-15}} = \frac{1.6}{1440 \times 8.80}$$

$$= 1.262\cdots \times 10^{-4} \fallingdotseq \underline{1.26 \times 10^{-4}}\,[\,/\text{min}]$$

（ウ）　48時間経過後（$t = 2880\ \mathrm{min}$）の $^{222}\mathrm{Rn}$ 濃度を $[\mathrm{Rn}]_{2880}$ で表すと，時刻 $t = 1440\ \mathrm{min}$ から $t = 2880\ \mathrm{min}$ までの $^{222}\mathrm{Rn}$ の平均モル濃度 $[\overline{\mathrm{Rn}}]_{1440-2880}$ は，

$$[\overline{\mathrm{Rn}}]_{1440-2880} = \frac{[\mathrm{Rn}]_{1440} + [\mathrm{Rn}]_{2880}}{2} = \frac{8.00 \times 10^{-15} + [\mathrm{Rn}]_{2880}}{2}\ [\mathrm{mol/L}]$$

また，定義式より，時刻 $t = 1440\ \mathrm{min}$ から $t = 2880\ \mathrm{min}$ までの平均壊変速度 $\overline{v}_{1440-2880}\ [\mathrm{mol/(L \cdot min)}]$ は，

$$\overline{v}_{1440-2880} = \left| \frac{[\mathrm{Rn}]_{2880} - 8.00 \times 10^{-15}}{2880 - 1440} \right|$$

$$= \frac{8.00 \times 10^{-15} - [\mathrm{Rn}]_{2880}}{1440}\ [\mathrm{mol/(L \cdot min)}]$$

よって，速度式より，（イ）の結果から，

$$\overline{v}_{1440-2880} = k\,[\overline{\mathrm{Rn}}]_{1440-2880}$$

$$\Leftrightarrow\ \frac{8.00 \times 10^{-15} - [\mathrm{Rn}]_{2880}}{1440} = \frac{1.6}{1440 \times 8.80} \times \frac{8.00 \times 10^{-15} + [\mathrm{Rn}]_{2880}}{2}$$

$$\therefore\ [\mathrm{Rn}]_{2880} = 6.666\cdots \times 10^{-15} \fallingdotseq \underline{6.67 \times 10^{-15}}\ [\mathrm{mol/L}]$$

テーマ

39 アレニウスの式

フレーム 39

◎アレニウスの式（反応速度定数 k の中身）

反応速度 $\begin{cases} 活性化エネルギー（E^*）が大きくなる。 & \Rightarrow v は小さくなる。 \\ 温度（T）が高くなる。 & \Rightarrow v は大きくなる。 \end{cases}$

以上から，反応速度定数 k は次式のように表されることがわかっている（この式を**アレニウスの式**という）。

$$k = A \cdot e^{-\frac{E^*}{RT}} \qquad A：反応に固有の定数 \qquad e：自然対数の底$$

※この式を覚える必要はない（与えられた式の意味を理解し，設問で問われたカタチに式変形したり数値代入したりするなどができればよい）。

◎活性化エネルギーの算出

パターン1　連立方程式による算出

ある実験において，温度を T_1〔K〕から T_2〔K〕に上昇させたとき（測定により）反応速度定数が k_1 から k_2 になったとすると，アレニウスの式より，

$$\begin{cases} k_1 = A \cdot e^{-\frac{E^*}{RT_1}} & \cdots（\text{i}） \\ k_2 = A \cdot e^{-\frac{E^*}{RT_2}} & \cdots（\text{ii}） \end{cases}$$

各式の両辺の自然対数をとると，

$$\begin{cases} \log_e k_1 = \log_e A - \dfrac{E^*}{RT_1} & \cdots（\text{i}）' \\ \log_e k_2 = \log_e A - \dfrac{E^*}{RT_2} & \cdots（\text{ii}）' \end{cases}$$

よって，（ii）′式 −（i）′式より，

$$\log_e\left(\frac{k_2}{k_1}\right) = -\frac{E^*}{R}\left(\frac{1}{T_2} - \frac{1}{T_1}\right)$$

この式に反応速度定数 k と絶対温度 T の2点のデータ，気体定数 R を代入することで E^* を求めることができる。

パターン2　関数プロットによる算出（出題頻度は低い）

パターン1のような2点のみの測定値からの算出では実験誤差が大きくなってしまう可能性が高い。そのため，測定誤差を小さくするため，次のように E^* を求める。

$$\log_e k = \log_e A - \frac{E^*}{R} \times \frac{1}{T}$$

ここで，$y = \log_e k$，$x = \dfrac{1}{T}$ とすると，

$$y = -\frac{E^*}{R} x + \log_e A$$

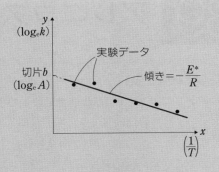

Step2 $y = ax + b$ のカタチとなり，これが上のようなグラフになる。よって，
その傾きから E^* を求めることができる（これをアレニウスプロットという）。

実践問題　　　　　　　　　　　　　　　　　　　　1回目　2回目　3回目
　　　　　　　　　　　　目標：16分　実施日：　／　　　／　　　／

　ヨウ化水素 HI の分解反応

　　$2HI\,(g) \longrightarrow H_2\,(g) + I_2\,(g)$（9.3 kJ 吸熱）　…（Ⅰ）

において，活性化エネルギーは 183.7kJ であることが知られている。反応物質
が活性化エネルギーを得ると①活性化状態を経て生成物が生じる。

　アレニウスは反応速度定数 k と絶対温度 T との間に次式の関係を見出した。

　　$k = Ae^{-\frac{E}{RT}}$　…（Ⅱ）　（気体定数　$R = 8.31\ \mathrm{J/(K \cdot mol)}$）

ここで E は活性化エネルギーである。R は気体定数で，A は反応分子の衝突の
頻度に関係する因子である。温度を変えて速度定数 k を測定し，②k の自然対数
$\log_e k$ を $\dfrac{1}{T}$ に対してグラフにすると直線関係が得られる。E はこの直線の傾きか
ら得られる。触媒は反応の速度に影響を及ぼす。

（1）　化学反応において，触媒は活性化エネルギー E および平衡定数にどのよう
　　　な影響を及ぼすか，記述せよ。

（2）　反応（Ⅰ）のエネルギー変化を反応経路に沿って反応物から生成物まで図
　　　示せよ。図には活性化エネルギーと反応エンタルピーとを書き入れよ。

（3）　下線部①について，反応（Ⅰ）の活性化状態を図示し，説明せよ。ただし，
　　　原子は元素記号を丸で囲んで表し，結合は破線で表して，幾何学的な形を示せ。

（4）　反応（Ⅰ）の逆反応の反応エンタルピーと活性化エネルギーの値を記せ。

（5）　$T = 750\ \mathrm{K}$ でのヨウ化水素の分解反応（Ⅰ）において，活性化エネルギー

が 25.2 kJ だけ減少したとする。このときの反応速度定数 k_2 ともとの反応速度定数 k_1 の比 $\dfrac{k_2}{k_1}$ を概算し，反応速度の変化について説明せよ。ただし，自然対数の底 e の値は 3 としてよい。

(6)　下線部②について，このグラフ上の 2 点が表 1 のように与えられるとき，どのようなグラフになるかを示せ。また，活性化エネルギー E を有効数字 3 桁まで求めよ。

表 1　温度による反応速度定数の変化

T 〔K〕	k 〔L /(mol · s)〕	$\dfrac{1}{T}$	$\log_e k$
647	8.59×10^{-5}	1.55×10^{-3}	-9.34
716	2.50×10^{-3}	1.40×10^{-3}	-5.98

(2012 信州)

解答

(1)　E…小さくする。　　平衡定数…変えない。

(2)

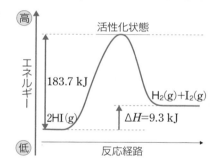

(3)

H----H
I----I

(4)　反応エンタルピー…-9.3 kJ（発熱）　　活性化エネルギー…174.4 kJ

(5)　$\dfrac{k_2}{k_1} = 81$　　説明…温度が等しいとき，

反応速度は 81 倍大きくなる。

(6)　活性化エネルギー…1.86×10^2 kJ

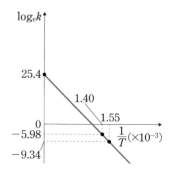

[解説]

(4) (2) より，逆反応（左向き）は，$9.3 \, \text{kJ}$ 分エネルギー的に下がる（$\Delta H = 0$）。つまり $\underline{9.3 \, \text{kJ}}$ の発熱となる。また，逆反応の活性化エネルギーは，$183.7 - 9.3 = \underline{174.4} \, (\text{kJ})$ となる。

(5) 本問の（Ⅱ）式より，

$$\frac{k_2}{k_1} = \frac{Ae^{-\frac{E_2}{RT}}}{Ae^{-\frac{E_1}{RT}}} = e^{-\frac{1}{RT}(E_2 - E_1)} = e^{-\frac{1}{8.31 \times 750} \times (-25.2 \times 10^3)} \fallingdotseq 3^4$$

よって，活性化エネルギーが $25.2 \, \text{kJ}$ 下がったとき，反応速度はおよそ $3^4 = 81 \, (\text{倍})$ 速くなる。

(6) 本問の（Ⅱ）式の両辺について自然対数をとると，

$$k = Ae^{-\frac{E}{RT}} \Leftrightarrow \log_e k = \log_e Ae^{-\frac{E}{RT}}$$

$$\Leftrightarrow \log_e k = \log_e A - \frac{E}{RT}$$

$$\Leftrightarrow \log_e k = -\frac{E}{R} \cdot \frac{1}{T} + \log_e A \quad \cdots (*)$$

よって，このグラフは傾き $-\dfrac{E}{R}$，切片 $\log_e A$ の直線となる。

また，本問の表1より $(1.55 \times 10^{-3}, \, -9.34)$，$(1.40 \times 10^{-3}, \, -5.98)$ の2点を通るので，この直線の方程式は次式のように表される（グラフは解答参照）。

$$\log_e k - (-5.98) = \frac{-9.34 - (-5.98)}{(1.55 - 1.40) \times 10^{-3}} \times \left(\frac{1}{T} - 1.40 \times 10^{-3} \right)$$

$$\Leftrightarrow \log_e k = -2.24 \times 10^4 \times \frac{1}{T} + 25.38$$

以上より，（$*$）式の傾きにおいて，

$$-\frac{E}{R} = -2.24 \times 10^4$$

$$\Leftrightarrow E = 2.24 \times 10^4 \, R = (2.24 \times 10^4) \times 8.31 = 1.861 \cdots \times 10^5 \, (\text{J})$$

$$\fallingdotseq \underline{1.86 \times 10^2} \, (\text{kJ})$$

フレーム 40

◎半減期

反応物の濃度 [A] が，初濃度 [A]$_0$ の半分になる時間 ($t_{\frac{1}{2}}$) のこと。一次反応（反応速度が [A] のみに比例する反応）では，右図のようなグラフとなるため，微分方程式を解くことで，次式が得られる（この式は暗記しなくてよい）。

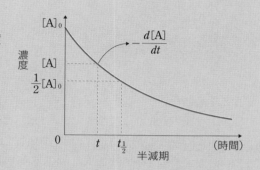

$$\log_e \frac{[A]}{[A]_0} = -kt \quad (k：定数)$$

$$\Leftrightarrow \quad \log_e \frac{1}{2} = -kt_{\frac{1}{2}} \quad (\because [A] = \frac{1}{2}[A]_0) \quad \therefore \quad t_{\frac{1}{2}} = \frac{\log_e 2}{k}$$

◎エステルの加水分解速度

過酸化水素 H_2O_2 水の分解反応は触媒（MnO_2 やカタラーゼなど）を用いて分解し，O_2 の発生量からその分解速度を求める。一方，エステルの加水分解では気体の発生などはなく，酸触媒を用いて加水分解した後に生じるカルボン酸を NaOH 水溶液で中和滴定することでその分解速度を求めることができる。

Step1 エステル R-COO-R′ に，酸触媒として希塩酸を加える。

Step2 一定時間ごとにその混合溶液を量り取り，NaOH 水溶液で中和滴定する。このとき，酸触媒である HCl と，加水分解で生じたカルボン酸 R-COOH の両方が中和される。

Step3 NaOH 水溶液の滴下量から，エステルの加水分解量を求める。

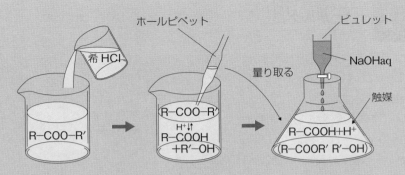

《解法手順》

Step1 反応時間 0 のときの NaOH の滴下量（V_0〔mL〕）は，酸触媒として加えた HCl の中和に相当。

Step2 各時刻（t）ごとの NaOH 水溶液の滴下量（V_t）から V_0 を差し引くことで，R-COOH の中和に用いた NaOH 水溶液の量を求める。

Step3 中和滴定の計算式（酸が放出する H$^+$〔mol〕＝塩基が放出する OH$^-$〔mol〕）から，生じた R-COOH の物質量〔mol〕が求まる。

Step4 加水分解の反応式「1R-COO-R′ + H$_2$O ⟶ 1R-COOH + R′-OH」の係数と，生じた R-COOH の物質量〔mol〕から加水分解されたエステル R-COO-R′ の物質量〔mol〕が求まる。

Step5 定義式または速度式を用いて，エステル R-COO-R′ の加水分解速度を求める。

実践問題　　　　　　　　　　　　　　　　1回目　2回目　3回目

目標：28分　実施日：　　／　　　　／　　　　／

［Ⅰ］ 次の記述を読み，下記の問いに答えよ。ただし，$\log_{10}2 = 0.30$，$\log_{10}3 = 0.48$ とし，答えの数値は有効数字 2 桁で答えよ。

　化学反応の速さは，一般に，単位時間当たりの生成物の濃度の増加量や反応物の濃度の減少量で表される。次の反応

$$aA \longrightarrow bB \quad \cdots (1)$$

において，ある短い時間 Δt での物質 A の濃度変化が $\Delta[A]$ であるとすると，この時間における平均の反応速度 $\bar{v}$ は

$$\bar{v} = -\frac{\Delta[A]}{\Delta t} \quad \cdots (2)$$

で表される。したがって，時間が t_1 から t_2 まで経過するとき，A の濃度が C_1 から C_2 まで減少するならば，このときの平均速度 $\overline{v}$ は，t_1，t_2，C_1，C_2 を用いて $\overline{v} = $ ア となる。いま，式（1）の反応速度が

$$v = k[A] \qquad \cdots (3)$$

で表されることが実験で明らかになった。この k は イ とよばれる定数である。また，その単位は，時間の単位を秒（s），速度の単位を〔mol/(L・s)〕とすると，ウ で表される。式（3）から，反応速度は A の濃度と k の値によって変化することがわかる。A の濃度が一定ならば，k の値は反応温度上昇に伴い大きくなることが知られている。これは，温度上昇に伴い反応分子がもつエネルギーが，エ くなり，その結果，オ 状態になる反応分子の割合が増大するためと考えられる。また，$t = 0$ のときの A の濃度（初濃度）を $[A]_0$ とすると，ある時間 t における A の濃度 $[A]$ は次式を使って求められることが理論的に導かれている。

$$\log_{10}[A] = \log_{10}[A]_0 - \frac{kt}{2.30} \qquad \cdots (4)$$

問1 ア ～ オ に適当な語句，数式，または単位を記せ。

問2 式（2）の平均反応速度 $\overline{v}$ を生成物 B の濃度変化 $\Delta[B]$ および Δt，a，b を用いて表せ。

問3 A の濃度 $[A]$ が初濃度 $[A]_0$ の半分になるまでの時間（半減期）$t_{\frac{1}{2}}$，および $[A]$ が $[A]_0$ の $\frac{1}{60}$ になる時間 $t_{\frac{1}{60}}$ を，それぞれ k を用いて表せ。

問4 式（1）の反応を 50℃ で行うと半減期 $t_{\frac{1}{2}}$ は 10 分であった。20℃ で行うと $t_{\frac{1}{2}}$ は何分になるか。

ただし，温度が 10℃ 上昇すると k の値は 3.0 倍になるものとする。

（2012 明治薬科）

[II] 酢酸エチルの加水分解反応の反応速度の測定を行った実験について，以下の問に答えよ。数値で解答する場合，有効数字 3 桁で解答せよ。ただし，1 mmol $= 10^{-3}$ mol である。数値の解答は，各問において指定されている桁数に従い解答すること。〔解答欄 ア ～ ナ 〕

記入例：解答欄が指数形式の場合，240，2.4，0.0024 は，それぞれ，②.④ $\times 10^{②}$，②.④ $\times 10^{⓪}$，②.④ $\times 10^{-③}$ と記す。

酢酸エチルの加水分解反応の反応式は以下の通りである。

$$CH_3COOC_2H_5 + H_2O \longrightarrow CH_3COOH + C_2H_5OH$$

　酢酸エチルの加水分解反応を 100 mL の 0.5 mol/L 塩酸中で行い，水酸化ナトリウムを用いた中和滴定により，反応の進行に伴って生成した酢酸を定量した。反応時間と生成した酢酸の濃度および平均反応速度を以下の表に示す。最後の欄は反応を完全に終結させたときの酢酸濃度である。この実験条件において逆反応は無視できる。

反応時間〔min〕	酢酸濃度〔mmol/L〕	平均反応速度〔mmol/(L·min)〕
0	0.00	
		0.740
10	7.40	
		（　）
20	14.1	
		0.575
40	25.6	
		0.470
60	35.0	
⋮	⋮	⋮
∞	76.8	

問1　塩酸中で反応を行った理由は何か。以下の①〜④から一つ選べ。　⎡ア⎤
① 　観察可能な程度に反応速度を速めるため。
② 　加水分解以外の反応（副反応）を防止するため。
③ 　反応の生成物を逆滴定するため。
④ 　滴定を妨害しないようにするため。

問2　この実験において，滴定を行う時の指示薬として最も適切なものを，以下の①〜⑤から一つ選べ。　⎡イ⎤
① 　フェノールフタレイン　　② 　メチルオレンジ　　③ 　メチルイエロー
④ 　メチレンブルー　　　　⑤ 　過マンガン酸カリウム

問3　反応時間 0 分の酢酸エチルの濃度はいくらか。　⎡ウ⎤ 〜 ⎡オ⎤
⎡ウ⎤⎡エ⎤ ． ⎡オ⎤ mmol/L

問4　反応開始後 20 分における酢酸エチルの濃度はいくらか。　⎡カ⎤ 〜 ⎡ク⎤
⎡カ⎤⎡キ⎤ ． ⎡ク⎤ mmol/L

問5　反応開始 10 分後から 20 分後までの平均反応速度を求めよ。
　　　　　　　　　　　　　　　　　　　　　　　　　　　　⎡ケ⎤ 〜 ⎡シ⎤
⎡ケ⎤ ． ⎡コ⎤⎡サ⎤ × 10^{-}⎡シ⎤ mmol/(L·min)

問6 この実験条件下では，酢酸エチルの加水分解反応は，反応速度が酢酸エチル濃度のみに比例する一次反応とみなすことができる。酢酸エチルの加水分解反応の反応速度定数を求めよ。　[ス]～[タ]

[ス].[セ][ソ] × $10^{-[タ]}$ /min

問7 一次反応では，反応時間 t とそのときの反応物の濃度 [A] との関係は，反応物の初濃度を $[A]_0$，反応速度定数を k とすると，以下の式で表される。

$$\log_e [A] = -kt + \log_e [A]_0$$

酢酸エチルの加水分解反応において，酢酸エチルの濃度が反応時間 0 分の値の 2 分の 1 になるのに要する時間を求めよ。必要であれば，$\log_e 2 = 0.693$，$\log_e 3 = 1.10$，$\log_e 5 = 1.61$ を用いよ。　[チ]～[ト]

[チ].[ツ][テ] × $10^{[ト]}$ min

問8 酢酸エチル濃度が 2 分の 1 になってから，更に 4 分の 1 になるまでに要する時間は，**問7** で求めた時間の何倍か。以下の①～⑨から選べ。必要であれば，$\log_e 2 = 0.693$，$\log_e 3 = 1.10$，$\log_e 5 = 1.61$ を用いよ。　[ナ]

① 0.250　② 0.500　③ 0.693　④ 1.00　⑤ 1.10　⑥ 1.41

⑦ 1.61　⑧ 2.00　⑨ 4.00

(2011 杏林・医)

解答

[I]**問1** ア　$-\dfrac{C_2 - C_1}{t_2 - t_1}$ $\left(\text{または} \left| \dfrac{C_2 - C_1}{t_2 - t_1} \right| \right)$　　イ　反応速度定数

ウ　s^{-1} $\left(\text{または} \dfrac{1}{s}\right)$　　エ　大き　　オ　活性化

問2　$\overline{v} = \dfrac{a \, \Delta[B]}{b \, \Delta t}$

問3　$t_{\frac{1}{2}} = \dfrac{0.69}{k}$　　$t_{\frac{1}{60}} = \dfrac{4.1}{k}$

問4　2.7×10^2 分

[II]ア　①　　イ　①　　ウ　7　　エ　6　　オ　8　　カ　6　　キ　2

ク　7　　ケ　6　　コ　7　　サ　0　　シ　1　　ス　1　　セ　0

ソ　1　　タ　2　　チ　6　　ツ　8　　テ　5(6)　　ト　1　　ナ　④

[解説]

[I] **問1** ウ 本問の (3) 式において，単位について注目すると，

$$v \quad = \quad k \quad [A]$$

$$[mol / (L \cdot s)] \quad = \quad \square \quad \times \quad [mol/L]$$

よって，文字式として考えると，□にあてはまる単位は [/s] (または [s^{-1}]) となる。

エ 温度が高くなると分子の運動エネルギーが大きくなり，活性化エネルギー以上のエネルギーをもった分子の割合が増加する。その結果，反応速度は大きくなる。

問2 本問の (1) 式において，Bの係数を1とすると次式のようになる。

$$\frac{a}{b} A \longrightarrow B$$

よって，「速度の比」＝「係数比」より，本問の (2) 式を用いると，

$$\overline{v} = -\frac{\Delta[A]}{\Delta t} = \frac{\Delta[B]}{\Delta t} \times \frac{a}{b}$$

(Bは生成するため，増加速度となる$\Delta[B]$には「−」はつけない)

$$\Leftrightarrow \quad \overline{v} = \frac{a\,\Delta[B]}{b\,\Delta t}$$

問3 $[A] = \frac{1}{2}[A]_0$ となる時間 (半減期) $t_{\frac{1}{2}}$ は，本問の (4) 式より，

$$\log_{10}[A] = \log_{10}[A]_0 - \frac{kt}{2.30} \quad \Leftrightarrow \quad \log_{10}\frac{1}{2}[A]_0 = \log_{10}[A]_0 - \frac{kt_{\frac{1}{2}}}{2.30}$$

$$\Leftrightarrow \quad t_{\frac{1}{2}} = \frac{2.30 \times \log_{10}2}{k} = \frac{0.69}{k}$$

また，$[A] = \frac{1}{60}[A]_0$ となる時間 $t_{\frac{1}{60}}$ は，同様にして，

$$\log_{10}[A] = \log_{10}[A]_0 - \frac{kt}{2.30} \quad \Leftrightarrow \quad \log_{10}\frac{1}{60}[A]_0 = \log_{10}[A]_0 - \frac{kt_{\frac{1}{60}}}{2.30}$$

$$\Leftrightarrow \quad t_{\frac{1}{60}} = \frac{2.30 \times \log_{10}60}{k} = \frac{4.094}{k} = \frac{4.1}{k}$$

問 4 題意より 10 ℃上がるごとに反応速度定数 k は 3 倍ずつ大きくなることから，50 ℃における反応速度定数を k_{50}，20 ℃における反応速度定数を k_{20} とおくと，

$$k_{50} = 3^{\frac{50-20}{10}} k_{20} = 3^3 k_{20} \quad \Leftrightarrow \quad k_{20} = \frac{1}{27} k_{50}$$

よって，**問 3** より，

$$t_{\frac{1}{2}} = \frac{0.69}{k_{50}} \quad \Leftrightarrow \quad 10 = \frac{0.69}{k_{50}} \qquad \therefore \quad k_{50} = 0.069$$

よって，20 ℃における半減期 $t_{\frac{1}{2}}$ は，

$$t_{\frac{1}{2}} = \frac{0.69}{k_{20}} = \frac{0.69}{\dfrac{1}{27} k_{50}} = \frac{0.69}{\dfrac{1}{27} \times 0.069} = \underline{2.7 \times 10^2}〔分〕$$

［Ⅱ］ **問 1** エステルの加水分解反応において，塩酸中の H^+ が触媒としてはたらき，反応速度を大きくしている。

問 2 この中和反応で生成する CH_3COONa から電離した CH_3COO^- が次式のように加水分解し OH^- が生成するため，中和点の pH が塩基性に偏る。よって，塩基性に変色域をもつ<u>フェノールフタレイン</u>を用いる。

$$CH_3COO^- + H_2O \; \rightleftarrows \; CH_3COOH + OH^-$$

問 3 $1CH_3COOC_2H_5 + H_2O \longrightarrow 1CH_3COOH + C_2H_5OH$ より，

「初めの $CH_3COOC_2H_5$〔mmol/L〕」

　　 =「(∞ min までに) 生成した CH_3COOH〔mmol/L〕」

　　よって，本問の表より，$[CH_3COOC_2H_5] = \underline{76.8}$〔mmol/L〕

問 4 残っている $[CH_3COOC_2H_5]$

　　 =始めの $[CH_3COOC_2H_5]$ −反応した $[CH_3COOC_2H_5]$

　　 =始めの $[CH_3COOC_2H_5]$ −生成した $[CH_3COOH]$

　　 = 76.8 − 14.1 = $\underline{62.7}$〔mmol/L〕

問 5 反応開始 10 分から 20 分までの $CH_3COOC_2H_5$ の平均分速度を $\overline{v}$〔mmol / (L・min)〕とおくと，定義式より，

$$\overline{v} = -\frac{\Delta[CH_3COOC_2H_5]}{\Delta t} = \frac{14.1-7.40〔mmol/L〕}{20-10〔min〕}$$

$$= \underline{6.70 \times 10^{-1}}〔mmol/(L・min)〕$$

問6 題意より，この反応は一次反応（反応速度式における $CH_3COOC_2H_5$ の濃度の累乗が1）なので，次式のように速度式を表すことができる。

$$\bar{v} = k\,[\overline{CH_3COOC_2H_5}]_{0-10} \quad\Leftrightarrow\quad 0.740 = k \times \frac{76.8 + (76.8 - 7.40)}{2}$$

$$\therefore\quad k = 1.012\cdots \times 10^{-2} \fallingdotseq \underline{1.01 \times 10^{-2}}\ [/min]$$

（試験時間が許せば本問の表で与えられている 10～20 min，20～40 min，40～60 min での k を上式と同様に求め，その平均値をとることが理想。）

問7 $[CH_3COOC_2H_5]$ が $\dfrac{1}{2}$ になるときの反応時間を $t_{\frac{1}{2}}$ とおくと，本問の与式より，

$$\log_e[A] = -kt + \log_e[A]_0$$

$$\Leftrightarrow\quad t = \frac{1}{k}\log_e\frac{[A]_0}{[A]}$$

$$[A] = \frac{1}{2}[A]_0$$

$$\Leftrightarrow\quad t_{\frac{1}{2}} = \frac{1}{k}\log_e 2 \quad\cdots(*)$$

$$= \frac{1}{1.012 \times 10^{-2}} \times 0.693 = 6.847\cdots \times 10 \fallingdotseq \underline{6.85 \times 10}\ [min]$$

問8 $[CH_3COOC_2H_5]$ が $\dfrac{1}{4}$ になるときの反応時間を $t_{\frac{1}{4}}$ とおくと，$(*)$ 式より，

$$\frac{t_{\frac{1}{4}} - t_{\frac{1}{2}}}{t_{\frac{1}{2}}} = \frac{\dfrac{1}{k}\log_e 4 - \dfrac{1}{k}\log_e 2}{\dfrac{1}{k}\log_e 2} = \frac{2\log_e 2 - \log_e 2}{\log_e 2} = \underline{1.00}\ [倍]$$

酢酸エチルの半減期のグラフ

今回の実験において，$t_{\frac{1}{2}} = 6.85 \times 10$ [min] が半減期となり，横軸に時間 t [min]，縦軸に $CH_3COOC_2H_5$ のモル濃度 [mmol/L] を $[A]$ とすると，右のようなグラフになる。

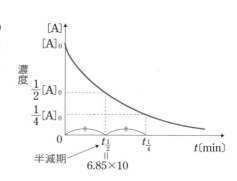

テーマ 41

平衡序論
（化学平衡の法則・平衡移動の原理）

フレーム 41

◎化学平衡の法則（質量作用の法則）

$$a \mathrm{A} + b \mathrm{B} \rightleftharpoons c \mathrm{C} + d \mathrm{D}$$

上式の可逆反応が平衡状態のとき，各成分のモル濃度には次の関係が成立する。

$$K_c = \frac{[\mathrm{C}]^c [\mathrm{D}]^d}{[\mathrm{A}]^a [\mathrm{B}]^b}$$

※この K_c を濃度平衡定数（または単に平衡定数）

◎平衡時の量の算出　　　　　　　　　　といい，温度一定なら K_c も一定値となる。

平衡時の各物質のモル濃度を上式（$K_c = \sim$）に代入して求めたり，K_c の値から平衡時における各成分のモル濃度や反応の割合（電離度，解離度，会合度 etc.）などを求める。

《解法手順》

Step1　変化量を未知数（x など）でおいて，バランスシートを書く。

Step2　平衡時の量を上式（$K_c = \sim$）に代入して，x についての方程式を解く。

Step3　x の値を用いて，問われている量を求める。

◎平衡移動の原理（またはルシャトリエの原理）の出題3パターン

パターン1　現状の条件を変えたとき，平衡がどちらの方向に移動するかを判定。

パターン2　（右 or 左向きに）平衡を移動させるための条件を答える。

パターン3　条件を変化させ，平衡の移動方向の結果から，その反応における発吸熱や各辺の係数和の決定。

◎反応の進行方向の判定

Step1　化学平衡の法則の式に各物質の現存の濃度（or 分圧）を代入して仮の平衡定数（$= \widetilde{K}$）を求める。

Step2　この $\widetilde{K}$ を実際の平衡定数 K と比較し，以下の場合分けにより判定する。

$\widetilde{K} > K$　⇨　現存の右辺量（分子）が平衡時に比べ多いため，（平衡状態になろうと）左へ進む。

$\widetilde{K} = K$　⇨　平衡状態になっているため，変化なし。

$\widetilde{K} < K$　⇨　現存の左辺量（分母）が平衡時に比べ多いため，（平衡状態になろうと）右へ進む。

目標：15分　実施日：　／　　　／　　　／

［I］　次の文を読み，問に答えよ（**問1〜問3**）。

　酢酸とエタノールからエステル（酢酸エチル）を生成する反応は可逆反応である。通常は触媒として酸を加える。

$$CH_3COOH + CH_3CH_2OH \rightleftharpoons CH_3COOCH_2CH_3 + H_2O \quad \cdots ①$$

　酢酸 1.6 mol とエタノール 1.0 mol を混合し，硫酸をわずかに加えた。この反応が平衡状態になったとき，酢酸エチルの生成量は 0.80 mol であった。

問1　平衡状態とは一般的にはどういう状態を指すのか説明せよ。

問2　①の反応が平衡状態になったときの平衡定数を求めよ。

問3　最初に酢酸 2.0 mol とエタノール 1.0 mol で反応を開始し，平衡定数が**問2**と同じとすると生成する酢酸エチルのモル数を求めよ。ただし $\sqrt{3}$ = 1.7 とし，有効数字2桁で答えよ。

（2013 宮城（後））

［II］　次の文章を読み，　(ア)　には**整数値**を入れよ。また，　(イ)　(ウ)　には下記の選択肢の中から適切な語句を選んで記号 a 〜 c で答えよ。

　密閉容器の中に入れた水素 H_2 とヨウ素 I_2 の混合気体を加熱すると，ヨウ化水素 HI が生じる。

$$H_2 + I_2 \underset{反応②}{\overset{反応①}{\rightleftharpoons}} 2HI$$

　いま，密閉容器にヨウ化水素のみを入れて一定の温度 T_0 に保つと，平衡状態に達した。このとき，最初に封入したヨウ化水素の 20 % が分解して水素とヨウ素になったとすると，この反応の平衡定数は　(ア)　である。

　別の密閉容器に水素 1.0 mol，ヨウ素 3.0 mol，ヨウ化水素 15 mol の混合気体を入れて，一定の温度 T_0 に保つと，平衡状態に達した。このときのヨウ化水素の濃度は，最初に混合気体を封入したときの濃度と比べて　(イ)　。平衡状態に達したこの混合気体の温度を上げたところ，ヨウ化水素の濃度が減少した。このことから，反応①の活性化エネルギーは反応②の活性化エネルギーと比べて　(ウ)　ことがわかる。

（イ）の選択肢：a　増加した　　　b　減少した　　　c　変わらなかった

（ウ）の選択肢：a　大きい　　　　b　小さい　　　　c　変わらない

（2008 慶應・理工 改）

［Ⅰ］**問1** 可逆反応において正反応と逆反応の速度が等しくなった状態。

問2 4.0 　　**問3** $8.7 \times 10^{-1}\,\mathrm{mol}$

［Ⅱ］（ア） 6.4×10 　　（イ）b　　（ウ）b

［解説］

［Ⅰ］ **問2** 平衡時の各成分の物質量〔mol〕は，以下のバランスシートにより求めることができる（バランスシートの①〜③の番号は，問題文に記載のない情報を後から書き加えた順である）。

$$CH_3COOH + C_2H_5OH \rightleftharpoons CH_3COOC_2H_5 + H_2O$$

初期量	1.6	1.0	0	0 （単位:mol）
変化量	② − 0.80	② − 0.80	① + 0.80	② + 0.80
平衡量	③ 0.80	③ 0.20	0.80	③ 0.80

よって，このときの溶液の体積を V〔L〕とおくと，平衡定数 K は，

$$K = \frac{[CH_3COOC_2H_5][H_2O]}{[CH_3COOH][C_2H_5OH]} = \frac{\dfrac{0.80}{V} \times \dfrac{0.80}{V}}{\dfrac{0.80}{V} \times \dfrac{0.20}{V}} = \underline{4.0}$$

なお，加えた少量の硫酸（H^+）は触媒である。

問3 生成する $CH_3COOC_2H_5$ の物質量を x〔mol〕とおくと，バランスシートは以下のようになる。

$$CH_3COOH + C_2H_5OH \rightleftharpoons CH_3COOC_2H_5 + H_2O$$

初期量	2.0	1.0	0	0 （単位:mol）
変化量	− x	− x	+ x	+ x
平衡時	2.0 − x	1.0 − x	x	x

よって，題意より，平衡定数 K は**問2**と同じ値となるので，

$$K = \frac{[CH_3COOC_2H_5][H_2O]}{[CH_3COOH][C_2H_5OH]} = \frac{\dfrac{x}{V} \times \dfrac{x}{V}}{\dfrac{2.0-x}{V} \times \dfrac{1.0-x}{V}} = \underline{4.0}$$

$$\Leftrightarrow\ 3x^2 - 12x + 8 = 0 \qquad \therefore\ x = \frac{6 \pm 2\sqrt{3}}{3} \fallingdotseq 0.866,\ 3.13$$

ここで，平衡時の CH_3COOH や C_2H_5OH の量は 0 以下になることはないため，バランスシートより，$0 < x < 1.0$ となる。

$$\therefore\ x \fallingdotseq \underline{8.7 \times 10^{-1}}\,〔mol〕$$

［Ⅱ］ （ア）初めの HI のモル濃度を C〔mol/L〕とおくと，HI の 20 %が分解したときバランスシートは以下のようになる。

	H_2	+	I_2	$\rightleftarrows$	2HI
初期量	0		0		C
変化量	$+\dfrac{20}{100}C \times \dfrac{1}{2}$		$+\dfrac{20}{100}C \times \dfrac{1}{2}$		$-\dfrac{20}{100}C$
平衡時	$0.10C$		$0.10C$		$0.80C$

（単位:mol/L）

よって，化学平衡の法則より，

$$K = \frac{[\text{HI}]^2}{[\text{H}_2][\text{I}_2]} = \frac{(0.80\,C)^2}{0.10\,C \times 0.10\,C} = \underline{64}$$

（イ）　まず反応の進行方向を以下のように判定する（$\widetilde{K}$ は現存で平衡状態になっていると仮定した場合の平衡定数を表す）。容積を V〔L〕とすると，

$$\widetilde{K} = \frac{[\text{HI}]^2}{[\text{H}_2][\text{I}_2]} = \frac{\left(\dfrac{15}{V}\right)^2}{\dfrac{1.0}{V} \times \dfrac{3.0}{V}} = 75 > K\ (= 64)$$

（ア）より

よって，平衡時に比べ現存の［HI］が大きく，［H_2］，［I_2］は小さい。そのため，平衡状態になろうと右辺量を減らす，つまり HI が減少する左方向（［H_2］，［I_2］は増加する方向）へ反応が進む。

（ウ）　まずは正反応(①)が発熱反応なのか吸熱反応なのかを判定する（P.221のパターン３）。可逆反応において温度を高くすると，ルシャトリエの原理より平衡は吸熱方向に移動する。また，本文より，温度上昇にともなって HI の生成量が減少する，つまり次式の平衡が左向き(②)に移動したことがわかる。

$$\text{H}_2 + \text{I}_2 \underset{②}{\overset{①}{\rightleftarrows}} 2\text{HI}$$

よって，「左方向＝吸熱方向」，つまり，右方向（正反応）は発熱反応である。
ここで，上式の「反応の進行」を横軸に，「エネルギー」を縦軸にとると，右のような図になる。
よって，右図より，「反応①の活性化エネルギー＜反応②の活性化エネルギー」となることがわかる。

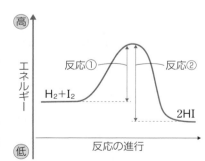

42 気体平衡

フレーム 42

◎圧平衡定数とは

$$a \, \mathrm{A} \,（気）+ b \, \mathrm{B} \,（気）\; \rightleftarrows \; c \, \mathrm{C} \,（気）+ d \, \mathrm{D} \,（気）$$

　各成分（気体）のモル濃度と分圧は**比例する**ため，上式に示す可逆反応が平衡状態にあるとき，各成分の分圧について化学平衡の法則が成立する。

$$K_{\mathrm{p}} = \frac{P_{\mathrm{C}}{}^{c} \cdot P_{\mathrm{D}}{}^{d}}{P_{\mathrm{A}}{}^{a} \cdot P_{\mathrm{B}}{}^{b}}$$

※この K_{p} を**圧平衡定数**といい，**温度一定なら K_{p} も一定値となる。**

◎濃度平衡定数 K_{c} と圧平衡定数 K_{p} の関係

$$K_{\mathrm{c}} = K_{\mathrm{p}} \, (RT)^{\text{（左辺の係数和）}-\text{（右辺の係数和）}}$$

［証明］　$a_1 \mathrm{A}_1 + a_2 \mathrm{A}_2 + \cdots \; \rightleftarrows \; b_1 \mathrm{B}_1 + b_2 \mathrm{B}_2 + \cdots$

上式の各成分がすべて気体として存在しているとき，気体の状態方程式より，

$$P_X V = n_X RT \qquad (X = \mathrm{A}_1,\ \mathrm{A}_2,\ \cdots,\ \mathrm{B}_1,\ \mathrm{B}_2,\ \cdots)$$

$$\Leftrightarrow \; P_X = \frac{n_X}{V} RT$$

$$\Leftrightarrow \; P_X = [X] \, RT$$

ここで，$K_{\mathrm{p}} = \dfrac{P_{\mathrm{B}_1}{}^{b_1} \cdot P_{\mathrm{B}_2}{}^{b_2} \cdot \cdots}{P_{\mathrm{A}_1}{}^{a_1} \cdot P_{\mathrm{A}_2}{}^{a_2} \cdot \cdots}$　に代入すると，

$$K_{\mathrm{p}} = \frac{([\mathrm{B}_1]RT)^{b_1} \cdot ([\mathrm{B}_2]RT)^{b_2} \cdot \cdots}{([\mathrm{A}_1]RT)^{a_1} \cdot ([\mathrm{A}_2]RT)^{a_2} \cdot \cdots}$$

$$\Leftrightarrow \; K_{\mathrm{p}} = \frac{[\mathrm{B}_1]^{b_1} \cdot [\mathrm{B}_2]^{b_2} \cdot \cdots (RT)^{b_1+b_2\cdots}}{[\mathrm{A}_1]^{a_1} \cdot [\mathrm{A}_2]^{a_2} \cdot \cdots (RT)^{a_1+a_2\cdots}}$$

$$\Leftrightarrow \; K_{\mathrm{p}} = K_{\mathrm{c}} (RT)^{(b_1+b_2+\cdots)-(a_1+a_2+\cdots)}$$

$$\Leftrightarrow \; K_{\mathrm{c}} = K_{\mathrm{p}} (RT)^{(a_1+a_2+\cdots)-(b_1+b_2+\cdots)}$$

[I]　次の文章を読み,**問1 ～ 2**に答えよ。気体定数は8.3×10^3 L·Pa / (K·mol)
とする。

　四酸化二窒素 N_2O_4 は無色の気体で，赤褐色の気体である二酸化窒素 NO_2 と
以下のような平衡状態を示す。

　　　$N_2O_4 \rightleftarrows 2NO_2$

　このようにある物質が可逆的に分解することを解離といい，その割合を解離度
という。

　ピストンのついた容器に，N_2O_4 を 0.10 mol 入れた。ピストンを固定し，体積
を 1.0 L に保ち，57℃としたところ，平衡状態に達し，圧力は，4.1×10^5 Pa であっ
た。このときの容器内の気体のモル数は（　ア　）mol であり，N_2O_4 の解離度は
（　イ　）である。したがって，平衡定数は（　ウ　）mol/L である。気体反応の
平衡定数では，各気体のモル濃度の代わりにそれぞれの気体の分圧を用いる圧平
衡定数を用いることが多い。この場合の圧平衡定数は（　エ　）Pa である。

　解離度は同じ温度であっても体積が変わると変化する。下線部の状態から，温
度を 57℃に保ったまま，容器のピストンを移動させ，体積を（　オ　）L に変
化させると，平衡状態に達し，解離度は 0.6 になった。

　容器の体積を 1.0 L に戻した後，温度を 97℃まで上昇させると，平衡状態に
達し，解離度は 0.8 となり，容器内の気体の色は濃くなった。

問1　（　ア　）～（　オ　）に入る適切な数値を求めよ。計算式も書くこと。

問2　N_2O_4 が NO_2 に変化する反応は発熱反応か，吸熱反応かを記せ。また，理
　　　由を 20 字以内で書け。

　　　　　　　　　　　　　　　　　　　　　　　　　　　　　　　（2012 昭和薬科）

[II]　次の文章を読み，**問1 ～問7**に答えよ。

　エタンは約 800 ℃で，エチレンと水素に分解する。このエタンの熱分解反応は
可逆であり，正反応のエンタルピー変化を書き加えた化学反応式は次式で表される。

　　　$C_2H_6 \longrightarrow C_2H_4 + H_2$　$\Delta H = x$ 〔kJ〕

　この反応が平衡状態にあるとき，反応混合物中の気体のモル濃度〔mol / L〕を，
それぞれ [C_2H_6], [C_2H_4], [H_2] とすれば，濃度平衡定数 K_c は，

　　　$K_c = $ 　ア

で与えられる。一方，反応混合物中の気体の分圧〔Pa〕を，それぞれ $p_{C_2H_6}$，$p_{C_2H_4}$，p_{H_2} とすれば，分圧で表わした平衡定数 K_p は，

$$K_p = \frac{p_{C_2H_4} p_{H_2}}{p_{C_2H_6}}$$

で与えられる。これを圧平衡定数と呼ぶ。各気体を理想気体とみなし，温度〔K〕を T，気体定数〔L·Pa/(K·mol)〕を R とすれば，K_c と K_p の間には，

$$K_c = \boxed{} K_p$$

の関係がある。気相反応を考える場合には，圧平衡定数を用いることが多い。

　容積一定の反応容器にエタンを 1.0 mol 入れ，温度を 690 ℃ に保ったところ，全圧は 1.0×10^5 Pa であった。この容器に細かく粉砕した固体触媒を加えて反応を開始させ，同じ温度で平衡に達するまで反応させた。このとき，熱分解したエタンの物質量を a〔mol〕とし，平衡に達したときの全圧を P〔Pa〕とする。加えた触媒の体積を無視すると，a と P の間には，

$$P = \boxed{}$$

の関係が成り立つ。この関係式を用いると，K_p を a だけの式で表すことができる。

$$K_p = \boxed{} \text{ Pa}$$

690 ℃ では，$K_p = \frac{1}{6} \times 10^5$ Pa である。したがって，a および P の値を有効数字 2 桁で求めると，

$$a = \boxed{}, \quad P = \boxed{}$$

となる。

問1 エタンの熱分解反応の反応エンタルピー x〔kJ〕の値を求めよ。ただし，エタンおよびエチレンの生成エンタルピーは，それぞれ -84.0 および 52.0 kJ/mol とする。

問2 エタンが生成する反応 $C_2H_4 + H_2 \longrightarrow C_2H_6$ の活性化エネルギーを求めよ。ただし，エタンの分解反応の活性化エネルギーは 310 kJ/mol であり，両反応の活性化状態は同じであるとする。

問3 空欄 $\boxed{}$ と $\boxed{}$ に適当な式を入れよ。

問4 空欄 $\boxed{}$ と $\boxed{}$ に入る適当な式を，a だけを用いて表わせ。

問5 空欄 $\boxed{}$ と $\boxed{}$ に適当な数値を入れよ。

問6 固体触媒を細かく粉砕して加える理由を 40 字以内で述べよ。

問7 エタンの熱分解反応が平衡状態にあるとき，下記の(A)～(E)の条件を与えると，エタンの分解量はどのように変化するか。選択肢群 1 ～ 3 から選び，数字で示せ。

(A)　触媒の量を増やす　　(B)　反応混合物を激しくかき混ぜる

(C)　温度を上げる　　(D)　生成した水素の一部を除く

(E)　圧力を高くする

〔選択肢群〕

1　増える　　2　減る　　3　変わらない　　　　　　　　　(2002 筑波 改)

....

解答

[Ⅰ]**問1**ア　15×10^{-1} mol　　イ　0.5　　ウ　0.20　　エ　5.5×10^5

　　　オ　1.8

　　問2　反応…吸熱反応

　　　　　理由…高温なほど N_2O_4 の解離が進んだから。(19字)

[Ⅱ]**問1**　136 kJ　　**問2**　174 kJ/mol

　　問3ア　$\dfrac{[C_2H_4][H_2]}{[C_2H_6]}$　　イ　$\dfrac{1}{RT}$

　　問4ウ　$(1.0 + a) \times 10^5$　　エ　$\dfrac{a^2}{1.0 - a} \times 10^5$

　　問5オ　3.3×10^{-1} mol　　カ　1.3×10^5 Pa

　　問6　反応物が触媒の表面で活性化されるため，粉砕して表面積を大きくし
　　　　　反応速度を上げる。(40字)

　　問7(A)　3　　(B)　3　　(C)　1　　(D)　1　　(E)　2

〔解説〕

[Ⅰ]　**問1**　ア　平衡状態に達したときの混合気体の全物質量 $n_{全}$〔mol〕は，
次式で求まる。

$$n_{全} = \frac{P_{全}V}{RT} = \frac{(4.1 \times 10^5) \times 1.0}{(8.3 \times 10^3) \times (57 + 273)} = 0.149\cdots ≒ \underline{1.5 \times 10^{-1}}\ \text{〔mol〕}$$

イ　初めに用意した N_2O_4 の物質量を n_0〔mol〕，N_2O_4 の解離度を α とおくと，
平衡時における各物質の物質量〔mol〕は以下のバランスシートにより求まる。

	N_2O_4	$\rightleftharpoons$	$2NO_2$	全
初期量	n_0		0	n_0　(単位 :mol)
変化量	$-n_0\alpha$		$+n_0\alpha \times 2$	
平衡時	$n_0(1-\alpha)$		$2n_0\alpha$	$n_0(1+\alpha)$

よって，平衡時の全物質量 $n_{全}$〔mol〕について，**問1** のアより，

$$n_{全} = n_0(1 + \alpha) \quad \Leftrightarrow \quad 0.149 = 0.10(1 + \alpha) \quad \therefore \quad \alpha = 0.49 \fallingdotseq \underline{0.5}$$

（本問中に与えられている解離度がすべて小数点以下1桁までで表されているので解答もそれに合わせ，かつこれから続く計算にも「0.5」のまま用いる。）

ウ 問イの結果より，濃度平衡定数 K_c は，

$$K_c = \frac{[NO_2]^2}{[N_2O_4]} = \frac{\left(\dfrac{2n_0\alpha}{V}\right)^2}{\dfrac{n_0(1-\alpha)}{V}} = \frac{4n_0\alpha^2}{V(1-\alpha)} \cdots (*)$$

$$= \frac{4 \times 0.10 \times 0.5}{1.0(1 - 0.5)} = \underline{0.20} \ \text{〔mol/L〕}$$

エ 濃度平衡定数 K_c と圧平衡定数 K_p の関係式（⇨ P.225）より，
「$1N_2O_4 \rightleftarrows 2NO_2$」から，次式が成り立つ。

$$K_c = K_p(RT)^{1-2}$$

$$\Leftrightarrow \quad K_p = K_c RT$$

$$= 0.20 \times (8.3 \times 10^3) \times (57 + 273) = 5.47\cdots \times 10^5 \fallingdotseq \underline{5.5 \times 10^5} \ \text{〔Pa〕}$$

オ 温度は57℃のままなので K_c は不変。よって，問ウの結果と（*）式より，

$$K_c = \frac{4n_0\alpha^2}{V(1-\alpha)} \quad \Leftrightarrow \quad 0.20 = \frac{4 \times 0.10 \times 0.6^2}{V(1 - 0.6)} \quad \therefore \quad V = \underline{1.8} \ \text{〔L〕}$$

問2 P.221における**パターン3**の問題である。可逆反応において温度を高くすると，ルシャトリエの原理より平衡は吸熱方向に移動する。また，本文より，温度上昇（57 → 97 ℃）にともなって N_2O_4 の解離度が大きくなった（0.60 → 0.80），つまり次式の平衡が右方向に移動したことがわかる。

$$N_2O_4 \rightleftarrows 2NO_2$$

よって，「右方向＝吸熱方向」とわかる。

[Ⅱ] **問1** エタン C_2H_6 とエチレン C_2H_4 の生成反応の熱化学方程式は次式のようになる。

$$2C \ (固) + 3H_2 \ (気) \longrightarrow C_2H_6 \ (気) \quad \Delta H = -84.0\text{kJ} \quad \cdots ①$$

$$2C \ (固) + 2H_2 \ (気) \longrightarrow C_2H_4 \ (気) \quad \Delta H = 52.0\text{kJ} \quad \cdots ②$$

$$C_2H_6 \ (気) \longrightarrow C_2H_4 \ (気) + H_2 \ (気) \quad \Delta H = x \ \text{〔kJ〕} \quad \cdots (*)$$

（*）式のように求めるエタンの熱分解反応の反応エンタルピーを x〔kJ〕としたとき，（*）式＝ $-$①式＋②式より，

$$x = -(-84.0) + (52.0) = \underline{136} \ \text{〔kJ〕}$$

問2 **問1** より，C_2H_6（気）$\longrightarrow$ C_2H_4（気）$+$ H_2（気）　$\Delta H = 136\,kJ$ で表

される反応とその活性化エネル
ギー（310 kJ）の関係は右図のよ
うになる。

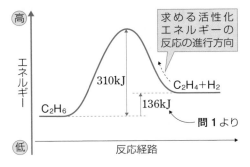

よって，求める活性化エネル
ギーは，

$$310 - 136 = \underline{174}\ \text{[kJ/mol]}$$

問3

ア　$C_2H_6 \rightleftharpoons C_2H_4 + H_2$

　上式が平衡状態にあるとき，濃度平衡定数 K_c は次式のように表される。

$$K_c = \frac{[C_2H_4][H_2]}{[C_2H_6]}$$

イ　$\boxed{\text{Point}}$　濃度平衡定数 K_c と圧平衡定数 K_p の関係

$$K_c = K_p(RT)^{(左辺の係数和) - (右辺の係数和)}$$

　K_c と K_p の関係は，

$$K_c = K_p(RT)^{1-(1+1)} \quad \Leftrightarrow \quad K_c = K_p(RT)^{-1} \quad \Leftrightarrow \quad K_c = \frac{1}{RT}K_p$$

問4　ウ　C_2H_6 の分解反応におけるバランスシートは次のようになる。

	$C_2H_6 \rightleftharpoons$	C_2H_4	$+$	H_2	全	
初期量	1.0	0		0	1.0	（単位：mol）
変化量	$-a$	$+a$		$+a$		
平衡時	$1.0-a$	a		a	$1.0+a$	

　ここで，反応前後での混合気体において，物質量〔mol〕比＝圧力〔Pa〕比より，

$$n_初 : n_平 = P_初 : P_平 \quad \Leftrightarrow \quad 1.0 : (1.0 + a) = (1.0 \times 10^5) : P$$

$$\therefore \quad P = \underline{(1.0 + a) \times 10^5}\ \text{[Pa]}$$

エ　各気体の分圧は，モル分率と平衡時の全圧 P を用いると，上のバランスシー
トより次式のように表される。

$$\begin{cases} P_{C_2H_6} = P \times x_{C_2H_6} = P \times \dfrac{1.0-a}{1.0+a} = \dfrac{1.0-a}{1.0+a}P\ \text{[Pa]} \\[3mm] P_{C_2H_4} = P \times x_{C_2H_4} = P \times \dfrac{a}{1.0+a} = \dfrac{a}{1.0+a}P\ \text{[Pa]} \\[3mm] P_{H_2} \ \ = P \times x_{H_2} \ \ = P \times \dfrac{a}{1.0+a} = \dfrac{a}{1.0+a}P\ \text{[Pa]} \end{cases}$$

よって，

$$K_{p} = \frac{P_{C_2H_4} \cdot P_{H_2}}{P_{C_2H_6}} = \frac{\left(\dfrac{a}{1.0+a}P\right) \times \left(\dfrac{a}{1.0+a}P\right)}{\dfrac{1.0-a}{1.0+a}P} = \frac{a^2}{(1.0+a)(1.0-a)}P$$

$$= \frac{a^2}{(1.0+a)(1.0-a)} \times (1.0+a) \times 10^5 \leftarrow \text{ウの結果を}~P~\text{に代入}$$

$$= \underline{\frac{a^2}{1.0-a} \times 10^5}~\text{〔Pa〕}$$

問5 オ　エの結果より，

$$K_{p} = \frac{a^2}{1.0-a} \times 10^5 \Leftrightarrow \frac{1}{6} \times 10^5 = \frac{a^2}{1.0-a} \times 10^5$$

$$\Leftrightarrow 6a^2 + a - 1 = 0$$

$$\Leftrightarrow (3a-1)(2a+1) = 0$$

$0 < a < 1$ より，$a = \dfrac{1}{3} \fallingdotseq \underline{3.3 \times 10^{-1}}$〔mol〕

カ　ウ，オの結果より，

$$P = (1.0+a) \times 10^5 = \left(1.0 + \frac{1}{3}\right) \times 10^5 \fallingdotseq \underline{1.3 \times 10^5}~\text{〔Pa〕}$$

問7 （A），（B）　速度が大きくなるだけで，C_2H_6 の分解量は変わらない。
（C）　温度を上げると，吸熱反応の方向に平衡が移動する。よって，**問1** より C_2H_6 の分解反応は吸熱反応のため，温度を上げることで C_2H_6 の分解量は増える。
（D）　反応系から H_2 を取り除くと，H_2 の生成方向に平衡が移動する。よって，「H_2 の生成する方向」＝「C_2H_6 の分解する方向」より，C_2H_6 の分解量は増える。
（E）　圧力を高くすると，圧力を低くする方向つまり気体分子数が減少する方向に平衡が移動する。C_2H_6 の分解する方向は，（反応式の係数から）気体分子数が増加する方向のため，C_2H_6 の分解量は減る。

電離平衡①
（水）

フレーム43

◎水のイオン積とは

水 H_2O は，わずかに電離して次式のような平衡状態となる。

$$H_2O \rightleftarrows H^+ + OH^- \qquad K = \frac{[H^+][OH^-]}{[H_2O]}$$

ここで，H_2O の電離はわずかで，溶質が溶け込んでいてもそれが希薄なら $[H_2O]$ はほぼ一定値。よって，

$$K\,[H_2O] = [H^+][OH^-] \quad \Leftrightarrow \quad K_w = [H^+][OH^-]$$

※この平衡定数 K_w を水のイオン積といい，**温度が一定であれば K_w は常に一定値**。なお，25℃では $K_w = 1.0 \times 10^{-14} \, (mol/L)^2$ である。

◎純水 H_2O の電離度

以下のように，電離した H_2O のモル濃度を $x \, (mol/L)$ とおく。

$$H_2O \longrightarrow H^+ + OH^- \quad （単位：mol/L）$$

変化量 　　$-x$ 　　　　 $+x$ 　　　 $+x$

よって，水のイオン積より，

$$K_w = [H^+][OH^-]$$

$$\Leftrightarrow \quad 1.0 \times 10^{-14} = x \times x \quad \therefore \quad x = 1.0 \times 10^{-7} \, (mol/L)$$

また，水 1 L あたりの質量は 1000 g（密度 1.0 g/cm³）なので H_2O の電離度は，

$$\frac{電離したH_2O\,(mol)}{全H_2O\,(mol)} = \frac{1.0 \times 10^{-7} \, (mol/L) \times 1 \, (L)}{\dfrac{1000 \, (g)}{18 \, (g/mol)}} = 1.8 \times 10^{-9}$$

◎電気的中性の条件

イオンの溶液中では，その中でどんな反応が起こったとしても電気的には必ず中性である。そのため，陽イオンのグループと陰イオンのグループの濃度間には，次式のような式が成り立つ。

[例]　硝酸バリウム $Ba(NO_3)_2$ 水溶液の電気的中性の条件

$$[H^{1+}] \times 1 + [Ba^{2+}] \times 2 = [OH^{1-}] \times 1 + [NO_3{}^{1-}] \times 1$$

$$\Leftrightarrow \quad [H^+] + 2[Ba^{2+}] = [OH^-] + [NO_3^-]$$

次の文章を読み，以下の問いに答えよ。原子量は H = 1.0，O = 16.0 とする。

水 H_2O は，わずかに電離して，（1）式のように水素イオン H^+ と水酸化物イオン OH^- を生じ，平衡状態となる。この平衡時の電離定数は（2）式で示される。

$$H_2O \rightleftharpoons H^+ + OH^- \qquad \cdots(1)$$

$$電離定数 \quad K = \frac{[H^+][OH^-]}{[H_2O]} \quad \cdots(2)$$

純水では，水素イオンの濃度 $[H^+]$ と水酸化物イオンの濃度 $[OH^-]$ が等しく，25℃では，ともに 1.0×10^{-7} mol/L である。水分子の濃度 $[H_2O]$ は，（　ア　）mol/L であるので，電離してもほぼ一定値であるとみなすことができる。このとき，水のイオン積 K_w は一定値（　イ　）$[mol/L]^2$ を示す。

一般に，純水だけではなく，酸性や塩基性（アルカリ性）を示す物質が溶けた薄い水溶液でも，K_w は一定値を示す。したがって，25℃において，(ウ)[OH^-] が 1.0×10^{-10} mol/L の水溶液の水素イオン濃度 $[H^+]$ は，（　エ　）mol/L である。水溶液の酸性は $[H^+]$ が高いほど強く，塩基性は $[OH^-]$ が高いほど強くなる。

問 1　前の文章中の（　ア　），（　イ　），（　エ　）に該当する数値を**有効数字2 桁**で記せ。水の密度は 25℃で，1.0 g/cm^3 とする。

問 2　下線部（ウ）の水溶液の pH はいくらか。**有効数字 2 桁**で答えよ。

（2004 九州工業）

解答

問 1（ア）　5.6×10

　　（イ）　1.0×10^{-14}

　　（エ）　1.0×10^{-4}

問 2　4.0

[解説]

問1 （ア） 本問より 25 ℃における水の密度は 1.0 g/cm^3 なので，1.0 L あたりで考えると，

$$[H_2O] = \frac{\dfrac{1.0 \text{〔g/cm}^3\text{〕} \times 1000 \text{〔cm}^3\text{〕}}{18 \text{〔g/mol〕}}}{1.0 \text{〔L〕}} = 55.5 \cdots \fallingdotseq \underline{5.6 \times 10} \text{〔mol/L〕}$$

（エ） 水のイオン積より，

$$\Leftrightarrow \quad [H^+] = \frac{K_w}{[OH^-]} = \frac{1.0 \times 10^{-14}}{1.0 \times 10^{-10}} = \underline{1.0 \times 10^{-4}} \text{〔mol/L〕}$$

問2 （エ）の結果より，

$$pH = -\log_{10}[H^+] = -\log_{10}(1.0 \times 10^{-4}) = \underline{4.0}$$

塩基性溶液のときの pH を直接求める方法

K_w を用いることで塩基性溶液（$[H^+] < 1.0 \times 10^{-7}$）の pH は，$[OH^-]$ がわかれば次式のように直接求めることができる（⇨ P.96）。

$$pH = -\log_{10}[H^+] = -\log_{10}\frac{K_w}{[OH^-]} = -\log_{10}K_w + \log_{10}[OH^-]$$

$$\therefore \quad pH = 14 + \log_{10}[OH^-] \qquad (25\,℃)$$

電離平衡②
（弱酸）

フレーム 44

◎電離定数とは

弱酸 HA（濃度 c〔mol/L〕）を水に溶かしたとき，HA の電離度を α とすると，平衡状態における各成分の濃度〔mol/L〕はバランスシートより以下のようになる。

$$HA \rightleftharpoons H^+ + A^- \quad \cdots①$$

初期量	c	0	0 （単位 :mol/L）
変化量	$-c\alpha$	$+c\alpha$	$+c\alpha$
平衡時	$c(1-\alpha)$	$c\alpha$	$c\alpha$

化学平衡の法則（⇨ P.221）より，式①反応の平衡定数 K_a（HA の電離定数という）は次式のように表される。

$$K_a = \frac{[CH_3COO^-][H^+]}{[CH_3COOH]} = \frac{c\alpha \times c\alpha}{c(1-\alpha)} = \frac{c\alpha^2}{1-\alpha}$$

ここで，α は弱酸の電離度であり，$\alpha \ll 1$ より $1-\alpha \fallingdotseq 1$ と近似できるので，

$$K_a = \frac{c\alpha^2}{1-\alpha} \fallingdotseq c\alpha^2 \quad \therefore \quad \alpha \fallingdotseq \sqrt{\frac{K_a}{c}}$$

よって，$[H^+] = c\alpha \fallingdotseq c\sqrt{\dfrac{K_a}{c}} \quad \Leftrightarrow \quad [H^+] = \sqrt{cK_a}$

◎物質収支の条件

ある元素に注目すると，その元素の原子の物質量〔mol〕はどんな化学変化が起こっても不変である。そのため，ある元素について方程式を作成することができる。

[例]　C〔mol〕の HA を水に溶かして 1 L にしたときの A（原子）について

$$[A（原子）]_全 = [HA] + [A^-] \quad \Leftrightarrow \quad C = [HA] + [A^-]$$

実践問題　　　　　　　　　　　　　　　　　　1回目　2回目　3回目

目標：18分　実施日：　　／　　　／　　　／

次の文章を読み，**設問 1 ～ 8** に答えよ。

n〔mol〕の 1 価の弱酸 HA を水に溶かして v〔L〕の希薄な水溶液をつくった。この水溶液中では次の二つの電離平衡が成立している。

$$HA \rightleftharpoons H^+ + A^- \qquad \cdots (1)$$

$$H_2O \rightleftharpoons H^+ + OH^- \qquad \cdots (2)$$

この電離平衡において，物質量 n は保存されるから，式 (3) が成り立つ。

$$n = \boxed{\text{ア}} \qquad \cdots (3)$$

また，水溶液は全体として電気的に中性であることから，式 (4) が成り立つ。

$$\boxed{\text{イ}} \qquad \cdots (4)$$

HA の電離定数を K_a とすると，式 (1) に示される平衡から，式 (5) が成り立つ。

$$K_a = \boxed{\text{ウ}} \qquad \cdots (5)$$

この水溶液が希薄溶液であることから，水のイオン積を K_w とすれば，式 (6) が成り立つ。

$$K_w = \boxed{\text{エ}} \qquad \cdots (6)$$

式 (3) 〜 (6) から $[OH^-]$，$[HA]$，$[A^-]$ を順次消去すれば，①$[H^+]$ に関する 3 次方程式が導かれ，それを解くことによって，この水溶液の水素イオン濃度が求められる。

式 (2) による電離はごくわずかであるから，式 (1) の平衡のみを考え，水素イオン濃度を導出する場合も多い。式 (1) の平衡のみを考えた場合，②$[A^-]$ および $[HA]$ は $[H^+]$，n，v を用いて表すことができる。これらを式 (5) に代入し，$[H^+]$ に関する 2 次方程式を解くことによって，③水素イオン濃度を求めることができる。さらに，HA が酢酸のように電離度の極めて小さい場合は，式 (7) で近似することもできる。

$$[H^+] = \sqrt{\frac{n}{v}K_a} \qquad \cdots (7)$$

問 1 $\boxed{\text{ア}}$ に当てはまる式を以下から一つ選び，記号で答えよ。

(a) $[HA]v + [H^+]v$ (b) $[HA]v + [A^-]v$

(c) $[HA]v + [H^+]v + [A^-]v$

問 2 $\boxed{\text{イ}}$ に当てはまる式を以下から一つ選び，記号で答えよ。

(a) $2[H^+]v = [A^-]v + [OH^-]v$ (b) $[H^+]v + [A^-]v + [OH^-]v = 0$

(c) $[H^+]v = [A^-]v + [OH^-]v$ (d) $[H^+]^2v = [A^-]^2v + [OH^-]^2v$

問 3 $\boxed{\text{ウ}}$ および $\boxed{\text{エ}}$ に当てはまる式を記せ。

問 4 下線部①の 3 次方程式を $[H^+]$，n，v，K_a，K_w を用いて表せ。

問 5 下線部②について，$[A^-]$ および $[HA]$ を $[H^+]$，n，v を用いて表せ。

問6 下線部③で求まる水素イオン濃度を n, v, K_a を用いて表せ。

問7 酢酸 0.010 mol を水に溶かし，270 mL の水溶液をつくった。酢酸の K_a を 2.7×10^{-5} mol/L として，式 (7) を用いることにより，この酢酸水溶液の pH を有効数字 2 桁で求めよ。

問8 水の電離反応の熱化学方程式は $H_2O = H^+ + OH^- - 57$ kJ である。この熱化学方程式から考えて，温度を上げると，水のイオン積 K_W の値はどうなるか。以下から一つ選び，記号で答えよ。

(a) 大きくなる　　　(b) 変わらない　　　(c) 小さくなる

（2012 防衛大）

......

解答

......

問1 (b)　　**問2** (c)　　**問3** ウ $\dfrac{[H^+][A^-]}{[HA]}$　　エ $[H^+][OH^-]$

問4 $v[H^+]^3 + vK_a[H^+]^2 - (nK_a + vK_w)[H^+] - vK_aK_w = 0$

問5 $[A^-] = [H^+]$, $[HA] = \dfrac{n}{v} - [H^+]$

問6 $[H^+] = \dfrac{-vK_a + \sqrt{v^2K_a{}^2 + 4nvK_a}}{2v}$　　**問7** 3.0　　**問8** (a)

[解説]

問1 原子 A の物質量〔mol〕について，物質収支の条件（⇨ P.235）より，次式が成り立つ。

$$n_{全A}\text{〔mol〕} = n_{HA}\text{〔mol〕} + n_{A^-}\text{〔mol〕}$$

⇔ $n = [HA] \times v + [A^-] \times v$　⇔　$n = \underline{[HA]v + [A^-]v}$

問2 電気的中性の条件（⇨ P.232）より，

$$[H^+]_{全} \times 1 = [A^-] \times 1 + [OH^-] \times 1 \quad ⇔ \quad [H^+]_{全} = [A^-] + [OH^-]$$

上式の辺々に v〔L〕をかけて物質量〔mol〕単位に変換させると次式になる。

$$[H^+] \times v = [A^-] \times v + [OH^-] \times v \quad ⇔ \quad \underline{[H^+]v = [A^-]v + [OH^-]v}$$

問3，4 この水溶液中で成り立つ関係式を以下に記す。

$$\left\{\begin{array}{l}
\text{HA の電離定数}\quad K_{\mathrm{a}} = \dfrac{[\mathrm{H^+}][\mathrm{A^-}]}{[\mathrm{HA}]} \qquad\qquad\qquad\qquad \cdots① \\[2ex]
\text{水のイオン積}\quad K_{\mathrm{w}} = [\mathrm{H^+}][\mathrm{OH^-}] \qquad\qquad\qquad\qquad \cdots② \\[2ex]
\text{物質収支の条件}\quad [\mathrm{A(原子)}]_{\text{全}} = [\mathrm{HA}] + [\mathrm{A^-}] \ \Leftrightarrow\ \dfrac{n}{v} = [\mathrm{HA}] + [\mathrm{A^-}] \cdots③ \\[2ex]
\text{電気的中性の条件}\quad [\mathrm{H^+}] = [\mathrm{A^-}] + [\mathrm{OH^-}] \qquad\qquad\qquad \cdots④
\end{array}\right.$$

ここで，題意より $[\mathrm{OH^-}]$，$[\mathrm{HA}]$，$[\mathrm{A^-}]$ を順に消去していく。

まず，④式（$[\mathrm{OH^-}] = [\mathrm{H^+}] - [\mathrm{A^-}]$）を②式に代入して $[\mathrm{OH^-}]$ を消去する。

$$K_{\mathrm{w}} = [\mathrm{H^+}][\mathrm{OH^-}] = [\mathrm{H^+}] \times ([\mathrm{H^+}] - [\mathrm{A^-}])$$

$$\Leftrightarrow\quad [\mathrm{A^-}] = [\mathrm{H^+}] - \frac{K_{\mathrm{w}}}{[\mathrm{H^+}]} \qquad\qquad \cdots⑤$$

次に，③式（$[\mathrm{HA}] = \dfrac{n}{v} - [\mathrm{A^-}]$）を①式に代入して $[\mathrm{HA}]$ を消去する。

$$K_{\mathrm{a}} = \frac{[\mathrm{H^+}][\mathrm{A^-}]}{[\mathrm{HA}]} = \frac{[\mathrm{H^+}][\mathrm{A^-}]}{\dfrac{n}{v} - [\mathrm{A^-}]} \qquad \cdots⑥$$

最後に，⑤式を⑥式に代入して $[\mathrm{A^-}]$ を消去して整理する。

$$K_{\mathrm{a}} = \frac{[\mathrm{H^+}][\mathrm{A^-}]}{\dfrac{n}{v} - [\mathrm{A^-}]} = \frac{[\mathrm{H^+}]\left([\mathrm{H^+}] - \dfrac{K_{\mathrm{w}}}{[\mathrm{H^+}]}\right)}{\dfrac{n}{v} - \left([\mathrm{H^+}] - \dfrac{K_{\mathrm{w}}}{[\mathrm{H^+}]}\right)}$$

$$\Leftrightarrow\quad v[\mathrm{H^+}]^3 + vK_{\mathrm{a}}[\mathrm{H^+}]^2 - (nK_{\mathrm{a}} + vK_{\mathrm{w}})[\mathrm{H^+}] - vK_{\mathrm{a}}K_{\mathrm{w}} = 0$$

問5，6 題意より，$\mathrm{HA} \rightleftarrows 1\mathrm{H^+} + 1\mathrm{A^-}$ の電離平衡のみを考えるとき，

問5 $\underline{[\mathrm{A^-}] = [\mathrm{H^+}]}$ となるので，これを③式に代入すると，

$$\frac{n}{v} = [\mathrm{HA}] + [\mathrm{H^+}] \quad \Leftrightarrow\quad \underset{\text{問5}}{\underline{[\mathrm{HA}] = \frac{n}{v} - [\mathrm{H^+}]}}$$

よって，これらを①式に代入して整理すると，

$$K_{\mathrm{a}} = \frac{[\mathrm{H^+}][\mathrm{A^-}]}{[\mathrm{HA}]} = \frac{[\mathrm{H^+}]^2}{\dfrac{n}{v} - [\mathrm{H^+}]} \quad \Leftrightarrow\quad v[\mathrm{H^+}]^2 + vK_{\mathrm{a}}[\mathrm{H^+}] - nK_{\mathrm{a}} = 0$$

$$\underset{\text{問6}}{\underline{[\mathrm{H^+}] = \frac{-vK_{\mathrm{a}} + \sqrt{v^2K_{\mathrm{a}}^2 + 4nvK_{\mathrm{a}}}}{2v}}} \qquad (\because\ [\mathrm{H^+}] > 0)$$

発展 $1-\alpha \fallingdotseq 1$ の近似ができないときの弱酸 HA の電離度 α の算出法

原則，$\alpha > 0.05$ のときは $1-\alpha \fallingdotseq 1$ の近似ができないので，次式の 2 次方程式から α を求めねばならない。P.235 の HA のバランスシートから次式が成り立つ。

$$K_a = \frac{[\mathrm{H^+}][\mathrm{A^-}]}{[\mathrm{HA}]} = \frac{c\alpha \times c\alpha}{c(1-\alpha)} \quad \Leftrightarrow \quad K_a = \frac{c\alpha^2}{1-\alpha}$$

$$\Leftrightarrow \quad c\alpha^2 + K_a\alpha - K_a = 0$$

$$\therefore \quad \alpha = \frac{-K_a + \sqrt{K_a{}^2 + 4cK_a}}{2c}$$

問 7 電離度が非常に小さいとき，$[\mathrm{HA}] \gg [\mathrm{A^-}]$ となるので，③式において以下の近似が成り立つ。

$$[\mathrm{A(原子)}]_{全} = \frac{n}{v} = [\mathrm{HA}] + [\mathrm{A^-}] \fallingdotseq [\mathrm{HA}]$$

よって，これを①式に代入して整理すると，次式が成り立つ。

$$K_a = \frac{[\mathrm{H^+}][\mathrm{A^-}]}{[\mathrm{HA}]} = \frac{[\mathrm{H^+}]^2}{[\mathrm{HA}]}$$

$$\Leftrightarrow \quad [\mathrm{H^+}] = \sqrt{[\mathrm{HA}]K_a} = \sqrt{\frac{n}{v}K_a}$$

$$= \sqrt{\frac{0.010 \, [\mathrm{mol}]}{\frac{270}{1000} \, [\mathrm{L}]} \times (2.7 \times 10^{-5})} = 1.0 \times 10^{-3} \, [\mathrm{mol/L}]$$

$$\therefore \quad \mathrm{pH} = -\log_{10}[\mathrm{H^+}] = -\log_{10}(1.0 \times 10^{-3}) = \underline{3.0}$$

問 8 P.221 における**パターン 1** の問題である。温度を上げると，ルシャトリエの原理より，吸熱方向，つまり右向きに平衡は移動する。このとき次式における $\mathrm{H_2O}$ の電離が進み，$[\mathrm{H^+}]$ と $[\mathrm{OH^-}]$ が大きくなることから $K_w \, (= [\mathrm{H^+}][\mathrm{OH^-}])$ も大きくなる。

$$\mathrm{H_2O} \; \rightleftarrows \; \mathrm{H^+ + OH^-}$$

電離平衡③
（緩衝液）

フレーム 45

◎緩衝液の pH

[例] c_a [mol/L] の CH_3COOH と c_s [mol/L] の CH_3COONa からなる緩衝液

Step1　CH_3COOH が x [mol/L] 電離し，CH_3COONa が完全電離したとき，平衡状態における各物質のモル濃度 [mol/L] は以下のようになる。

$$CH_3COOH \rightleftarrows CH_3COO^- + H^+ \quad \cdots (\,i\,)$$

平衡時　　　$c_a - x$　　　　　　　x　　　　x

$$CH_3COONa \longrightarrow CH_3COO^- + Na^+ \quad \cdots (\,ii\,)$$

平衡時　　　0　　　　　　　　　c_s　　　　c_s

Step2　この水溶液中には CH_3COONa の電離により CH_3COO^- が多量にあるため，（ i ）式の平衡は大きく左に偏っていて（共通イオン効果），以下のような近似ができる。

$$[CH_3COOH] = c_a - x \fallingdotseq c_a$$

また，CH_3COOH から生じた CH_3COO^- は CH_3COONa から生じた量に比べてごくわずかのため，以下のような近似ができる。

$$[CH_3COO^-] = c_s + x \fallingdotseq c_s$$

Step3　CH_3COOH の電離平衡について，化学平衡の法則より，

$$CH_3COOH \rightleftarrows CH_3COO^- + H^+$$

$$K_a = \frac{[CH_3COO^-][H^+]}{[CH_3COOH]}$$

$$\Leftrightarrow [H^+] = K_a \times \frac{[CH_3COOH]}{[CH_3COO^-]} \fallingdotseq K_a \times \frac{c_a}{c_s}$$

> 同一溶液中なので，モル濃度比 (c_a/c_s) ＝物質量比 (n_a/n_s) として計算して OK。

$$\Leftrightarrow [H^+] = K_a \frac{n_a}{n_s} \quad \cdots (*)$$

◎緩衝作用後の pH

変化量シートにより，弱酸とその塩の物質量 [mol] 変化を追う。

[強酸による H^+ を x [mol] 加えた場合]

　加えた H^+ は塩のイオンと反応し（＝減少し），その結果，弱酸が遊離する（＝増加する）。よって，（*）式より，

$$[H^+] = K_a \frac{n_a + x \, [\text{mol}]}{n_s - x \, [\text{mol}]}$$

[強塩基による OH^- を y 〔mol〕加えた場合]

　加えた OH^- は酸と反応し（＝減少し），その結果，新たに塩が生じる（＝増加する）。よって，（＊）式より，

$$[H^+]' = K_a \frac{n_a - y \, [\text{mol}]}{n_s + y \, [\text{mol}]}$$

実践問題　　　　　　　　　　　　　　　1回目　2回目　3回目

目標：12分　実施日：　／　　　／　　　／

　次の酢酸と酢酸ナトリウムの混合水溶液に関する文を読んで各問に答えよ。設問での指示がないときは，計算問題の答えは四捨五入のうえ，有効数字3桁の数字で示せ。問題を通じ，その必要があれば次の数値を用いよ。

　　$\log_{10}2 = 0.300$，$\log_{10}3 = 0.480$ とする。

　純水に少量の酸や塩基を加えると，その水溶液の pH は大きく変化する。しかし，弱酸とその塩や弱塩基とその塩の混合水溶液には，外部から酸や塩基が加わっても，(1)水溶液の pH をほぼ一定に保つ働きがある。

　1.00 L 中に酢酸 c_a mol と，酢酸ナトリウム c_s mol を含む混合水溶液がある。酢酸は，水中でその一部が（　ア　）して，①式のような（　ア　）平衡状態にある。

　　$CH_3COOH \;\rightleftarrows\; CH_3COO^- + H^+$　　…①

ここへ，酢酸ナトリウムを加えると，ほぼ完全に（　ア　）する。

　　$CH_3COONa \;\longrightarrow\; CH_3COO^- + Na^+$　…②

　こうして，混合水溶液中に多量の酢酸イオンが供給されると，（　イ　）効果により①式の平衡は大きく左に片寄ることになり，酢酸の（　ア　）はかなり抑えられた状態となる。この混合水溶液に外部から酸を加えると，溶液中の酢酸イオンと反応するため，溶液中の（　ウ　）はそれほど増加しない。一方，外部から塩基を加えると，溶液中の（　ウ　）と反応して中和が起こり，（　ウ　）が減少するため，①式の平衡が右に片寄り（　ウ　）を補充する。

問1　文中（　ア　）〜（　ウ　）にあてはまる適当な語句を答えよ。

問2　下線部（1）の作用を何というか。

問3　①式の（　ア　）定数 K_a，酢酸 c_a mol/L，酢酸ナトリウム c_s mol/L を

用いて，水素イオン濃度と pH を答えよ。

問4 1.00 mol/L の酢酸の水溶液が 1.00 L ある。この水溶液をすべて用いて pH 5.00 の酢酸−酢酸ナトリウム混合水溶液をつくるには，酢酸ナトリウムの物質量〔mol〕はいくら必要か。ただし，酢酸の $K_a = 2.00 \times 10^{-5}$ mol/L，溶液の体積変化は無視しうるものとする。

問5 問4の混合水溶液に，1.00 mol/L の塩酸を 10.0 mL 加えた時の水素イオン濃度〔mol/L〕はいくらか。

問6 0.300 mol/L 酢酸水溶液 50.0 mL と 0.100 mol/L 水酸化ナトリウム水溶液 50.0 mL を混合した時の pH はいくらか。ただし，酢酸の $K_a = 2.00 \times 10^{-5}$ mol/L とする。

（2012 昭和・医）

⋯⋯

解答
⋯⋯

問1 ア　電離　　イ　共通イオン　　ウ　水素イオン

問2 緩衝作用　　**問3** $[H^+] = K_a \dfrac{c_a}{c_s}$，$pH = -\log_{10} K_a - \log_{10} \dfrac{c_a}{c_s}$

問4 2.00 mol　　**問5** 1.02×10^{-5} mol/L　　**問6** 4.40

［解説］

問1 ウ　この混合溶液に酸を加えても，酸から生じる H^+ は CH_3COO^- と反応して CH_3COOH になるので（次式），$[H^+]$ はほとんど増加しない。

$$CH_3COO^- + H^+ \longrightarrow CH_3COOH$$

問3 平衡状態における各物質のモル濃度は以下のように近似できる（⇨P.240）。

$$\begin{cases} [CH_3COOH] \fallingdotseq c_a \text{ 〔mol/L〕} \\ [CH_3COO^-] \fallingdotseq c_s \text{ 〔mol/L〕} \end{cases}$$

よって，CH_3COOH の電離平衡において，化学平衡の法則より次式が成り立つ。

$$K_a = \frac{[CH_3COO^-][H^+]}{[CH_3COOH]}$$

$$\Leftrightarrow \quad [H^+] = K_a \frac{[CH_3COOH]}{[CH_3COO^-]} \fallingdotseq K_a \frac{c_a}{c_s} \text{ 〔mol/L〕} \quad \cdots(*)$$

$$\therefore \quad pH = -\log_{10}[H^+] = -\log_{10}\left(K_a \frac{c_a}{c_s}\right) = -\log K_a - \log \frac{c_a}{c_s}$$

問4 求める酢酸ナトリウムの物質量を n_s〔mol〕とおくと，**問3**の結果より次式が成り立つ。

$$[H^+] = K_a \frac{c_a}{c_s} \quad \Leftrightarrow \quad 10^{-5.00} = (2.00 \times 10^{-5}) \times \frac{1.00〔mol/L〕}{\dfrac{n_s〔mol〕}{1.00〔L〕}}$$

$$\therefore \quad n_s = \underline{2.00}〔mol〕$$

問5 1.00 mol/L 塩酸 10.0 mL をこの緩衝液に加えたときの CH_3COOH と CH_3COONa の物質量〔mol〕は，以下の変化量シートより求めることができる。

$$\begin{cases} CH_3COOH：1.00〔mol/L〕\times 1.00〔L〕= 1.00〔mol〕\\ CH_3COONa：2.00〔mol〕\\ HCl：1.00〔mol/L〕\times \dfrac{10.0}{1000}〔L〕= 0.0100〔mol〕\end{cases}$$

$$CH_3COONa + HCl \longrightarrow CH_3COOH + NaCl$$

初期量	2.00	0.0100	1.00	0	（単位 :mol）
変化量	−0.0100	−0.0100	+0.0100	+0.0100	
反応後	1.99	0	1.01	0.0100	

よって，**問3**の結果より，

$$[H^+] = K_a \frac{c_a}{c_s} = K_a \frac{n_a〔mol〕}{n_s〔mol〕} = (2.00 \times 10^{-5}) \times \frac{1.01}{1.99}$$

$$= 1.015\cdots \times 10^{-5} \fallingdotseq \underline{1.02 \times 10^{-5}}〔mol/L〕$$

問6 この混合溶液は，CH_3COOH と $NaOH$ との反応により生じた CH_3COONa と，未反応の CH_3COOH からなる緩衝液となっている。

ここで，0.100 mol/L の $NaOH$ 水溶液を 50.0 mL 加えたときの未反応の CH_3COOH と生じた CH_3COONa の物質量〔mol〕は，以下の変化量シートにより求めることができる。

$$\begin{cases} CH_3COOH \quad 0.300〔mol/L〕\times \dfrac{50.0}{1000}〔L〕= 15.0 \times 10^{-3}〔mol〕\\ NaOH \quad 0.100〔mol/L〕\times \dfrac{50.0}{1000}〔L〕= 5.00 \times 10^{-3}〔mol〕\end{cases}$$

$$CH_3COOH + NaOH \longrightarrow CH_3COONa + H_2O$$

初期量	15.0	5.00	0	−	（単位 : 10^{-3} mol）
変化量	−5.00	−5.00	+5.00	+5.00	
反応後	10.0	0	5.00	−	

よって，**問3**の結果より，

$$[\text{H}^+] = K_a \frac{c_a}{c_s} = K_a \frac{n_a\,[\text{mol}]}{n_s\,[\text{mol}]}$$

$$= (2.00 \times 10^{-5}) \times \frac{10.0 \times 10^{-3}}{5.00 \times 10^{-3}} = 2^2 \times 10^{-5} \ [\text{mol/L}]$$

$$\therefore \quad \text{pH} = -\log_{10}[\text{H}^+] = -\log_{10}(2^2 \times 10^{-5}) = 5 - 2\log 2$$

$$= 5 - 2 \times 0.300 = \underline{4.40}$$

緩衝液の希釈と pH 変化

緩衝液の pH は，P.242 の（＊）式より CH_3COOH と CH_3COO^- の濃度比 $\dfrac{c_a}{c_s}$ でほぼ決まるため，緩衝液を水で薄めても K_a や $\dfrac{c_a}{c_s}$ はほとんど変わらない。つ

まり，**緩衝液を多少希釈しても $[\text{H}^+]$ はほとんど変化せず，希釈による pH 変化はないと考えて OK**。

電離平衡④

（強酸）

フレーム46

◎希薄な強酸について

$[H^+]_{HA} \leqq 10^{-6}$〔mol/L〕の強酸 HA 水溶液において，水 H_2O の電離による $[H^+]_{H_2O}$ は無視できない。

H_2O から電離する H^+ を考える際，溶液中の H^+ の全量 $[H^+]_{全}$ を x〔mol/L〕とおき，水のイオン積 K_w を用いて x についての **2 次方程式**を解く。

[例] C〔mol/L〕の強酸 HA（電離度 1）から電離する H^+ について

$$HA \longrightarrow H^+ + A^-$$

変化量 　$-C$ 　　　$+C$ 　　　$+C$ 　（単位：mol/L）

また，電気的中性の条件（⇨ P.232）より

$$[H^+]_{全} = [OH^-] + [A^-]$$

$$\Leftrightarrow [OH^-] = [H^+]_{全} - [A^-] = x - C$$

ここで，水のイオン積において

$$[H^+]_{全}[OH^-] = K_w$$

$$\Leftrightarrow x(x - C) = K_w$$

$$\Leftrightarrow x^2 - Cx - K_w = 0 \quad \therefore x = \frac{C + \sqrt{C^2 + 4K_w}}{2}$$

◎多価（ここでは2価）の強酸について

第 1 電離は完全電離とし，第 2 電離のみ可逆反応で考える（電離定数が与えられている）問題がほとんど。

Step1 　2 段目の電離による $[H^+]_{第2電離}$ を求める（このとき 2 次方程式を解く）。

Step2 　その $[H^+]_{第2電離}$ と，1 段目の電離による $[H^+]_{第1電離}$ を足し合わせる。

[例] C〔mol/L〕希硫酸 H_2SO_4 aq の 2 段電離（2 段目の電離定数を K_a とおく）

[第 1 電離] $H_2SO_4 \longrightarrow H^+ + HSO_4^-$

平衡時 　　　0 　　　　　C 　　　　C 　（単位：mol/L）

[第 2 電離] $HSO_4^- \rightleftharpoons H^+ + SO_4^{2-}$

平衡時 　　$C - x$ 　　　x 　　　　x 　（単位：mol/L）

$$K_a = \frac{[H^+]_{\text{全}}[SO_4^{2-}]}{[HSO_4^-]} = \frac{(C+x)x}{C-x} \Leftrightarrow x^2 + (K_a + C)x - CK_a = 0$$

$$\therefore \quad x = \frac{-(K_a + C) + \sqrt{(K_a + C)^2 + 4CK_a}}{2}$$

よって，この溶液中の全水素イオン濃度 $[H^+]_{\text{全}}$は

$$[H^+]_{\text{全}} = [H^+]_{\text{第1電離}} + [H^+]_{\text{第2電離}} = C + \frac{-(K_a + C) + \sqrt{(K_a + C)^2 + 4CK_a}}{2}$$

実践問題

1回目　2回目　3回目

目標：15分　実施日：　／　　　／　　　／

[I]　次の文を読み，文中の（　ア　），（　イ　）に当てはまる語句または数値をそれぞれの選択肢の中から1つずつ選んで答えよ。

1.00×10^{-8} mol/L の塩酸は（　ア　）性を示す。そのことは，水溶液中の全水素イオン濃度が（　イ　）mol/L となることからもわかる。水のイオン積を $K_w = 1.00 \times 10^{-14}$ mol^2/L^2 とし，空気中の二酸化炭素の影響は無視できるものとする。

また，二次方程式 $ax^2 + bx + c = 0$（ただし，$a \neq 0$）の解は，

$x = \frac{-b \pm \sqrt{b^2 - 4ac}}{2a}$ を用いて求めることができ，$\sqrt{401} = 20$ と近似できるものとする。

選択肢

酸，中，塩基，0.950×10^{-7}，1.00×10^{-7}，1.05×10^{-7}，1.10×10^{-7}，0.950×10^{-8}，1.00×10^{-8}，1.05×10^{-8}，1.10×10^{-8}

（2013 鹿児島）

[II]　硫酸は水溶液中で次のように2段階で電離する。

$$H_2SO_4 \longrightarrow H^+ + HSO_4^-$$

$$HSO_4^- \rightleftharpoons H^+ + SO_4^{2-}$$

第1段階の電離は完全に進み，第2段階の電離は平衡反応でありその平衡定数（電離定数）を K，電離度を α とする。なお，K は次の値をとるものとする。

$$K = \frac{[H^+][SO_4^{2-}]}{[HSO_4^-]} = 1.0 \times 10^{-2} \text{ mol/L}$$

（1）　濃度 x〔mol/L〕の硫酸が電離して平衡状態にあるとき，下記 a 〜 c のそれぞれのイオンの濃度を x, α を用いて表せ。

a　$[H^+]$　　b　$[HSO_4^-]$　　c　$[SO_4^{2-}]$

（2）　上記（1）において硫酸の濃度が $x = 0.10$ mol/L のとき，水素イオン濃度〔mol/L〕を有効数字2桁で求めよ。必要とあれば，$\sqrt{1.61} = 1.27$ を用いよ。

（2013 横浜国立（後））

....
解答
....
［Ⅰ］ア　酸　　イ　1.05×10^{-7}

［Ⅱ］（1）a　$[H^+] = x(1 + \alpha)$　　b　$[HSO_4^-] = x(1 - \alpha)$

　　　　c　$[SO_4^{2-}] = x\alpha$　　（2）1.1×10^{-1} mol/L

［解説］

［Ⅰ］ P.245 の流れにしたがって解いていく。まず，この塩酸中に塩化水素 HCl（電離度1）が C〔mol/L〕溶け込んでいるとしたときに，この HCl から電離する H^+ について，

　　　　HCl　　⟶　　H^+　+　Cl^-

変化量　　$-C$　　　　　$+C$　　　$+C$　（単位：mol/L）

　また，この塩酸中の H^+ の全量 $[H^+]_全$ を x〔mol/L〕とおくと，電気的中性の条件（⇨ P.232）より次式が成り立つ。

　　　$[H^+]_全 = [OH^-] + [Cl^-]$

⇔　$[OH^-] = [H^+]_全 - [Cl^-] = x - C$

　ここで，水のイオン積において

　　　$[H^+]_全 [OH^-] = K_w$　⇔　$x(x - C) = K_w$

　　　　　　　　　　　　　　　⇔　$x^2 - Cx - K_w = 0$

　　　　　　　　　　　　　　　⇔　$x^2 - 1.00 \times 10^{-7} x - 1.00 \times 10^{-14} = 0$

$$x = \frac{1.00 \times 10^{-8} + \sqrt{(-1.00 \times 10^{-8})^2 - 4 \times 1 \times (-1.00 \times 10^{-14})}}{2}$$

$$= \frac{1.00 \times 10^{-8} + \sqrt{401} \times 10^{-8}}{2} = \underline{1.05 \times 10^{-7}}\text{〔mol/L〕}$$

別解　H_2O の電離による $[H^+]_{H_2O}$ を x〔mol/L〕とおくと，

　　　　H_2O　　⟶　　H^+　+　OH^-

変化量　　$-x$　　　　　$+x$　　　$+x$　（単位：mol/L）

　また，HCl から電離した H^+ は次のようになる。

$$\text{HCl} \quad\longrightarrow\quad \text{H}^+ \quad + \quad \text{Cl}^-$$

変化量　$-1.00 \times 10^{-8} \qquad +1.00 \times 10^{-8} \qquad +1.00 \times 10^{-8}$　（単位：mol/L）

よって，水のイオン積より次式が成り立つ。

$$K_w = [\text{H}^+]_{\text{全}}[\text{OH}^-] \quad\Leftrightarrow\quad 1.00 \times 10^{-14} = (1.00 \times 10^{-8} + x) \times x$$

$$\Leftrightarrow\quad x^2 + 1.00 \times 10^{-8}\,x - 1.00 \times 10^{-14} = 0$$

$$\therefore\quad x = \frac{-1.00 \times 10^{-8} + \sqrt{(1.00 \times 10^{-8})^2 - 4 \times (-1.00 \times 10^{-14})}}{2}$$

$$= \frac{-1.00 \times 10^{-8} + \sqrt{401} \times 10^{-8}}{2} = \frac{19}{2} \times 10^{-8} \ [\text{mol/L}]$$

よって，

$$[\text{H}^+]_{\text{全}} = 1.00 \times 10^{-8} + x = 1.00 \times 10^{-8} + \frac{19}{2} \times 10^{-8} = \underline{1.05 \times 10^{-7}} \ [\text{mol/L}]$$

[Ⅱ]　P.245 では第 2 電離における $\text{HSO}_4{}^-$ の変化量を文字式においていて解いたが，ここでは問題の指示にしたがって電離度 α を用いた別の解き方を示す。

H_2SO_4 の濃度を x〔mol/L〕，第 2 電離の電離度を α とおくと，

［第 1 電離］	H_2SO_4	$\longrightarrow$	H^+	$+$	$\text{HSO}_4{}^-$	
変化量	$-x$		$+x$		$+x$	（単位：mol/L）

［第 2 電離］	$\text{HSO}_4{}^-$	$\rightleftharpoons$	H^+	$+$	$\text{SO}_4{}^{2-}$	
初期量	x		x		0	（単位：mol/L）
変化量	$-x\alpha$		$+x\alpha$		$+x\alpha$	
平衡時	$x(1-\alpha)$		$x(1+\alpha)$		$x\alpha$	

よって，第 2 電離において，化学平衡の法則より次式が成り立つ。

$$K = \frac{[\text{H}^+]_{\text{全}}[\text{SO}_4{}^{2-}]}{[\text{HSO}_4{}^-]} = \frac{x(1+\alpha) \times x\alpha}{x(1-\alpha)} = \frac{x\alpha(1+\alpha)}{1-\alpha}$$

$$\Leftrightarrow\quad x\alpha^2 + (x + K)\,\alpha - K = 0$$

$$\Leftrightarrow\quad 0.10\,\alpha^2 + (0.10 + 1.0 \times 10^{-2})\,\alpha - 1.0 \times 10^{-2} = 0$$

$$\Leftrightarrow\quad \alpha^2 + 1.1\,\alpha - 0.10 = 0$$

$$\therefore\quad \alpha = \frac{-1.1 + \sqrt{1.1^2 - 4 \times 1 \times (-0.10)}}{2}$$

$$= \frac{-1.1 + \sqrt{1.61}}{2} = \frac{-1.1 + 1.27}{2} = 0.085$$

$$[\text{H}^+]_{\text{全}} = x(1+\alpha) = 0.10(1 + 0.085) = 1.085 \times 10^{-1} \fallingdotseq \underline{1.1 \times 10^{-1}} \ [\text{mol/L}]$$

フレーム 47

◎加水分解する塩の pH

　弱酸と強塩基からできた塩，または**弱塩基と強酸からできた塩**の水溶液は，水溶液中で加水分解する。

[例] 酢酸ナトリウム CH_3COONa の加水分解

Step1　水溶液中で CH_3COONa がほぼ完全に電離する。

$$CH_3COONa \longrightarrow CH_3COO^- + Na^+$$

Step2　電離した CH_3COO^- の一部が H_2O と反応し，OH^- が生じ塩基性を示す。C〔mol/L〕CH_3COONa 水溶液において，平衡状態における各物質のモル濃度〔mol/L〕はバランスシートより以下のようになる（h：加水分解度）。

	CH_3COO^-	$+ H_2O$	$\rightleftarrows$	CH_3COOH	$+ OH^-$
初期量	C	多量		0	0	（単位：mol/L）
変化量	$-Ch$	$-Ch$		$+Ch$	$+Ch$
平衡時	$C(1-h)$	多量		Ch	Ch

よって，平衡定数 K_h は次式のように表される（K_h を**加水分解定数**という）。

$$K_h = \frac{[CH_3COOH][OH^-]}{[CH_3COO^-]} = \frac{Ch \times Ch}{C(1-h)} = \frac{Ch^2}{1-h}$$

ここで h は弱酸の加水分解度で，$h \ll 1$ より $1 - h ≒ 1$ と近似できるので，

$$K_h = \frac{Ch^2}{1-h} ≒ Ch^2 \quad \therefore \quad h ≒ \sqrt{\frac{K_h}{C}}$$

よって，$[OH^-] = Ch ≒ C\sqrt{\dfrac{K_h}{C}} \quad \Leftrightarrow \quad [OH^-] = \sqrt{CK_h}$

※加水分解定数の算出

　上の K_h の式の分母と分子に $[H^+]$ をかけると，K_h を CH_3COOH の電離定数 K_a と水のイオン積 K_w を用いて表すことができる（次式）。

$$K_h = \frac{[CH_3COOH][OH^-]}{[CH_3COO^-]} = \frac{[CH_3COOH][OH^-]}{[CH_3COO^-]} \times \frac{[H^+]}{[H^+]}$$

$$= \frac{[CH_3COOH]}{[CH_3COO^-][H^+]} \times [OH^-][H^+] = \frac{K_w}{K_a}$$

◎錯塩（錯イオンを含む塩）

水溶液中で，錯イオンの生成反応は，平衡状態となる。

[例] 銀イオンはアンモニアと錯イオンを形成する（次式）。

$$Ag^+ + 2NH_3 \rightleftharpoons [Ag(NH_3)_2]^+$$

$$K_f = \frac{[[Ag(NH_3)_2]^+]}{[Ag^+][NH_3]^2}$$

実践問題　　　　　　　　　　　　　　　　　　1回目　2回目　3回目

目標：17分　実施日：　／　　／　　／

[I]　酢酸ナトリウムは強電解質であり，これを水に溶かすと，AとBに電離
する。Bの一部は加水分解を受けてCとDを生じる。Cの電離定数を K_a，
水のイオン積を K_w とすると，加水分解の平衡定数（加水分解定数）K_h は
　　ア　　で与えられる。いま，C mol/Lの酢酸ナトリウム水溶液について，B
が加水分解する割合を h とすると，平衡時のBの濃度は $C(1-h)$ mol/L，
CとDの濃度は Ch mol/L となる。これらの濃度と K_h との関係から，h が1
に比べて非常に小さい場合は，h は　　イ　　と表される。したがって，Dの濃
度は　　ウ　　mol/L，水素イオンの濃度は　　エ　　mol/L となる。

問1　A〜Dの化学式をかけ。

問2　　ア　　〜　　エ　　に入る数式を答えよ。ただし，数式は K_a，K_w，C のう
ち必要なものを用いて表せ。

（2015 千葉（後））

[II]　次の文を読み，**問**に答えよ。

銀は原子の最外殻の電子を失って，（　a　）価の陽イオンとなる。0.40 mol/L
の硝酸銀水溶液 500 mL に 1.0 mol/L のチオ硫酸ナトリウム水溶液 500 mL を
混合したところ，錯イオン（　b　）が生成した。溶液中の錯イオンを形成しな
い銀イオンの濃度を x mol/L とした場合，平衡定数 K は（　c　）のように表さ
れる。この錯イオンの生成反応の平衡定数 $[1.0 \times 10^{13}$ L^2/mol$^2]$ は非常に大き
いことから，溶液中に残った錯イオンを形成しないチオ硫酸イオンの濃度は
（　d　）mol/L であるので，x は（　e　）mol/L となる。

問　文中の a, d, e に数値，b にはイオンの化学式，c には平衡定数 K を表す
式を入れよ。ただし，d, e は有効数字2桁で記せ。　（2012 青山学院 改）

解答

[Ⅰ] **問1** A Na^+ 　B CH_3COO^- 　C CH_3COOH 　D OH^-

問2 ア $\dfrac{K_w}{K_a}$ 　イ $\sqrt{\dfrac{K_w}{K_a C}}$ 　ウ $\sqrt{C\dfrac{K_w}{K_a}}$ 　エ $\sqrt{\dfrac{K_a K_w}{C}}$

[Ⅱ] a　1　　b　$[Ag(S_2O_3)_2]^{3-}$ 　c　$\dfrac{0.20-x}{x(0.10+2x)^2}$ 　d　0.10

e　2.0×10^{-12}

[解説]

[Ⅰ]　**問1**　酢酸ナトリウム CH_3COONa は強電解質なので，水に溶かすと次式のようにほぼ完全に電離する。

$$CH_3COONa \longrightarrow \ _B\underline{CH_3COO^-} + \ _A\underline{Na^+}$$

さらに，ここで生じた CH_3COO^- の一部が次式のように H_2O と反応し，OH^- が生じるため，CH_3COONa 水溶液は弱塩基性を示す。

$$_B\underline{CH_3COO^-} + H_2O \ \rightleftarrows \ _C\underline{CH_3COOH} + \ _D\underline{OH^-}$$

問2　ア，イ　P.249 を参照のこと。

ウ　$[OH^-] = Ch ≒ C\sqrt{\dfrac{K_h}{C}} = \sqrt{CK_h}$

$\Leftrightarrow [OH^-] = \sqrt{C\dfrac{K_w}{K_a}}$ 〔mol/L〕　$\left(\because \ K_h = \dfrac{K_w}{K_a}\right)$

エ　水のイオン積より次式が成り立つ。よって，ウの結果より，

$$[H^+][OH^-] = K_w \ \Leftrightarrow \ [H^+] = \dfrac{K_w}{[OH^-]} = \dfrac{K_w}{\sqrt{C\dfrac{K_w}{K_a}}} = \sqrt{\dfrac{K_a K_w}{C}} \ \text{〔mol/L〕}$$

[Ⅱ]　a, b　銀 Ag は最外殻電子を放出して $\underline{1}$ 価の陽イオンである銀 Ag^+ イオンになる。ここにチオ硫酸ナトリウム $Na_2S_2O_3$ 水溶液を加えると，次式のような反応が起こり錯イオン $[Ag(S_2O_3)_2]^{3-}$ が生じる。

$$Ag^+ + 2S_2O_3^{2-} \ \rightleftarrows \ [Ag(S_2O_3)_2]^{3-}$$

c　0.40 mol/L 硝酸銀 $AgNO_3$ 水溶液 500 mL に 1.0 mol/L チオ硫酸ナトリウム $Na_2S_2O_3$ 水溶液 500 mL を混合したときの電離平衡に関与する各イオンの物質量〔mol〕は，以下のバランスシートにより求めることができる（バランスシートの①〜③の番号は，問題文に記載のない情報を後から書き加えた順である）。

$$\text{Ag}^+ : 0.40 \ \text{(mol/L)} \times \frac{500}{1000} \ \text{(L)} = 0.20 \ \text{(mol)}$$

$$\text{S}_2\text{O}_3{}^{2-} : 1.0 \ \text{(mol/L)} \times \frac{500}{1000} \ \text{(L)} = 0.50 \ \text{(mol)}$$

	Ag^+	$+$	$2\text{S}_2\text{O}_3{}^{2-}$	$\rightleftharpoons$	$[\text{Ag}(\text{S}_2\text{O}_3)_2]^{3-}$	
初期量	0.20		0.50		0	(単位:mol)
変化量	① $-(0.20-x)$		② $-(0.20-x)\times 2$		② $+(0.20-x)$	
平衡量	x		③ $0.10+2x$		③ $0.20-x$	

混合後の溶液の体積は，$500 + 500 = 1000 \ \text{(mL)} = 1.0 \ \text{(L)}$ より，化学平衡の法則から次式が成り立つ。

$$K = \frac{[[\text{Ag}(\text{S}_2\text{O}_3)_2]^{3-}]}{[\text{Ag}^+][\text{S}_2\text{O}_3{}^{2-}]^2} = \frac{\dfrac{0.20-x}{1.0}}{\dfrac{x}{1.0} \times \left(\dfrac{0.10+2x}{1.0}\right)^2} \quad \Leftrightarrow \quad K = \frac{0.20-x}{x(0.10+2x)^2}$$

d，e　題意より，平衡定数が大きい，つまり反応はほとんど右に偏っている。よって，$x \ll 0.20 \ \text{mol/L}$ と仮定すると，問 c のバランスシートより次式が成り立つ。

$$[\text{S}_2\text{O}_3{}^{2-}] = \frac{0.10+2x\text{(mol)}}{1.0\text{(L)}} \fallingdotseq {}_\text{d}\underline{0.10} \ \text{(mol/L)}$$

$$[[\text{Ag}(\text{S}_2\text{O}_3)_2]^{3-}] = \frac{0.20-x\text{(mol)}}{1.0\text{(L)}} \fallingdotseq 0.20 \ \text{(mol/L)}$$

以上より，化学平衡の法則から，

$$K = \frac{[[\text{Ag}(\text{S}_2\text{O}_3)_2]^{3-}]}{[\text{Ag}^+][\text{S}_2\text{O}_3{}^{2-}]^2} \quad \Leftrightarrow \quad 1.0 \times 10^{13} \fallingdotseq \frac{0.20}{x \times (0.10)^2}$$

$$\therefore \quad x = {}_\text{e}\underline{2.0 \times 10^{-12}} \ \text{(mol/L)}$$

（なお，$x = 2.0 \times 10^{-12} \ll 0.20 \ \text{mol/L}$ なので，$x \ll 0.20 \ \text{mol/L}$ の仮定は妥当といえる。）

テーマ 48 溶解平衡①
（易溶性塩）

フレーム 48

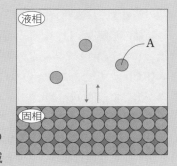

A（固相）　$\rightleftharpoons$　A（液相）

$$K = \frac{[A（液相）]}{[A（固相）]}$$

$\Leftrightarrow$　$K[A（固相）] = [A（液相）]$

$\Leftrightarrow$　$S = [A（液相）]$

（∵固体の単位体積あたりの粒子数はその結晶の

単位格子で決まるため，A（固相）がどんなに減

少しようが[A（固相）]は一定値，つまり$K[A（固相）]$も一定値になる。）

　このような状態を溶解平衡といい，このSを溶解度という。

温度が一定であれば，Kは一定値となるため，溶解度Sも一定値。

※ Aが易溶性の固体であれば，溶解度Sは**溶媒100gに溶けうる溶質の最大質**

量〔g〕で表す。

◎ Aが電解質（易溶性）の場合

[例] 塩化ナトリウム NaCl

　NaCl $\rightleftharpoons$ Na^+ + Cl^-

$$K = \frac{[Na^+][Cl^-]}{[NaCl]}$$　$\Leftrightarrow$　$K[NaCl] = [Na^+][Cl^-]$

$\Leftrightarrow$　$S = [Na^+][Cl^-]$

と表すことができるが，**易溶性塩の溶解度Sは共通イオン効果による影響が小**

さいため，非電解質と同様，$S = [NaCl（液相）]$として考えることが一般的。

◎固体（易溶性）の溶解度の計算解法

　ある温度における溶解度がS〔g/100g水〕とすると，以下のように質量に関

する分数式の方程式をつくる。立式のパターンは問題文に与えられているもの（溶

液・溶媒・溶質）の種類で解きやすくなるほうを選ぶ。

$$
\begin{cases}
\text{パターン1} & \dfrac{溶質}{溶媒} = \dfrac{S}{100} = \dfrac{\square}{\square} \\[3mm]
\text{パターン2} & \dfrac{溶質}{溶液} = \dfrac{S}{100+S} = \dfrac{\square}{\square}
\end{cases}
$$

※上記のパターン以外にも析出量や溶媒の蒸発量を直接求められることもある。

次の文章を読み，下の問い（**問1～3**）に答えよ。数値は有効数字2桁で記し，次の例のように表せ。[例] 3.1×10^2 kg

結晶の溶解度とは，結晶と溶液が共存し，溶解平衡状態にあるときの溶液の濃度として定義される。結晶の溶解度は温度によって変化する。例えば塩化カリウム（KCl）の場合，100gの水に対し20℃で34g，50℃で43gの塩化カリウムが溶けた溶液が，塩化カリウム結晶と溶解平衡状態になる。また，硫酸銅（Ⅱ）五水和物（$CuSO_4 \cdot 5H_2O$）については，100gの水に対し20℃で21g，60℃で40gの無水硫酸銅（Ⅱ）（$CuSO_4$）が溶けた溶液が，硫酸銅（Ⅱ）五水和物結晶と溶解平衡状態になる。必要とあらば，$H_2O = 18$，$CuSO_4 = 250$ を用いよ。

問1 塩化カリウム結晶の50℃での飽和水溶液を1000gとり，それを20℃まで温度降下させると，結晶が晶出（析出）しはじめた。その結晶と溶液を共存させたまま，20℃で長時間かき混ぜ続けて溶解平衡状態になったとき，晶出した結晶の総質量は何gか。

問2 （a）塩化カリウム結晶が水に溶ける反応は吸熱反応・発熱反応のどちらか。

（b）どちらの反応かを選んだ理由について，以下の語句群のなかから下記の文章の [ア] ～ [オ] に当てはまる語句を答えよ。

語句群

（溶解度， 温度， 圧力， 溶解， 晶出， 増加， 減少，
ヘスの法則， ルシャトリエの原理， ボイル・シャルルの法則，
ヘンリーの法則， ラウールの法則）

塩化カリウムの水に対する [ア] は [イ] の増加とともに [ウ] している。これは温度増加とともに [エ] が進むことを示しているので，[オ] から，溶解反応は（a）である。

問3 硫酸銅（Ⅱ）五水和物結晶の60℃での飽和水溶液を100gとり，それを20℃まで温度降下させると，結晶が晶出しはじめた。その結晶と溶液を共存させたまま，20℃で長時間かき混ぜ続けて溶解平衡状態になったとき，晶出した結晶の総質量は何gか。

(2009 徳島)

解答

問1 6.3×10 g **問2**(a) 吸熱反応 　(b)ア 溶解度 　イ 温度
ウ 増加 　エ 溶解 　オ ルシャトリエの原理 　**問3** 2.4×10 g

[解説]

問1 水（溶媒）量一定で単純に冷却することで得られる結晶の析出量の算出では，溶解度基準の飽和水溶液をつくり，それを冷却したとき得られる析出量を用いて分数式の方程式を立てる。

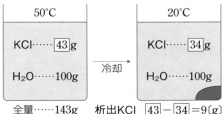

飽和水溶液 1000 g を冷却したときに得られる析出 KCl の質量を x〔g〕とおくと，右図より次式が成り立つ。

$$\frac{溶質（析出量）}{溶液} = \frac{x}{1000} = \frac{9}{143} \quad \therefore \quad x = 62.9\cdots ≒ \underline{6.3 \times 10}〔g〕$$

問2 可逆変化において温度を高くすると，ルシャトリエの原理より平衡は吸熱方向に移動する。また，KCl（固）の溶解平衡を次式のように表したとき，与えられた溶解度は温度上昇（20℃ → 50℃）とともに大きくなっている（34 → 43），つまり平衡が右方向に移動したことがわかる。

$$KCl（固） \rightleftharpoons K^+ + Cl^-$$

よって，「右方向＝吸熱方向」となるので，KCl の溶解は吸熱方向である。

問3 今回の再結晶では水和物の析出により溶媒である水の量が変化してしまうため，**問1**での解法は使えない（**問1**の解法は溶媒量が一定のときのみ）。そのため，以下のように2ステップで解いていく。

Step1 60℃の飽和水溶液中の各物質の質量算出

60℃の飽和水溶液 100 g 中に含まれている $CuSO_4$ の質量を x〔g〕とおくと，右上図より次式が成り立つ。

$$\frac{溶質}{溶液} = \frac{x}{100} = \frac{40}{100+40} \quad \therefore \quad x = \frac{200}{7}〔g〕$$

Step2 析出量の算出

20℃まで冷却したときに得られる $CuSO_4 \cdot 5H_2O$ の質量を y〔g〕とおくと，右下図より次式が成り立つ。

$$\frac{溶質}{溶液} = \frac{\dfrac{200}{7} - \dfrac{160}{250} \times y}{100-y} = \frac{21}{100+21} \quad \therefore \quad y = 23.9\cdots ≒ \underline{2.4 \times 10}〔g〕$$

溶解平衡②
（難溶性塩）

フレーム 49

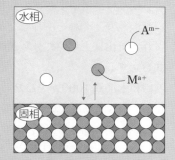

$$M_mA_a(固) \rightleftarrows mM^{a+} + aA^{m-}$$

$$K = \frac{[M^{a+}]^m[A^{m-}]^a}{[M_mA_a(固)]}$$

$\Leftrightarrow \quad K\,[M_mA_a(固)] = [M^{a+}]^m[A^{m-}]^a$

$\Leftrightarrow \quad K_{sp} = [M^{a+}]^m[A^{m-}]^a$

（∵ 易溶性塩と同様に $[M_mA_a(固)]$ は一定値，
つまり $K\,[A(固相)]$ も一定値になる。）

※この平衡定数 K_{sp} を溶解度積といい，温度が一定であれば K_{sp}，つまり $[M^{a+}]^m$
と $[A^{m-}]^a$ のモル濃度の積は常に一定値となることがわかる。

参考 易溶性塩と扱いが異なる理由

　主な理由は，易溶性塩は共通イオン効果の影響が小さいのに対して難溶性塩は
その影響が大きい（入試の出題もこれが中心）。例えば，NaCl（易溶性塩）と
AgCl（難溶性塩）の水溶液に少量の HCl（Cl^-）を加えたとき，AgCl のほうが
その影響を強く受け，次式の溶解平衡が（ルシャトリエの原理により）左向きに
進み AgCl の沈殿が生じやすい。

$$AgCl(固) \rightleftarrows Ag^+ + Cl^-$$

　そのため，難溶性塩の溶解度はイオン濃度で表現されている溶解度積 K_{sp} で表
されることが多い。

◎入試頻出の問題パターン

パターン1　溶解度積 K_{sp} を求める。

　溶解平衡状態にある塩から電離した各イオン濃度を「$K_{sp} = [M^{a+}]^m[A^{m-}]^a$」
に代入して求める。

パターン2　溶解平衡が成立しているときの塩の溶解度やイオンの濃度を求める。

　求めたい物質の濃度を x とおいて「$K_{sp} = [M^{a+}]^m[A^{m-}]^a$」に代入して方程式
を解く。

パターン3　ある状態で，沈殿が生じるかどうかを判断する。

　金属イオンの定性分析との融合で出題されることがある（無機の知識の暗記も
怠らないように）。

目標：13分　実施日：　　／　　　／　　　／

0.20 mol/L の $AgNO_3$ 水溶液を用意した。この水溶液を 1.0 mL 試験管にとり，それに 0.20 mol/L の塩酸 1.0 mL を加え，よく振り混ぜたところ，沈殿が見られた。このとき，沈殿した固体の AgCl と水に溶けて電離した Ag^+ と Cl^- との間に，①式のような溶解平衡が成り立っている。

$$AgCl（固） \rightleftharpoons Ag^+ + Cl^- \quad \cdots ①$$

電離した Ag^+ と Cl^- のモル濃度をそれぞれ $[Ag^+]$ と $[Cl^-]$ で表すと，その平衡定数 K_{AgCl} は②式で表され，この K_{AgCl} のような定数を ［　ア　］という。

$$K_{AgCl} = [Ag^+][Cl^-] \quad \cdots ②$$

この (a)K_{AgCl} の値は温度が一定であれば常に一定に保たれているので，(b)この AgCl の沈殿が入った試験管に過剰量の塩酸を加えると，①式の平衡は左辺へ移動してさらに AgCl が沈殿し，$[Ag^+]$ は著しく小さくなる。このことを ［　イ　］と言い，過剰量の Cl^- を含む水溶液中では Ag^+ はほぼ完全に AgCl として沈殿している。

問1　［　ア　］〜［　イ　］にあてはまる適切な語句を記せ。

問2　下線部(a)について，0.20 mol/L の $AgNO_3$ 水溶液 1.0 mL に 0.20 mol/L の塩酸 1.0 mL を加え，よく振り混ぜたとき，沈殿せずに電離している Ag^+ のモル濃度〔mol/L〕を計算せよ。ただし，$K_{AgCl} = 2.0 \times 10^{-10}$ mol^2/L^2 とし，AgCl の溶解度は十分小さいものとする。なお，$\sqrt{2} = 1.41$ とする。

問3　下線部(b)に関連して，0.20 mol/L の $AgNO_3$ 水溶液 1.0 mL に 0.40 mol/L の塩酸 1.0 mL を加え，よく振り混ぜたとき，沈殿せずに電離している Ag^+ のモル濃度を計算せよ。なお，$\sqrt{2} = 1.41$ とする。

（2012 岐阜 改）

解答

問1 ア　溶解度積　　イ　共通イオン効果

問2　1.4×10^{-5} mol/L　　**問3**　2.0×10^{-9} mol/L

〔解説〕

問2　混合直後の溶液中に含まれている Ag^+ と Cl^- の物質量〔mol〕は以下のように求められる（$AgNO_3$ と HCl は強電解質のため，完全電離するものとする）。

$$\begin{cases} \text{Ag}^+ : 0.20 \ \text{(mol/L)} \times \dfrac{1.0}{1000} \ \text{(L)} = 2.0 \times 10^{-4} \ \text{(mol)} \\[3mm] \text{Cl}^- : 0.20 \ \text{(mol/L)} \times \dfrac{1.0}{1000} \ \text{(L)} = 2.0 \times 10^{-4} \ \text{(mol)} \end{cases}$$

ここで，Ag^+とCl^-がすべて AgCl となって沈殿したと仮定すると，沈殿した AgCl の物質量は 2.0×10^{-4} mol となる。ここから AgCl が x (mol) 溶解したとすると，平衡状態における各イオンの物質量 (mol) は以下のバランスシートで求まる。

	AgCl(固)	$\rightleftharpoons$	Ag^+	+	Cl^-	
初期量	2.0×10^{-4}		0		0	（単位：mol）
変化量	$-x$		$+x$		$+x$	
平衡時	$2.0 \times 10^{-4} - x$		x		x	

よって，溶解度積より次式が成り立つ。

$$[\text{Ag}^+][\text{Cl}^-] = K_{\text{AgCl}}$$

$$\Leftrightarrow \left(\dfrac{x\text{(mol)}}{\dfrac{1.0 + 1.0}{1000} \ \text{(L)}} \right) \times \left(\dfrac{x\text{(mol)}}{\dfrac{1.0 + 1.0}{1000} \ \text{(L)}} \right) = 2.0 \times 10^{-10} \ \text{(mol}^2\text{/L}^2)$$

$$\Leftrightarrow \ x^2 = 8.0 \times 10^{-16} \ \text{(mol}^2)$$

$$\Leftrightarrow \ x = 2\sqrt{2} \times 10^{-8} \ \text{(mol)}$$

以上より，Ag^+のモル濃度 (mol/L) は次式で求まる。

$$[\text{Ag}^+] = \dfrac{x\text{(mol)}}{\dfrac{1.0 + 1.0}{1000} \ \text{(L)}} = \dfrac{2\sqrt{2} \times 10^{-8}\text{(mol)}}{\dfrac{2.0}{1000} \ \text{(L)}} = \sqrt{2} \times 10^{-5} \ \text{(mol/L)}$$

$$\fallingdotseq \underline{1.4 \times 10^{-5} \ \text{(mol/L)}}$$

問3 加えた塩酸中の Cl^- の物質量 (mol) は，

$$\text{Cl}^- : 0.40 \ \text{(mol/L)} \times \dfrac{1.0}{1000} \ \text{(L)} = 4.0 \times 10^{-4} \ \text{(mol)}$$

Cl^-の物質量 4.0×10^{-4} mol のうち，Ag^+の物質量 2.0×10^{-4} mol と反応している分を引くと，Cl^-の初期量は，2.0×10^{-4} mol となる。AgCl が y (mol) 溶解したとすると，平衡状態における各イオンの物質量 (mol) は以下のバランスシートで求まる。

	AgCl(固)	$\rightleftharpoons$	Ag^+	$+$	Cl^-	
初期量	2.0×10^{-4}		0		2.0×10^{-4}	（単位：mol）
変化量	$-y$		$+y$		$+y$	
平衡時	$2.0 \times 10^{-4} - y$		y		$2.0 \times 10^{-4} + y$	

よって，溶解度積より次式が成り立つ。

$$[Ag^+][Cl^-]_{\text{全}} = K_{AgCl}$$

$$\Leftrightarrow \left(\frac{y\,〔mol〕}{\frac{1.0 + 1.0}{1000}\,〔L〕} \right) \times \left(\frac{2.0 \times 10^{-4} + y\,〔mol〕}{\frac{1.0 + 1.0}{1000}\,〔L〕} \right) = 2.0 \times 10^{-10}\,〔mol^2/L^2〕$$

$(2.0 \times 10^{-4} \gg y$ と仮定すると，$2.0 \times 10^{-4} + y \fallingdotseq 2.0 \times 10^{-4}$ と近似できるので）

$\Leftrightarrow\ y \fallingdotseq 4.0 \times 10^{-12}\,〔mol〕$ （$\ll 2.0 \times 10^{-4}$ より，上の仮定は正しい）

以上より，Ag^+のモル濃度〔mol/L〕は，次式で求まる。

$$[Ag^+] = \frac{y\,〔mol〕}{\frac{1.0 + 1.0}{1000}\,〔L〕} = \frac{4.0 \times 10^{-12}\,〔mol〕}{\frac{2.0}{1000}\,〔L〕} = \underline{2.0 \times 10^{-9}\,〔mol/L〕}$$

※**問2，3**では各イオンの量を物質量〔mol〕としていったん求めてから最後にモル濃度〔mol/L〕に変換したが，希釈率（体積2倍→モル濃度 $\frac{1}{2}$ 倍）を加味して，直接モル濃度で計算を進めてもよい（共通イオン効果に関する量的計算問題では，例えば加える HCl を mol 単位で与えられることがあるため，類題に対応できるように今回はすべて mol 単位で解説を記した）。

溶解平衡③
（気体）

フレーム 50

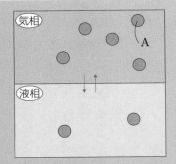

A（気相） $\rightleftarrows$ A（液相）

$$K = \frac{[\text{A（液相）}]}{[\text{A（気相）}]}$$

$\Leftrightarrow$ [A（液相）] $= K[\text{A（気相）}]$

$$= K \cdot \frac{P_A}{RT} = k \cdot P_A \quad \left(\because \quad k = \frac{K}{RT} \right)$$

$\left($気体の状態方程式より，[A（気相）] $= \dfrac{n_A\text{（mol）}}{V\text{（L）}} = \dfrac{P_A}{RT}\right)$

　　温度（T）が一定であれば，平衡時の **A の単位体積あたりの溶解量[A（液相）]
は A の分圧 P_A に比例する**ことがわかる（これを**ヘンリーの法則**という）。

パターン1 溶かした気体を標準状態に換算した場合

　　溶かした圧力と水量に比例するため，**溶解度に圧力比と水量比をかける。**

　　　溶解量＝溶解度×圧力比×水量比

パターン2 溶かした気体を溶かしたときの圧力で測定した場合

　　（溶かした時の圧力で測定した場合の体積は，溶解度の体積と同じであるため）**水
量のみに比例する**ため，**溶解度に水量比のみをかける。**

　　　溶解量＝溶解度×水量比

◎密閉容器中の気体の溶解平衡（平衡圧がわかっていない場合）

　　密閉容器に，ある量の水と気体を入れ，平衡状態（溶解平衡）にさせる。その
ときの容器中の気体の圧力，または気相に残っている気体 or 液相に溶解してい
る気体の物質量〔mol〕や質量〔g〕などを求める問題が多い。

《解法手順》

Step1　気相の圧力を $p \times 10^5$ Pa とおく。

Step2　気相と液相に存在する物質量〔mol〕を，p を用いて表す。

　　　気相…気体の状態方程式（$PV = nRT$）を用いる。

　　　液相…ヘンリーの法則を用いる（標準状態ではないときは，ヘンリーの法則
　　　　　　を適用後に $PV = nRT$ を用いることもある）。

Step3　物質収支の条件式（$n_{全} = n_{気相} + n_{液相}$）に代入して p を求める。

［Ⅰ］　酸素および窒素は，標準状態で水 1 L にそれぞれ 49 cm³ および 24 cm³ 溶ける。次の**問1 ～ 2**に答えよ。ただし原子量は N ＝ 14，O ＝ 16 とする。

問1　101 kPa の空気を，0 ℃ の水 1 L に接触させて溶解平衡に達したとき，溶け込む酸素および窒素の質量はそれぞれ何 g か。最も近い値を選べ。ただし，空気中の酸素と窒素の体積比は 1：4 とする。

| 1 | 0.0014 | 2 | 0.0028 | 3 | 0.0048 | 4 | 0.0062 | 5 | 0.014 |
| 6 | 0.024 | 7 | 0.028 | 8 | 0.048 | 9 | 0.062 | 0 | 0.096 |

問2　**問1**において，空気の圧力を 202 kPa にしたとき，溶け込む酸素および窒素の質量はそれぞれ何 g か。最も近い値を選べ。

| 1 | 0.0014 | 2 | 0.0028 | 3 | 0.0048 | 4 | 0.0062 | 5 | 0.014 |
| 6 | 0.024 | 7 | 0.028 | 8 | 0.048 | 9 | 0.062 | 0 | 0.096 |

（2012 星薬科）

［Ⅱ］　1.0 L の水を入れた 3.7 L の密閉容器に 2.0×10^{-1} mol の二酸化炭素を封入した。0 ℃ において，十分長い時間経過した後の水中の二酸化炭素は何 g か。計算手順を適切な用語を用い，簡潔な文章で示して解答せよ（計算式を示す必要はない）。ただし，気体は理想気体と考え，水の体積は圧力，温度により変化しないものとする。さらに，水の飽和蒸気圧は無視できるほど小さいとする。なお，0 ℃，1.0×10^{5} Pa における二酸化炭素の水に対する溶解度は 7.6×10^{-2} mol/L であるとせよ。気体定数 $R = 8.3 \times 10^{3}$ Pa・L/(mol・K)

（2016 慶應・医）

［Ⅲ］　次の文章を読み，以下の（1）～（5）の問いに答えよ。（2）～（5）については，計算過程も示せ。

　図に示すように，容器 A と容器 B がコックによって連結されている。容器 A にはピストンが付いており，内部の容積を変化させることができる。容器 B の容積は 10 L であり，容積は圧力により変化しない。コックを閉じた状態で，容器 A には 0.20 mol の気体の二酸化炭素と 1.0 L の純水が入っており，容器 B には窒素，酸素，二酸化炭素からなる混合気体が入っている。容器内の温度は，いずれも 7 ℃ に保たれている。

ただし，コックのある部分の容積は無視できるとする。容器 A と容器 B の内部の温度は，変化しないものとする。ヘンリーの法則が成立するものとし，気体の溶解による水の体積変化は無視できるものとする。全圧に対する水蒸気圧は無視できるものとし，気体はすべて理想気体と考え，気体定数は $R = 8.3 \times 10^3$ Pa·L/(mol·K)，原子量は C = 12，N = 14，O = 16 とする。また 7 ℃において二酸化炭素の圧力が 1.0×10^5 Pa のとき，水 1.0 L に溶解する二酸化炭素の体積は，標準状態の体積に換算すると 1.12 L である。

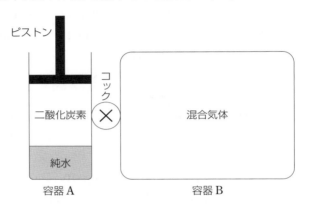

(1) ヘンリーの法則とはどのような法則か，説明せよ。

(2) コックを閉じた状態で，容器 A の二酸化炭素をすべて溶かすには，最低どれだけの圧力をかければよいか。

(3) コックを閉じた状態で，容器 A の圧力を 2.0×10^5 Pa になるようにピストンを調節した。このとき容器 A の中の二酸化炭素の体積はいくらか。

(4) 容器 B に入れた混合気体の質量は 30 g であり，全圧は 2.1×10^5 Pa，窒素の分圧は 0.70×10^5 Pa であった。コックを閉じた状態で，容器 B における二酸化炭素の分圧を求めよ。

(5) 容器 A の内部の二酸化炭素の体積が 2.1 L になる位置でピストンを固定し，コックを開いた。充分な時間が経過し，平衡に達した後，容器内の圧力はいくらになるか。ただし，窒素と酸素の水に対する溶解は無視できるものとする。

(2008 横浜市立・医)

解答
....

[Ⅰ]**問1** 酸素…5   窒素…6   **問2** 酸素…7   窒素…8

[Ⅱ] 3.4 g（計算手順は解説を参照）

[Ⅲ](1) 一定の温度で，一定の溶媒量に溶解する気体の物質量，あるいは質量
     は，その気体の圧力に比例する。

   (2) 4.0×10^5 Pa   (3) 1.2 L   (4) 4.4×10^4 Pa

   (5) 2.0×10^5 Pa   （(2)～(5)の計算過程は解説を参照）

[解説]

[Ⅰ] **問1** ヘンリーの法則から，

$$O_2 \cdots \underset{\text{mol}}{\frac{49 \times 10^{-3}\,[\text{L}]}{22.4\,[\text{L/mol}]}} \times \underset{\text{g}}{32\,[\text{g/mol}]} \times \overset{\text{圧力比}}{\frac{101 \times \dfrac{1}{4+1}\,[\text{kPa}]}{101\,[\text{kPa}]}} \times \overset{\text{水量比}}{\frac{1\,[\text{L}]}{1\,[\text{L}]}} = \underline{0.014}\,[\text{g}]$$

$$N_2 \cdots \underset{\text{mol}}{\frac{24 \times 10^{-3}\,[\text{L}]}{22.4\,[\text{L/mol}]}} \times \underset{\text{g}}{28\,[\text{g/mol}]} \times \overset{\text{圧力比}}{\frac{101 \times \dfrac{4}{4+1}\,[\text{kPa}]}{101\,[\text{kPa}]}} \times \overset{\text{水量比}}{\frac{1\,[\text{L}]}{1\,[\text{L}]}} = \underline{0.024}\,[\text{g}]$$

問2 全圧を $\dfrac{202\,[\text{kPa}]}{101\,[\text{kPa}]} = 2\,[\text{倍}]$ にしたとき，各気体の分圧もそれぞれ2倍

になる。よって，**問1**より，

   $O_2 \cdots 0.014 \times 2 = \underline{0.028}\,[\text{g}]$ $N_2 \cdots 0.024 \times 2 = \underline{0.048}\,[\text{g}]$

[Ⅱ] 溶解平衡に達したときの CO_2 の圧力
（これを平衡圧という）を $p \times 10^5$ Pa，水（液
相）に溶解した CO_2 の物質量を $n_溶$ [mol]，
気相に残っている CO_2 の物質量を $n_気$ [mol]
とおくと右図のようになる。ここで，各相に
おける CO_2 の物質量 [mol] に注目する。

[気相] 気相にある CO_2 の物質量 $n_気$ [mol]
は，次式で求まる。

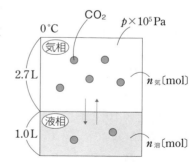

$$n_気 = \frac{PV}{RT} = \frac{(p \times 10^5) \times 2.7}{(8.3 \times 10^3) \times (0+273)} = \frac{270\,p}{8.3 \times 273}\,[\text{mol}]$$

[液相] 水に溶解している CO_2 の物質量 $n_液$ [mol] は，ヘンリーの法則より次
式で求まる。

$$n_{溶} = 7.6 \times 10^{-2} \text{〔mol/L〕} \times 1.0 \text{〔L〕} \times \underbrace{\frac{p \times 10^5 \text{〔Pa〕}}{1.0 \times 10^5 \text{〔Pa〕}}}_{圧力比} = 7.6 \times 10^{-2} p \text{〔mol〕}$$

ここで，**容器内の CO_2 の総物質量 $n_{全}$〔mol〕に注目**すると，物質収支の条件式（⇨ P.235）より次式が成り立つ。

$$n_{全} = n_{気} + n_{液} \quad \Leftrightarrow \quad 2.0 \times 10^{-1} = \frac{270\,p}{8.3 \times 273} + 7.6 \times 10^{-2} p$$

$$\therefore \quad p \fallingdotseq 1.02$$

よって，水に溶解している CO_2 の質量〔g〕は，

$$7.6 \times 10^{-2} \times 1.02 \text{〔mol〕} \times 44 \text{〔g/mol〕} = 3.41\cdots \fallingdotseq \underline{3.4} \text{〔g〕}$$

[Ⅲ]　(2)　容器 A 中の CO_2 0.20 mol をすべて溶解させるのに必要な最低の圧力を $p \times 10^5$〔Pa〕とおくと，

$$\frac{1.12 \text{〔L〕}}{22.4 \text{〔L/mol〕}} \times \underbrace{\frac{p \times 10^5 \text{〔Pa〕}}{1.0 \times 10^5 \text{〔Pa〕}}}_{圧力比} \times \underbrace{\frac{1.0 \text{〔L〕}}{1.0 \text{〔L〕}}}_{水量比} = 0.20 \text{〔mol〕}$$

$$\therefore \quad p = 4.0$$

よって，4.0×10^5 Pa の圧力をかければよい。

(3)　溶解した CO_2 の物質量〔mol〕は，

$$\frac{1.12 \text{〔L〕}}{22.4 \text{〔L/mol〕}} \times \underbrace{\frac{2.0 \times 10^5 \text{〔Pa〕}}{1.0 \times 10^5 \text{〔Pa〕}}}_{圧力比} \times \underbrace{\frac{1.0 \text{〔L〕}}{1.0 \text{〔L〕}}}_{水量比} = 0.10 \text{〔mol〕}$$

よって，気相に残っている CO_2 の物質量〔mol〕は $0.20 - 0.10 = 0.10$〔mol〕なので，体積〔L〕は気体の状態方程式より，

$$V = \frac{nRT}{P} = \frac{0.10 \times (8.3 \times 10^3) \times (7 + 273)}{2.0 \times 10^5} = 1.16\cdots \fallingdotseq \underline{1.2} \text{〔L〕}$$

(4)　容器 B における CO_2 と O_2 の分圧〔Pa〕をそれぞれ $P_{CO_2} = p_{CO_2} \times 10^5$，$P_{O_2} = p_{O_2} \times 10^5$ とおく。

〔全圧 $P_{全}$ について〕

$$P_{全} = P_{N_2} + P_{CO_2} + P_{O_2}$$

$$\Leftrightarrow \quad 2.1 \times 10^5 = 0.70 \times 10^5 + p_{CO_2} \times 10^5 + p_{O_2} \times 10^5$$

$$\Leftrightarrow \quad p_{O_2} + p_{CO_2} = 1.4 \quad \cdots ①$$

〔平均分子量 $\overline{M}$ について〕

平均分子量 $\overline{M}$ は，気体の状態方程式より，

$$P_{\text{全}}V = \frac{w_{\text{全}}}{M} \times RT \quad \Leftrightarrow \quad (2.1 \times 10^5) \times 10 = \frac{30}{\overline{M}} \times (8.3 \times 10^3) \times (7 + 273)$$

$$\therefore \quad \overline{M} = \frac{3 \times 8.3 \times 28 \times 10^5}{2.1 \times 10^6}$$

ここで，平均分子量は各気体のモル分率を用いると次式のように表される。

$$\overline{M} = M_{N_2} \times x_{N_2} + M_{O_2} \times x_{O_2} + M_{CO_2} \times x_{CO_2}$$

$$\Leftrightarrow \quad \frac{3 \times 8.3 \times 28 \times 10^5}{2.1 \times 10^6} = 28 \times \frac{0.70 \times 10^5}{2.1 \times 10^5} + 32 \times \frac{p_{O_2} \times 10^5}{2.1 \times 10^5} + 44 \times \frac{p_{CO_2} \times 10^5}{2.1 \times 10^5}$$

$$\Leftrightarrow \quad 8p_{O_2} + 11p_{CO_2} = 12.53 \quad \cdots ②$$

よって，①，②式より，$p_{CO_2} = 0.443\cdots$

$$\therefore \quad P_{CO_2} = 0.443\cdots \times 10^5 \fallingdotseq \underline{4.4 \times 10^4} \ [Pa]$$

[別解] $\quad n_{\text{全}} = \dfrac{P_{\text{全}}V}{RT} = \dfrac{(2.1 \times 10^5) \times 10}{(8.3 \times 10^3) \times (7 + 273)} \fallingdotseq 0.903 \ [mol]$

$\quad n_{\text{全}} = n_{N_2} + n_{O_2} + n_{CO_2} = 0.903 \ [mol] \qquad\qquad \cdots ①$

$\quad 28 n_{N_2} + 32 n_{O_2} + 44 n_{CO_2} = 30 \ [g] \qquad\qquad\qquad \cdots ②$

ここで，モル比 = 圧力比より，

$$\frac{n_{N_2}}{0.903} = \frac{0.70 \times 10^5 [Pa]}{2.1 \times 10^5 [Pa]} \qquad \therefore \quad n_{N_2} = 0.301 \ [mol] \quad \cdots ③$$

①〜③より，$n_{O_2} = 0.414 \ [mol]$, $n_{CO_2} = 0.189 \ [mol]$

$$P_{CO_2} = 2.1 \times 10^5 [Pa] \times \frac{0.189 [mol]}{0.903 [mol]} = 4.39\cdots \times 10^4 \fallingdotseq \underline{4.4 \times 10^4} [Pa]$$

(5) [Point] 混合前後での CO_2 の総物質量 [mol] は不変であることに注目する（物質収支の条件式を用いる）。

気体の状態方程式において変動しない文字を○で囲うと，

$$PV = \textcircled{n}\textcircled{R}\textcircled{T} \quad \Leftrightarrow \quad PV = 一定 \quad \Leftrightarrow \quad P_1V_1 = P_2V_2$$

が成り立つ。

よって，N_2 と O_2 の混合気体について，混合後の N_2 と O_2 の分圧をそれぞれ P_{N_2}', P_{O_2}' とおくと，(4) の結果より，

$$\underbrace{(2.1 \times 10^5}_{全圧} - \underbrace{4.43 \times 10^4)}_{P_{CO_2}} \times 10 = (P_{N_2}' + P_{O_2}') \times (10 + 2.1)$$

$$\therefore \quad P_{N_2}' + P_{O_2}' \fallingdotseq 1.36 \times 10^5 \ [Pa]$$

[混合前の CO_2 について]

各容器中の CO_2 の物質量〔mol〕をそれぞれ n_A, n_B とおくと,

$$\begin{cases} n_A = 0.20 \ \text{〔mol〕} \\ n_B = \dfrac{P_{CO_2} V}{RT} = \dfrac{(4.43 \times 10^4) \times 10}{RT} \ \text{〔mol〕} \end{cases}$$

[混合後の CO_2 について]

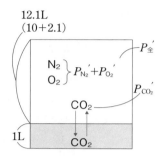

12.1L
(10+2.1)

混合後の CO_2 の分圧を $P_{CO_2}' = p_{CO_2}' \times 10^5$ とおくと,混合後の CO_2 は右図で表される状態になっている。

ここで,気相中の CO_2 の物質量〔mol〕を $n_気$,液相中の CO_2 の物質量〔mol〕を $n_液$ とおくと,

$$n_気 = \frac{P_{CO_2}' V}{RT} = \frac{(p_{CO_2}' \times 10^5) \times 12.1}{RT} \ \text{〔mol〕}$$

$$n_液 = \underset{\text{〔mol〕}}{\frac{1.12\text{〔L〕}}{22.4\text{〔L/mol〕}}} \times \underset{\text{圧力比}}{\frac{p_{CO_2}' \times 10^5 \text{〔Pa〕}}{1.0 \times 10^5 \text{〔Pa〕}}} \times \underset{\text{水量比}}{\frac{1.0\text{〔L〕}}{1.0\text{〔L〕}}} = 0.050 \, p_{CO_2}' \ \text{〔mol〕}$$

よって,物質収支の条件式より,混合前後での CO_2 の物質量〔mol〕について,

$$\underbrace{0.20 + \frac{(4.43 \times 10^4) \times 10}{RT}}_{\text{混合前の全 } CO_2 \text{〔mol〕}} = \underbrace{\frac{(p_{CO_2}' \times 10^5) \times 12.1}{RT} + 0.050 \, p_{CO_2}'}_{\text{混合後の全 } CO_2 \text{〔mol〕}}$$

$\therefore \quad p_{CO_2}' = 0.684\cdots$

$\therefore \quad P_{CO_2}' = 0.684\cdots \times 10^5 \fallingdotseq 6.8 \times 10^4 \ \text{〔Pa〕}$ (または 6.9×10^4)

以上より,混合後の容器の全圧 $P_全'$〔Pa〕は,

$P_全' = (P_{N_2}' + P_{O_2}') + P_{CO_2}'$

$\quad\quad = (1.36 \times 10^5) + (6.8 \times 10^4) = 2.04 \times 10^5 \fallingdotseq \underline{2.0 \times 10^5} \ \text{〔Pa〕}$

($P_{CO_2}' \fallingdotseq 6.9 \times 10^4$〔Pa〕で計算した場合には $P_全' \fallingdotseq 2.1 \times 10^5$〔Pa〕となる。)

分配平衡

フレーム 51

◎分配の法則とは

混ざり合わない2種類の溶媒 l_1, l_2 に溶質 A を溶解させたときの平衡状態を考えたとき,

$$A(l_1) \rightleftarrows A(l_2)$$

$$K_D = \frac{[A(l_2)]}{[A(l_1)]}$$

よって, **温度が一定であれば, 2つの溶媒に存在する A の濃度の比は一定値** (K_D) **になる。**

※分配係数 K_D について

K_D は2種類の溶媒の組合せによって決まり, 溶質に固有の値。また, 用いる濃度単位は mol/L だけでなく, g/L や g/mL などの他の濃度単位を用いてもよい。

《計算解法》

分配平衡の問題を解くときには, **化学平衡の法則**（⇨ **P.221**）だけでなく, **物質収支の条件**（⇨ **P.235**）による関係式もあわせて用いることが多い。

体積の異なる2層に溶質が分配されて存在するため, ここで用いる物質収支の法則の単位は mol/L や g/L などの濃度単位ではなく, mol や g であることに注意する（次式は mol 単位での関係式）。

$$n_A \ [mol] = [A(l_1)] \times V_1 + [A(l_2)] \times V_2$$

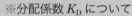

実践問題　　　　　　　　　　　　　　　　　　1回目　2回目　3回目

目標：15分　実施日：　／　　　／　　　／

理論化学編　第10章　反応の理論③（二相間平衡）

［Ⅰ］　次の問に答えよ。答は（A）から始まる選択肢の中から選べ。

互いに接している水と無極性溶媒の両方に物質 A が溶けて平衡状態になっている希薄溶液では, 次式で定義される定数 K にしたがって, 水溶液と無極性溶媒溶液中での物質 A の濃度が定まる。式中の濃度は溶液 1 mL 中の物質 A の質量〔g〕である。この K は温度や水と無極性溶媒の組み合わせによって定まり, 溶質に固有の値である。

$$K = \frac{\text{水溶液中の物質Aの濃度〔g/mL〕}}{\text{無極性溶媒溶液中の物質Aの濃度〔g/mL〕}}$$

いま，物質Aが x_1〔g〕溶けている水溶液 V_1〔mL〕を分液ロートに入れた。これに水と溶け合わない無極性溶媒を V_2〔mL〕加え，よく振り混ぜたのち静置したところ，溶液は水と無極性溶媒の2層に分離した。前式にしたがって，物質Aの一部が無極性溶媒中に移行して溶け，水溶液中の物質Aは x_2〔g〕となっていた。この x_2 は x_1，V_1，V_2，K を用いてどのように表せるか。正しいものを選べ。ただし，操作中の温度変化はないものとする。また，物質Aの溶解による水と無極性溶媒の体積変化は無視できるものとする。

(A) $\dfrac{x_1 K V_1}{K V_1 + V_2}$　　(B) $\dfrac{x_1 K V_2}{K V_2 + V_1}$　　(C) $\dfrac{x_1 V_1}{K V_2 + V_1}$

(D) $\dfrac{x_1(V_1 - K V_2)}{V_1}$　　(E) $\dfrac{x_1(K V_1 - V_2)}{K V_1}$

(2007 北里・医)

[Ⅱ] 互いにまざり合わずに2液層をなしている二つの液体に他の物質が溶けるとき，その物質が両液層中で同じ分子として存在するなら，一定温度ではその物質の両液層中での濃度の比は一定である。水と四塩化炭素とは互いにまざり合わずに2液層をなす。これに 25℃でヨウ素を溶かすと，水に対するヨウ素の濃度（C_1）と，四塩化炭素に対するヨウ素の濃度（C_2）との比は85，すなわち $K = \dfrac{C_2}{C_1} = 85$ である。答えは有効数字2桁で求めよ。

問1 100 mL 中に 0.10 g のヨウ素を含む水溶液がある。これに 20 mL の四塩化炭素を加えてよく振り混ぜた後，静置して水層と四塩化炭素層に分離すると水層に残っているヨウ素は何 g か。ただし，この時の温度は 25℃とする。

問2 **問1**の四塩化炭素 20 mL のかわりに，10 mL の四塩化炭素で2回，**問1**の操作を繰り返したとき水層に残っているヨウ素は何 g か。

(1994 札幌医科)

....

解答

....

[Ⅰ]（A）

[Ⅱ]**問1** 5.6×10^{-3} g　　**問2** 1.1×10^{-3} g

[解説]

[Ⅰ] 無極性溶媒に溶解した物質Aの質量をx_3〔g〕とおくと，分配を次図のように表すことができる（無極性溶媒の密度が水よりも小さいと仮定した）。

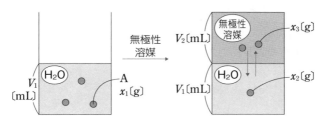

ここで，物質収支の条件より，物質Aの質量〔g〕について次式が成り立つ。

$$x_1 = x_2 + x_3 \quad \cdots ①$$

また，化学平衡の法則より次式が成り立つ。

$$K = \dfrac{\dfrac{x_2〔\mathrm{g}〕}{V_1〔\mathrm{mL}〕}}{\dfrac{x_3〔\mathrm{g}〕}{V_2〔\mathrm{mL}〕}} \quad \cdots ②$$

よって，①，②式よりx_3を消去すると，

$$x_2 = \dfrac{x_1 K V_1}{K V_1 + V_2} 〔\mathrm{g}〕$$

[Ⅱ] **問1** 水に四塩化炭素を加えると2層に分離し，I_2が分配され，右図のようになる（四塩化炭素は水よりも密度が大きいため下層にくる）。各層に溶解しているI_2をそれぞれw_{H_2O}〔g〕，w_{CCl_4}〔g〕とおく。

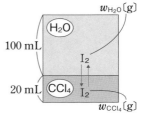

ここで，物質収支の条件より，I_2の質量〔g〕について次式が成り立つ。

$$w_{H_2O} + w_{CCl_4} = 0.10 \quad \cdots ①$$

また，化学平衡の法則より，

$$K = \dfrac{C_2}{C_1} \quad \Leftrightarrow \quad 85 = \dfrac{\dfrac{w_{CCl_4}〔\mathrm{g}〕}{20〔\mathrm{mL}〕}}{\dfrac{w_{H_2O}〔\mathrm{g}〕}{100〔\mathrm{mL}〕}} \quad \Leftrightarrow \quad w_{CCl_4} = 17 w_{H_2O} \quad \cdots ②$$

よって，①，②式よりw_{CCl_4}を消去すると，

$$w_{H_2O} + 17 w_{H_2O} = 0.10 \quad \therefore \quad w_{H_2O} = 5.55\cdots \times 10^{-3} \fallingdotseq \underline{5.6 \times 10^{-3}} 〔\mathrm{g}〕$$

問2 **問1**と同様にすると，I_2の分配は右下図のように表される。1回目の抽出で各層に溶解しているI_2をそれぞれ$w_{H_2O(1)}$〔g〕，$w_{CCl_4(1)}$〔g〕，2回目の抽出で各層に溶解しているI_2をそれぞれ$w_{H_2O(2)}$〔g〕，$w_{CCl_4(2)}$〔g〕とおく。

[1回目]　物質収支の条件より，I_2の全質量〔g〕について次式が成り立つ。

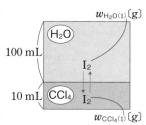

$$w_{H_2O(1)} + w_{CCl_4(1)} = 0.10 \qquad \cdots ①$$

また，化学平衡の法則より，

$$K = \frac{C_2}{C_1} \quad \Leftrightarrow \quad 85 = \frac{\dfrac{w_{CCl_4(1)}\text{〔g〕}}{10\text{〔mL〕}}}{\dfrac{w_{H_2O(1)}\text{〔g〕}}{100\text{〔mL〕}}}$$

$$\Leftrightarrow \quad w_{CCl_4(1)} = 8.5 w_{H_2O(1)} \qquad \cdots ②$$

よって，①，②式より$w_{CCl_4(1)}$を消去すると，

$$w_{H_2O} + 8.5 w_{H_2O} = 0.10 \qquad \therefore \quad w_{H_2O} = \frac{0.10}{9.5}\text{〔g〕}$$

CCl₄層を取り出す
＋
CCl₄ 10 mL 加える

[2回目]　1回目と同様にして，

$$w_{H_2O(2)} + w_{CCl_4(2)} = \frac{0.10}{9.5} \qquad \cdots ③$$

$$\Leftrightarrow \quad 85 = \frac{\dfrac{w_{CCl_4(2)}\text{〔g〕}}{10\text{〔mL〕}}}{\dfrac{w_{H_2O(2)}\text{〔g〕}}{100\text{〔mL〕}}} \quad \Leftrightarrow \quad w_{CCl_4(2)} = 8.5 w_{H_2O(2)} \qquad \cdots ④$$

よって，③，④式より$w_{CCl_4(2)}$を消去すると，

$$w_{H_2O(2)} + 8.5 w_{H_2O(2)} = \frac{0.10}{9.5}$$

$$\therefore \quad w_{H_2O(2)} = \frac{0.10}{9.5} \times \frac{1}{9.5} = 1.10\cdots \times 10^{-3} \fallingdotseq \underline{1.1 \times 10^{-3}}\text{〔g〕}$$

I_2 の質量を求める

問2における各溶媒の分量で抽出をn回行ったとき，n回目の水層に残っているI_2の質量は次式のように表される。

$$w_{H_2O(n)} = \frac{0.10}{9.5} \times \frac{1}{9.5} \times \frac{1}{9.5} \cdots = \frac{0.10\,(\text{初期量})}{9.5^n}\text{〔g〕}$$

テーマ 52 固気平衡

フレーム 52

◎固気平衡とは

$A(固相) \rightleftarrows A(気相)$

$$K' = \frac{[A(気相)]}{[A(固相)]}$$

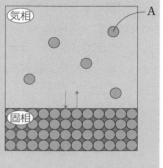

$\Leftrightarrow\ K'[A(固相)] = [A(気相)]$

$\Leftrightarrow\ K = [A(気相)]\ (\because K'[A(固相)]\ は一定値)$

$\Leftrightarrow\ K = \dfrac{P_A}{RT}$

$\Leftrightarrow\ KRT = P_A$

$\Leftrightarrow\ \boxed{K_p = P_A}\ (\because KRT\ は一定値)$

（気体の状態方程式より，$[A(気相)] = \dfrac{n_A[mol]}{V[L]} = \dfrac{P_A}{RT}$）

温度（T）が一定であれば，A の圧力 P_A は一定値（K_p）になることがわかる。

※ A は P_A まで気体となるが，P_A を超える圧力にはならない（P_A が A の限界圧力となる）。

[例] 炭酸カルシウムの分解

炭酸カルシウムの分解は，次式のように表される。

$CaCO_3(固体) \rightleftarrows CaO(固体) + CO_2(気体)$

$K = [CO_2(気体)]$，$K_p = P_{CO_2}$

※このときの P_{CO_2} を炭酸カルシウムの解離圧という。

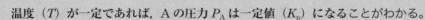

理論化学編

第10章 反応の理論③（二相間平衡）

　固体と気体が関与する2種類の可逆反応について，以下の**問1**〜**問3**に答えよ。ただし，気体は理想気体とみなし，気体定数 $R = 8.3 \times 10^3 \, \text{Pa·L/(K·mol)}$ とする。なお，固体の体積は無視できるものとする。

　炭酸カルシウムを加熱すると，次の反応式にしたがって酸化カルシウムと二酸化炭素に分解する。

　　　$CaCO_3$（固体）　$\rightleftharpoons$　CaO（固体）　$+$　CO_2（気体）

また，圧平衡定数 K_p は二酸化炭素の分圧 P_{CO_2} を用いて次のように表される。

　　　$K_p = P_{CO_2}$

問1　容積が V〔L〕となるようにピストンが固定されたシリンダー容器に，真空状態で炭酸カルシウム 1.0 mol を入れ，温度 T〔K〕の条件で平衡状態にした。このとき生成した酸化カルシウムの物質量を y〔mol〕として，二酸化炭素の分圧 P_{CO_2}〔Pa〕を V, T, y および気体定数 R を用いて表せ。

問2　容積 10 L の容器にアルゴン 1.0 mol と炭酸カルシウム 1.0 mol を入れ，温度 1200 K で平衡状態にした。このときの全圧 P〔Pa〕を有効数字2桁で求めよ。ただし，1200 K における圧平衡定数 K_p は 2.4×10^5 Pa とする。

問3　**問1**の実験において，温度 1000 K で平衡状態にした後，大気圧下でピストンが自由に動くことができるようにした（右の図）。動きが止まった時にピストンはどこにあるか述べよ。また，その位置で止まった理由を 25 字以内で述べよ。ただし，1000 K における圧平衡定数 K_p は 8.0×10^3 Pa とし，ピストンの質量，摩擦は無視できるものとする。また，シリンダー容器は実験に対して十分な容積を持っているものとする。

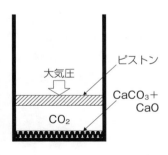

（2001 名古屋工業（後））

問1 $\dfrac{yRT}{V}$ 〔Pa〕　　**問2**　1.2×10^6 Pa

問3　ピストンは固体と接触し，気体の体積は 0 となる。(23字)

[解説]

問1　$CaCO_3$ が分解して CaO が y〔mol〕生成したとき，次式より CO_2 は y〔mol〕発生する。

$$CaCO_3 \rightleftharpoons CaO + CO_2 \uparrow$$

変化量　　$-y$　　　　　　$+y$　　$+y$　　（単位：mol）

よって，気体の状態方程式より，

$$P_{CO_2} = n_{CO_2} \frac{RT}{V} = \frac{yRT}{V} \,〔Pa〕$$

問2　$CaCO_3$ 1.0 mol がすべて分解したと仮定すると，このとき発生する CO_2 は次式より 1.0 mol とわかる。

$$CaCO_3 \longrightarrow CaO + CO_2 \uparrow$$

変化量　　-1.0　　　　　$+1.0$　$+1.0$　　（単位：mol）

このときの CO_2 の分圧を $\tilde{P}_{CO_2}$〔Pa〕とおくと，気体の状態方程式より次式が成り立つ。

$$\tilde{P}_{CO_2} = \frac{n_{CO_2}RT}{V} = \frac{1.0 \times (8.3 \times 10^3) \times 1200}{10} = 9.96 \times 10^5 \,〔Pa〕$$

ここで，1200 K における CO_2 の解離圧は圧平衡定数と等しく，2.4×10^5 Pa である。仮定した CO_2 の分圧 $\tilde{P}_{CO_2}$（$= 9.96 \times 10^5$ Pa）が解離圧をオーバーしてしまっていることがわかる。よって，$CaCO_3$ は完全に分解しておらず，固気平衡となっている。

よって，CO_2 の分圧 P_{CO_2}〔Pa〕は，

$$P_{CO_2} = 2.4 \times 10^5 \,〔Pa〕$$

また，Ar の分圧 P_{Ar}〔Pa〕は次式で求まる。

$$P_{Ar} = \frac{n_{Ar}RT}{V} = \frac{1.0 \times (8.3 \times 10^3) \times 1200}{10} = 9.96 \times 10^5 \,〔Pa〕$$

以上より，容器内の全圧 P〔Pa〕は，

$$P = P_{CO_2} + P_{Ar}$$
$$= (2.4 \times 10^5) + (9.96 \times 10^5) = 1.236 \times 10^6 ≒ \underline{1.2 \times 10^6} \ [\text{Pa}]$$

問3 1000 K における解離圧は圧平衡定数と等しく，8.0×10^3 Pa である。この圧力は大気圧（= 1.0×10^5 Pa）よりも小さいため，容器内の CO_2 は大気圧で押しつぶされ，気体の体積は 0 になる。

ドライアイスの場合

CO_2 の固体であるドライアイスでは，ドライアイスの昇華は次式のように表されるため，平衡定数は以下のようになる。

$$CO_2(固体) \ \rightleftharpoons \ CO_2(気体) \qquad K = [CO_2(気体)], \ K_p = P_{CO_2}$$

※このときの P_{CO_2} をドライアイスの昇華圧という。

水和物の場合

例えば，硫酸銅(Ⅱ)五水和物 $CuSO_4 \cdot 5H_2O$ では，硫酸銅(Ⅱ)三水和物 $CuSO_4 \cdot 3H_2O$ と $2H_2O$ に分解するときの反応は次式で表されるため，平衡定数は以下のようになる。

$$CuSO_4 \cdot 5H_2O(固体) \ \rightleftharpoons \ CuSO_4 \cdot 3H_2O(固体) + 2H_2O(気体)$$

$$K = [H_2O(気体)]^2, \ K_p = P_{H_2O}{}^2$$

※このときの P_{H_2O} は，ある温度での水 H_2O の飽和蒸気圧（⇨ P.278）である。

53 複合系の平衡

フレーム 53

◎複合系の平衡とは

２つ以上の異なるタイプの平衡が組合さった複合系の平衡というものがある。その中でも頻出の「電離平衡＋溶解平衡」をここでは扱う。

① 電離平衡（弱酸）

$$H_mA \;\rightleftarrows\; mH^+ + A^{m-} \qquad K_a = \frac{[H^+]^m[A^{m-}]}{[H_mA]}$$

② 溶解平衡（難溶性塩）

$$M_mA_a(固) \;\rightleftarrows\; mM^{a+} + aA^{m-}$$

$$K_{sp} = [M^{a+}]^m[A^{m-}]^a$$

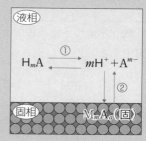

※上記以外にも、「電離平衡＋分配平衡」や「溶解平衡＋錯イオン生成平衡」などのパターンもある。

◎溶解度積を用いた沈殿生成の判定方法

難溶性塩が沈殿するかどうかを知るためには、以下の手順に従って判定する。

Step1 「$K_{sp} = [M^{a+}]^m[A^{m-}]^a$」の式に現存の各イオン濃度を代入して、沈殿しないと仮定した場合のイオン積（これを $\tilde{K}_{sp}$ とする）を求める。

Step2 この $\tilde{K}_{sp}$ の値と実際の溶解度積 K_{sp} の値とを大小比較し、以下の場合分けにより難溶性塩 M_mA_a の生成を判定する。

パターン1 $\tilde{K}_{sp} = [M^{a+}]^m[A^{m-}]^a \leq K_{sp}$ ⇨ M_mA_a の沈殿は生じない。

パターン2 $\tilde{K}_{sp} = [M^{a+}]^m[A^{m-}]^a > K_{sp}$ ⇨ M_mA_a の沈殿が生じる。

◎硫化水素の二段電離の取り扱い

硫化水素 H_2S から電離する S^{2-} により金属イオン M^{2+} を MS として沈殿させる出題がある。特に、pH つまり $[H^+]$ を変動させることで、硫化物沈殿 MS が生成するかどうかを判定させる問題が頻出。

以下のような二段電離の考え方から、$[S^{2-}] =$〜のカタチにもっていき、上の解法にあるように MS の沈殿が生成するかどうかを判定できるようにする。

$$H_2S \;\rightleftarrows\; H^+ + HS^- \qquad K_1 = \frac{[H^+][HS^-]}{[H_2S]} \quad \cdots①$$

$$HS^- \;\rightleftarrows\; H^+ + S^{2-} \qquad K_2 = \frac{[H^+][S^{2-}]}{[HS^-]} \quad \cdots②$$

ここで，①式×②式より $[HS^-]$ を消去すると，

$$K_1 \times K_2 = \frac{[H^+][HS^-]}{[H_2S]} \times \frac{[H^+][S^{2-}]}{[HS^-]} \quad \Leftrightarrow \quad K_1 K_2 = \frac{[H^+]^2[S^{2-}]}{[H_2S]}$$

$$\Leftrightarrow \quad [S^{2-}] = K_1 K_2 \frac{[H_2S]}{[H^+]^2}$$

硫化水素は水溶液中で2段階に電離し，その電離定数（K_1，K_2）は次のとおりである。

$$H_2S \rightleftharpoons H^+ + HS^- \qquad K_1 = \frac{[H^+][HS^-]}{[H_2S]} = 1.0 \times 10^{-7} \, [mol/L]$$

$$HS^- \rightleftharpoons H^+ + S^{2-} \qquad K_2 = \frac{[H^+][S^{2-}]}{[HS^-]} = 1.0 \times 10^{-14} \, [mol/L]$$

問1　それぞれ Zn^{2+} を 1.0×10^{-3} mol/L，Cd^{2+} を 1.0×10^{-3} mol/L，Ni^{2+} を 1.0×10^{-4} mol/L，Fe^{2+} を 1.0×10^{-2} mol/L 含む4種類の水溶液がある。いずれの水溶液も pH は 1.0 である。これらの水溶液に硫化水素ガスを通して飽和させた。

(1) 水溶液中の硫化物イオン S^{2-} の濃度を求めよ。計算の過程を示し，答えは有効数字2桁で答えよ。ただし，硫化水素を飽和させた水溶液における硫化水素の濃度は，水溶液の pH に関係なく 0.10 mol/L であるとする。

(2) 硫化物の沈殿が生成するかどうか，溶解度積を用いた計算結果に基づいて述べよ。解答には，沈殿を生じるすべての硫化物の化学式を記せ。なお ZnS，CdS，FeS，NiS の溶解度積は，それぞれ以下のとおりとする。

　　ZnS：5.0×10^{-26} $[(mol/L)^2]$　　　CdS：1.0×10^{-28} $[(mol/L)^2]$
　　FeS：1.0×10^{-19} $[(mol/L)^2]$　　　NiS：1.0×10^{-24} $[(mol/L)^2]$

問2　Ni^{2+} の濃度が 1.0×10^{-4} mol/L の水溶液 1.0 L に硫化水素を飽和させるとき，水溶液の pH をいくらにすれば Ni^{2+} の90%が NiS として沈殿するか。なお条件や数値などは**問1**と同様とする。計算の過程を示し，答えは小数第2位まで示せ。

（2013 弘前）

問1（1）$1.0 \times 10^{-20}\,\mathrm{mol/L}$，（計算過程は解説を参照）

（2）ZnS，CdS（論述は解説を参照）

問2 pH $= 1.50$（計算過程は解説を参照）

[解説]

問1 （1）与式より [HS⁻] を消去すると，

$$K_1 \times K_2 = \frac{[\mathrm{H^+}][\mathrm{HS^-}]}{[\mathrm{H_2S}]} \times \frac{[\mathrm{H^+}][\mathrm{S^{2-}}]}{[\mathrm{HS^-}]} \iff K_1 K_2 = \frac{[\mathrm{H^+}]^2[\mathrm{S^{2-}}]}{[\mathrm{H_2S}]} \quad \cdots (*)$$

題意

$$\iff [\mathrm{S^{2-}}] = K_1 K_2 \frac{[\mathrm{H_2S}]}{[\mathrm{H^+}]^2} = (1.0 \times 10^{-7}) \times (1.0 \times 10^{-14}) \times \frac{0.10}{(10^{-1})^2}$$

pH $= 1.0$

$$= \underline{1.0 \times 10^{-20}}\ \mathrm{[mol/L]}$$

（2） 各沈殿の生成は以下のように判断する（$\tilde{K}_{\mathrm{sp}}$ は沈殿しなかったと仮定した場合のイオン積を表す）。金属イオンを $\mathrm{M^{2+}}$ と表すと，（1）より，

$$\tilde{K}_{\mathrm{sp}} = [\mathrm{M^{2+}}][\mathrm{S^{2-}}] = [\mathrm{M^{2+}}] \times (1.0 \times 10^{-20})$$

よって，各硫化物の溶解度積 K_{sp} と，各金属イオン濃度 $[\mathrm{M^{2+}}]$ を代入して求めた $\tilde{K}_{\mathrm{sp}}$ の大小を以下のように比較すると，生じる沈殿が <u>ZnS</u> と <u>CdS</u> であることがわかる。

$$
\begin{cases}
\tilde{K}_{\mathrm{sp}}(= 1.0 \times 10^{-23}) > K_{\mathrm{sp(ZnS)}}(= 5.0 \times 10^{-26}) \Rightarrow \text{ZnS（白）沈殿あり} \\
\tilde{K}_{\mathrm{sp}}(= 1.0 \times 10^{-23}) > K_{\mathrm{sp(CdS)}}(= 1.0 \times 10^{-28}) \Rightarrow \text{CdS（黄）沈殿あり} \\
\tilde{K}_{\mathrm{sp}}(= 1.0 \times 10^{-22}) < K_{\mathrm{sp(FeS)}}(= 1.0 \times 10^{-19}) \Rightarrow \text{FeS（黒）沈殿なし} \\
\tilde{K}_{\mathrm{sp}}(= 1.0 \times 10^{-24}) = K_{\mathrm{sp(NiS)}}(= 1.0 \times 10^{-24}) \Rightarrow \text{NiS（黒）沈殿なし}
\end{cases}
$$

問2 Ni の90%が沈殿するということは，$100-90\%$ は水溶液中に残存しているということでもある。ここで，$K_{\mathrm{sp}}(\mathrm{NiS})$ の式より，$[\mathrm{S^{2-}}]$ は次式で求まる。

$$\iff [\mathrm{S^{2-}}] = \frac{K_{\mathrm{sp}}}{[\mathrm{Ni^{2+}}]} = \frac{1.0 \times 10^{-24}}{(1.0 \times 10^{-4}) \times \dfrac{100-90}{100}} = 1.0 \times 10^{-19}\ \mathrm{[mol/L]}$$

よって，**問1**$(*)$式より

$$[\mathrm{H^+}]^2 = K_1 K_2 \frac{[\mathrm{H_2S}]}{[\mathrm{S^{2-}}]} \iff [\mathrm{H^+}] = \sqrt{K_1 K_2 \frac{[\mathrm{H_2S}]}{[\mathrm{S^{2-}}]}}$$

$$= \sqrt{(1.0 \times 10^{-7}) \times (1.0 \times 10^{-14}) \times \frac{0.10}{1.0 \times 10^{-19}}} = 1.0 \times 10^{-\frac{3}{2}}\ \mathrm{[mol/L]}$$

$$\therefore\ \ \mathrm{pH} = -\log[\mathrm{H^+}] = -\log(1.0 \times 10^{-\frac{3}{2}}) = \underline{1.50}$$

気液平衡①
（純溶媒）

フレーム 54

◎気液平衡とは

水などの純溶媒を密閉容器に入れると，蒸発速度と凝縮速度が等しくなって平衡状態に達する（次式）。このような状態を気液平衡という。

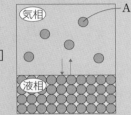

$$A（液相） \rightleftarrows A（気相）$$

$$K' = \frac{[A（気相）]}{[A（液相）]} \quad \Leftrightarrow \quad K'[A（液相）] = [A（気相）]$$

$$\Leftrightarrow \quad K'[A（液相）] = \frac{P_A}{RT}$$

$$\left(気体の状態方程式より，[A（気相）] = \frac{n_A〔mol〕}{V〔L〕} = \frac{P_A}{RT} \right)$$

$$\Leftrightarrow \quad K'RT[A（液相）] = P_A \quad \Leftrightarrow \quad K = P_A \quad (\because K'RT[A（液相）] は一定値)$$

よって，温度（T）が一定であれば，A の圧力 P_A は一定値（K）になる。

※ 1　この P_A を飽和蒸気圧（または蒸気圧）といい，A はこの P_A まで気体となるが，P_A を超える圧力にはならない（飽和蒸気圧以上の圧力は示さない）。

※ 2　K（$= P_A$）は平衡定数の一種であり，温度 T が変化すると K も変化するため温度 T が変化すると蒸気圧 P_A も変化する。

◎状態判定を必要とするケース

H_2O など凝縮する可能性のある物質が出題された場合，飽和蒸気圧を用いるかどうかは，「状態判定」を通して考える必要がある。

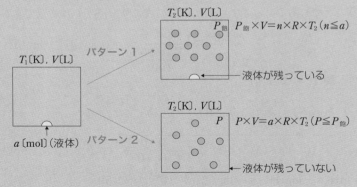

実践問題　　　　　　　　　　　　　　　　　　　　1回目　2回目　3回目

目標：30分　実施日：　　／　　　　／　　　　／

[Ⅰ]　次の文章を読み，下の問いに答えよ。なお，気体はすべて理想気体として取り扱え。気体定数を $8.3 \times 10^3 \, Pa \cdot L/(K \cdot mol)$ とする。

　たがいに化学反応しない2種類の気体 A と気体 B を密閉容器内で混合したとき，この混合気体にはドルトンの分圧の法則が成り立つ。また，この混合気体は1種類の分子からなる気体とみなすことができ，平均分子量を用いれば，混合気体にも気体の状態方程式が適用できる。もし，ある温度で気体 B の一部が液化している場合には，この成分分気体は気液平衡の状態にある。このとき，気体 B の分圧はその温度における液体の飽和蒸気圧と等しい。

問1　下線部について，次の（1）と（2）に答えよ。

（1）気液平衡とはどのような状態か，「単位時間」と「分子の数」という言葉を必ず用いて，40字以内で説明せよ。

（2）この状態から容器の体積を一定に保って加熱したとき，横軸を容器の温度，縦軸を気体 B の分圧としたグラフとして最も適当なものを，図1の①～④より一つ選び番号で答えよ。ただし，温度 T_1 で液体がすべて気化したものとする。

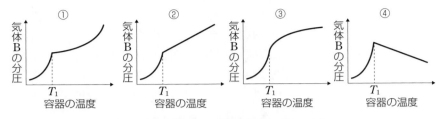

図1 容器の温度に対する気体 B の分圧の変化

問2 下に述べる操作 1 と 2 に関する（1）～（4）に有効数字 2 桁で答えよ。ただし，ベンゼンの飽和蒸気圧は 27 ℃ で 1.4×10^4 Pa，77 ℃ で 9.2×10^4 Pa であり，液体の体積は無視でき，アルゴンはベンゼンに溶解しないものとする。

操作 1　体積 8.3 L の密閉容器にアルゴンとベンゼンを 0.110 mol ずつ加え，温度を 27 ℃ に保った。

操作 2　この密閉容器をゆっくりと 77 ℃ まで加温した。

（1）　操作 1 で，容器内のベンゼンの一部は液化していた。このときのベンゼンの分圧を Pa 単位で答えよ。

（2）　操作 1 で，容器内で液化しているベンゼンの物質量を，単位を付して答えよ。なお，計算過程を記せ。

（3）　操作 2 で，77 ℃ における容器内のアルゴンとベンゼンの分圧をそれぞれ Pa 単位で答えよ。

（4）　操作 2 において，ベンゼンがすべて気化するおおよその温度を図 2 のベンゼンの蒸気圧曲線に適切な線などを書き加えることによって求めよ。答えは単位を付して記せ。

（2009 静岡）

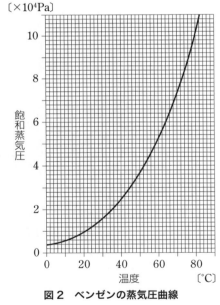

図2　ベンゼンの蒸気圧曲線

［Ⅱ］　次の文を読み，以下の**問 1** から**問 8** に答えよ。計算結果は，特に指定のない限り有効数字 2 桁で示せ。必要ならば，次の数値を用いよ。原子量は H = 1.0，C = 12，気体定数 $R = 8.3 \times 10^3$ Pa・L/(K・mol)

炭素と水素のみを成分元素とし，常温・常圧では液体の化合物 A がある。今，容器内部に点火装置があり，内容積が 8.3 L，内部が真空の密閉容器を用意した。この容器に 8.6 g の化合物 A を注入し，容器内の温度を 340 K に保ったところ，化合物 A はすべて蒸発して，内部の圧力が 0.34×10^5 Pa となった。グラフには化合物 A と水の蒸気圧曲線を示した。

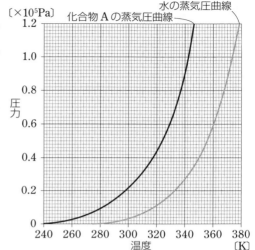

問1 化合物 A の分子量を求めよ。

問2 化合物 A の分子式を記せ。

問3 容器内の温度を 360 K に上昇させた時の内部の圧力〔Pa〕を求めよ。

問4 容器内を，時間をかけてゆっくり冷却していくと，密閉容器内部の壁に液滴が生じ始めた。この現象をなんというか記せ。

問5 問4 の現象が始まった温度に最も近いのは「297 K」，「308 K」，「316 K」，「322 K」，「327 K」のうちどれか答えよ。

問6 問4 の状態の密閉容器に酸素 O_2 を注入することにした。酸素 O_2 を注入すると容器内部の様子はどのようになると考えられるか。次の（ア）〜（ウ）から選び記号で答えよ。ただし，注入に伴う温度変化はなく，この状態で化合物 A と酸素 O_2 は反応しないものとする。

（ア）液滴が消える　　（イ）液滴が増える　　（ウ）変化なし

問7 問6 で注入する酸素 O_2 を使って化合物 A を完全燃焼させることにした。密閉容器内の化合物 A を完全に燃焼させるためには，少なくとも何 g の酸素 O_2 を注入する必要があるか求めよ。

問8 点火装置を作動させ，密閉容器内の化合物 A を必要最少量の酸素 O_2 で完全に燃焼させたのち，容器内の温度を 340 K に保った。この時の容器内部の圧力〔Pa〕を求めよ。ただし，気体の水への溶解は考慮しなくてよい。

（2013 岐阜）

解答

[I]**問1**（1）　単位時間あたりに液面から蒸発する分子の数と凝縮する分子の数が等しくなった状態。（39字）

（2）　②

問2（1）　$1.4 \times 10^4\,Pa$

（2）　$6.3 \times 10^{-2}\,mol$

（計算過程は解説を参照）

（3）　アルゴン…$3.9 \times 10^4\,Pa$

ベンゼン…$3.9 \times 10^4\,Pa$

（4）　50℃，右図

[Ⅱ]**問1**　86　　　　**問2**　C_6H_{14}

問3　$3.6 \times 10^4\,Pa$

問4　凝縮　　　**問5**　308 K

問6　（ウ）

問7　$3.0 \times 10\,g$

問8　$2.3 \times 10^5\,Pa$

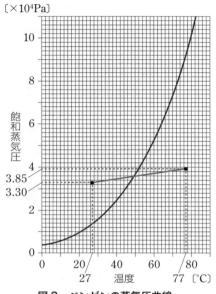

図2　ベンゼンの蒸気圧曲線

[解説]

[I]　**問1**　（2）　題意より，温度 T_1 で液体がすべて気化（蒸発）するので，T_1 までは蒸気圧曲線にしたがう。また，T_1 以降はボイル・シャルルの法則（⇨ P.72）にしたがい，体積が一定のとき温度と圧力は比例関係になる（右図）。

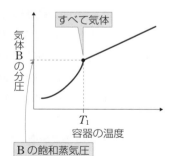

問2　（1）　題意より，27℃においてベンゼンの一部は凝縮していることから，ベンゼンは気液平衡となっており，飽和蒸気圧 $P_{飽和(27℃)}$ を示す。

よって，ベンゼンの分圧 P_B〔Pa〕は，

$$P_B = P_{飽和(27℃)} = \underline{1.4 \times 10^4}\,[Pa]$$

（2）　27℃で気体となっているベンゼンの物質量 $n_{B(気)}$〔mol〕は，ベンゼンの蒸気について気体の状態方程式より，次式が成り立つ。

$$P_{\text{飽和}(27℃)}V = n_{\text{B(気)}}RT$$

$$\Leftrightarrow \quad n_{\text{B(気)}} = \frac{P_{\text{飽和}(27℃)}V}{RT} = \frac{(1.4\times10^4)\times8.3}{(8.3\times10^3)\times(27+273)} = \frac{1.4}{30}\ 〔\text{mol}〕$$

よって，ベンゼンについて，物質収支の条件（⇨ P.235）より，次式が成り立つ。

$$n_{\text{B(全)}} = n_{\text{B(気)}} + n_{\text{B(液)}}$$

$$\Leftrightarrow \quad n_{\text{B(液)}} = n_{\text{B(全)}} - n_{\text{B(気)}}$$

$$= 0.110 - \frac{1.4}{30} = 6.33\cdots\times10^{-2} \fallingdotseq \underline{6.3\times10^{-2}}\ 〔\text{mol}〕$$

(3) ［アルゴンについて］　アルゴンは凝縮しないので，77℃における分圧 P_{Ar} 〔Pa〕は，気体の状態方程式より，次式が成り立つ。

$$P_{\text{Ar}} = \frac{n_{\text{Ar}}RT}{V} = \frac{0.110\times(8.3\times10^3)\times(77+273)}{8.3}$$

$$= 3.85\times10^4 \fallingdotseq \underline{3.9\times10^4}\ 〔\text{Pa}〕$$

［ベンゼンについて］　77℃でベンゼン 0.110 mol がすべて気体として存在していると仮定すると，そのときの圧力を $\tilde{P}_{\text{B}}$〔Pa〕とすると，気体の状態方程式より，次式が成り立つ。

$$\tilde{P}_{\text{B}} = \frac{n_{\text{B}}RT}{V} = \frac{0.110\times(8.3\times10^3)\times(77+273)}{8.3}$$

$$= 3.85\times10^4 \fallingdotseq \underline{3.9\times10^4}\ 〔\text{Pa}〕$$

ここで，77℃におけるベンゼンの飽和蒸気圧は 9.2×10^4 Pa なので，仮定したベンゼンの圧力 $\tilde{P}_{\text{B}}\ (= 3.9\times10^4)$ は飽和蒸気圧に達していない。よって，ベンゼンはすべて気化していることがわかり，そのときのベンゼンの分圧 P_{B} は，

$$P_{\text{B}} = \tilde{P}_{\text{B}} \underline{= 3.9\times10^4}〔\text{Pa}〕$$

(4)　ベンゼンがすべて気体として存在しているとしたとき，温度〔℃〕と圧力〔$\times10^4$ Pa〕の関係は，右図のグラフの直線（—）のようになる。この直線と蒸気圧曲線の交点の温度（約 50℃）となったとき，ベンゼンはすべて気化する。

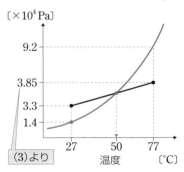

[Ⅱ] **問1** 化合物Aの分子量をMとおくと，気体の状態方程式より，

$$PV = \frac{w}{M}RT \iff M = \frac{wRT}{PV} = \frac{8.6 \times (8.3 \times 10^{3}) \times 340}{(0.34 \times 10^{5}) \times 8.3} = \underline{86}$$

問2 この化合物Aの分子式をC_mH_nとおくと，分子量について**問1**の結果より，

$$12m + n = 86$$

となり，m，nは正の整数で，かつ$2m + 2 \geqq n$を満たすmとnの組合せは，$m = 6$，$n = 14$である。よって，分子式は$\underline{C_6H_{14}}$となる。

問3 題意より，化合物Aは340Kですべて気体として存在しているので，360Kに加熱してもすべて気体のままである。よって，体積（内容積）は変わっていないので，この気体について（変動しない文字を○で囲うと）

$$P\widehat{V} = \widehat{n}\widehat{R}T \iff \frac{P}{T} = \frac{nR}{V} = (\text{一定}) \iff \frac{P_1}{T_1} = \frac{P_2}{T_2} \quad \text{より，}$$

$$\frac{0.34 \times 10^5}{340} = \frac{P}{360} \quad \therefore \quad P = \underline{3.6 \times 10^4} \ \text{〔Pa〕}$$

問4，5 ある絶対温度T〔K〕で，8.6gの化合物Aがすべて気体として存在していると仮定すると，そのときの圧力$\widetilde{P}$〔Pa〕は，気体の状態方程式より，

$$PV = nRT$$

$$\iff \widetilde{P} \times 8.3 = \frac{8.6}{86} \times (8.3 \times 10^3) \times T$$

$$\therefore \quad \widetilde{P} = 100T \ \text{〔Pa〕}$$

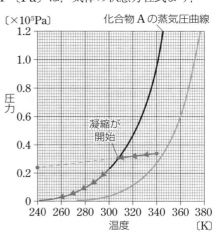

よって，右図のように，この直線と化合物Aの蒸気圧曲線の交点である_{問5}$\underline{308}$KでAが_{問4}凝縮し始める。

問6 飽和蒸気圧は温度のみで決まり，他の気体の影響を受けない（⇨ P.278）。そのため，酸素を注入しても化合物Aの状態には影響しない。

問7，8 C_6H_{14}の物質量〔mol〕は，**問1**の結果より，

$$\frac{8.6\,\text{〔g〕}}{86\,\text{〔g/mol〕}} = 0.10 \ \text{〔mol〕}$$

よって，C_6H_{14}は以下のように燃焼するため，必要な酸素の質量〔g〕は，

$$0.10 \; [\text{mol}] \times \frac{\overset{O_2 \; [\text{mol}]}{19}}{2} \times 32 \; [\text{g/mol}] = 30.4 \fallingdotseq \underline{3.0 \times 10} \; [\text{g}]$$

$$C_6H_{14} \quad + \quad \frac{19}{2} O_2 \quad \longrightarrow \quad 6CO_2 \quad + \quad 7H_2O$$

反応前	0.10	$0.10 \times \dfrac{19}{2}$	0	0 （単位：mol）
変化量	-0.10	$-0.100 \times \dfrac{19}{2}$	$+0.10 \times 6$	$+0.10 \times 7$
反応後	0	0	0.60	0.70

ここで，340 K において生じた H_2O 0.70 mol がすべて気体として存在していると仮定すると，そのときの圧力を $\tilde{P}_{H_2O} [\text{Pa}]$ とすると，気体の状態方程式より，

$$\tilde{P}_{H_2O} = \frac{n_{H_2O}RT}{V} = \frac{0.70 \times (8.3 \times 10^3) \times 340}{8.3} = 2.38 \times 10^5 \; [\text{Pa}]$$

ここで，340 K における H_2O の飽和蒸気圧は，蒸気圧曲線より 0.27×10^5 Pa と読み取ることができるため，仮定した H_2O の圧力 $\tilde{P}_{H_2O} (= 2.38 \times 10^5)$ が飽和蒸気圧をオーバーしてしまっていることがわかる。よって，H_2O は一部凝縮し，気液平衡となっている。

以上より，容器内の全圧 $P_{全} [\text{Pa}]$ は次式のようになる。

$$P_{全} = P_{CO_2} + P_{H_2O} = \frac{n_{CO_2}RT}{V} + P_{飽}$$

$$= \frac{0.60 \times (8.3 \times 10^3) \times 340}{8.3} + 0.27 \times 10^5$$

$$= 2.31 \times 10^5 \fallingdotseq \underline{2.3 \times 10^5} \; [\text{Pa}]$$

テーマ **55** 気液平衡②
（蒸気圧降下）

フレーム 55

◎蒸気圧降下とは

　次図のように，両液ともに放置すると気液平衡（⇨ P.278）に達するが，不揮発性の溶質 A が溶けた水溶液の表面から蒸発する水分子の数は，溶質 A が表面に並んでジャマしている分，純水よりも少なくなってしまう。結果，A の水溶液では蒸発する水分子が少なくなり，同温の純水よりも蒸気圧は小さくなる。

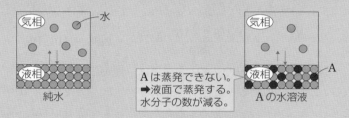

◎ラウールの法則

　不揮発性の物質が溶けた希薄溶液では，その溶液の蒸気圧は溶液中の溶媒のモル分率に比例する（ここでいう溶媒のモル分率とは，溶媒を N 〔mol〕，溶質を n 〔mol〕

としたときの $\dfrac{N}{N+n}$ のことである）。

　ある温度において，溶媒のみの蒸気圧を P_0〔Pa〕とすると，溶液の蒸気圧 P〔Pa〕は次式のように求めることができる。

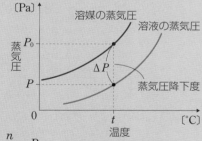

$$P = \frac{N}{N+n} P_0$$

　ここで，純溶媒と溶液の蒸気圧の差（$= P_0 - P$）が蒸気圧降下度 ΔP となるため（右図），次式のような関係がある。

$$\Delta P = P_0 - P = P_0 - \frac{N}{N+n} P_0 = \frac{n}{N+n} P_0$$

　よって，ΔP は溶質のモル分率 $\left(= \dfrac{n}{N+n}\right)$ に比例することがわかる。

※希薄溶液では，溶媒の物質量 N は溶質の物質量 n に比べ非常に大きい。

$\Rightarrow N + n \fallingdotseq N$ と近似することが多い（この場合，問題文中で指示がある）。

$\Rightarrow P = \dfrac{n}{N+n} P_0 \fallingdotseq \dfrac{n}{N} P_0$ となる。

実践問題   1回目   2回目   3回目

目標：28分   実施日：   ／   ／   ／

［Ｉ］ 次の文章を読んで，以下の問いに答えよ。ただし，原子量は H = 1.0，O = 16 とする。

　純粋な溶媒に不揮発性の溶質を溶かして溶液にすると，溶液の蒸気圧は純粋な溶媒の蒸気圧よりも低くなる。これを蒸気圧降下という。この現象を利用して，溶質の分子量を決定することができる。最初に，溶液における溶媒と溶質の相対的な量として，気体の分圧の計算でも用いられるモル分率を定義する。n_A〔mol〕の溶媒 A に n_B〔mol〕の溶質 B を溶解したとき，溶媒 A と溶質 B のそれぞれのモル分率 x_A と x_B は

$$x_A = \frac{n_A}{n_A + n_B} \qquad x_B = \frac{n_B}{n_A + n_B}$$

と表される。また，純粋な溶媒 A の蒸気圧を P_0，これに不揮発性の溶質 B を溶かした溶液の蒸気圧を P とすると，以下の関係式が成り立つことが実験的にわかっている。

$$\frac{P}{P_0} = \frac{n_A}{n_A + n_B}$$

　ただし，溶質は非電解質であるとする。

問1 モル分率の単位として正しいものは，次の（ア）～（エ）のどれか，記号で答えよ。

（ア） mol/L   （イ） mol/kg   （ウ） kg/L   （エ）単位はない

問2 溶媒の蒸気圧降下度を $\Delta P = P_0 - P$ と定義するとき，$\Delta P = P_0 x_B$ が成り立つことを示せ。

問3 分子量 M_A の溶媒 W_A〔g〕に，分子量 M_B の溶質 W_B〔g〕を溶かして溶液をつくる。このときの溶媒 A と溶質 B のそれぞれのモル分率 x_A と x_B を，M_A，M_B，W_A，W_B を用いて表せ。式を導出する過程も示せ。

問4 問3の溶質の分子量 M_B を，P_0，ΔP，M_A，W_A，W_B を用いて表せ。式を導出する過程も示せ。

問5 水の蒸気圧は 20 ℃で 2.34×10^3 Pa である。分子量が未知のある溶質 137 g を水 1.00 kg に溶かしたとき，蒸気圧は 17.3 Pa だけ降下した。この溶質の分子量はいくらか，有効数字 3 桁で答えよ。計算過程も示せ。

(2013 首都大（後）)

[Ⅱ] 溶液の蒸気圧と沸点上昇および蒸留について以下の [A] ～ [C] の実験，および考察を行った。以下の文章を読み，**問1**～**問6** に答えよ。解答はすべて各問題の指示にしたがって記入せよ。必要があれば次の数値を用いよ。

原子量：H = 1.0，C = 12，N = 14，O = 16

アボガドロ定数：$N_A = 6.02 \times 10^{23}$ mol，1 atm = 1.01×10^5 Pa

[A] (i)水 100.0 g に 5.00×10^{-3} mol のグルコースを溶かした水溶液の沸点は，圧力 1.01×10^5 Pa 下で 100.026 ℃であった。この溶液の沸点上昇についてより詳しく調べるために，以下の [B] と [C] の実験および考察を行った。

[B] n_A〔mol〕のグルコース（成分 A）を n_B〔mol〕の水（成分 B）に溶かした 5 種類のモル分率が異なるグルコース水溶液の蒸気圧 p を，ある一定温度で測定し，この測定値から溶液の蒸気圧変化を計算した結果を下の表 1 に示した。また，同じ温度での純粋な水の蒸気圧 p^0 は，$p^0 = 2.000 \times 10^4$ Pa であった。

表1 液体の蒸気圧測定実験の結果

実験に用いたグルコース水溶液のグルコースのモル分率 $\dfrac{n_A}{n_A + n_B}$	測定したグルコース水溶液の蒸気圧 p〔$\times 10^4$ Pa〕	測定した蒸気圧から計算したグルコース水溶液の蒸気圧変化の割合 $\dfrac{p^0 - p}{p^0}$
0	2.000	0
1.00×10^{-2}	1.980	1.0×10^{-2}
2.00×10^{-2}	1.960	2.0×10^{-2}
3.00×10^{-2}	1.936	(a)
4.00×10^{-2}	1.911	4.5×10^{-2}

表 1 を見ると，計算した蒸気圧変化の割合 $\dfrac{p^0 - p}{p^0}$ とモル分率 $\dfrac{n_A}{n_A + n_B}$ との間に，よい近似で

$$\frac{p^0-p}{p^0} = \frac{n_A}{n_A + n_B} \qquad \cdots (1)$$

の関係が成立していることがわかる。この式（1）を変形すれば，次の式（2）のように書くことができる。

$$\frac{p^0-p}{p^0} = \frac{\boxed{(\text{ア})}}{\boxed{(\text{ア})}\ +1} \qquad \cdots (2)$$

ここで，圧力 1.01×10^5 Pa 下でグルコース水溶液を蒸留することを考える。グルコースの物質量 n_A が水の物質量 n_B よりもかなり小さい場合，式(2)の右辺の分母 $\boxed{\text{ア}}$ ＋1 を 1 とできる。この場合，グルコース水溶液中の水の質量と水の分子量をそれぞれ w_B と M_B で表すと，100 ℃ における式(2)は近似的に

$$\boxed{(\text{b})} - p = \frac{\boxed{(\text{イ})}}{\boxed{(\text{ウ})}} \times M_B \times \boxed{(\text{b})} \qquad \cdots (3)$$

と表せる。式(3)はグルコースを溶解させたことによる水の蒸気圧降下を表している。この溶液の蒸気圧が $\boxed{(\text{c})}$ Pa になると沸騰が始まるが，沸騰させるためには図1のように溶媒である純水の沸点よりもさらに温度をΔt だけ上昇させて蒸気圧を上げる必要があり，Δt は

$$\Delta t = \frac{\boxed{(\text{イ})}}{\boxed{(\text{ウ})}} \times M_B \times C_B \qquad \cdots (4)$$

と表せる。ここで，C_B は溶媒の種類によって決まる値である。

上述の水溶液についての式(1)を変形すると

$$p = \boxed{(\text{エ})} \times p^0 \qquad \cdots (5)$$

と表せる。この式(5)は，蒸気圧をもたないグルコースが溶けている水の蒸気圧（分圧）と，同じ温度での純粋な水の蒸気圧との関係を表している。以上のような考え方は，ともに蒸気圧をもつ2種類の液体の混合溶液が沸騰する場合についても使うことができるものとする。

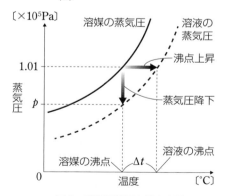

図1 蒸気圧降下と沸点上昇

[C] 圧力 1.01×10^5 Pa 下での沸点が，69℃の n_X〔mol〕のヘキサン（成分 X）と，98℃の n_Y〔mol〕のヘプタン（成分 Y）の混合溶液の場合，それらの気体状態を理想気体とみなせば，ある温度での成分 X と Y のそれぞれの分圧を p_X および p_Y とすると，混合気体の全圧 p は $p =$ ⎡(オ)⎤ となる。p_X と p_Y は，同じ温度でのそれぞれの純粋な液体の蒸気圧 p^0_X と p^0_Y を用いて，式(5)と同様に表されるとすれば，この溶液の蒸気圧 p は次の式(6)となる。

$$p = \boxed{(\text{カ})} \times p^0_X + \boxed{(\text{キ})} \times p^0_Y \quad \cdots (6)$$

(ii) 溶液の蒸気圧が外気圧と等しくなると沸騰が始まるが，(iii) このとき生じた混合気体を理想気体とみなし，これを凝縮できるとすれば，混合溶液の分留の原理を理解することができる。

問1 文章 [A] の下線部（ i ）の結果から，水のモル沸点上昇の値を有効数字2桁で求め，その単位も記せ。ただし，圧力 1.01×10^5 Pa 下での純粋な水の沸点を 100.000℃ として計算せよ。

問2 問1の結果をもとに，水 1.00 kg に無水硫酸ナトリウム 2.0×10^{-2} mol を溶解した水溶液について，圧力 1.01×10^5 Pa 下での沸点を小数第3位まで求めよ。

問3 表1の ⎡(a)⎤ および文章 [B] と [C] の ⎡(b)⎤，⎡(c)⎤ には有効数字3桁の数値を，⎡(ア)⎤〜⎡(キ)⎤ には適切な記号もしくは式を入れよ。

問4 1 mol のヘキサン（成分 X）と 2 mol のヘプタン（成分 Y）を混合した。この溶液を 1.01×10^5 Pa 下で全物質量の 50 ％ まで蒸留した。

　　文章 [C] の式(6)および下線部(ii)を参考にして，正しい記述を下の(あ)〜(か)からすべて選び，記号で答えよ。

(あ) 溶液の蒸気圧は純粋成分の蒸気圧より小さいので，沸点は 98℃ 以上である。

(い) 溶液の蒸気圧は純粋成分の蒸気圧より大きいので，沸点は 69℃ 以下である。

(う) 沸点は 69℃ と 98℃ の間であり，蒸留開始から終了まで沸点は変化しない。

(え) 沸点は 69℃ と 98℃ の間であり，蒸留を続けると沸点が上昇していく。

(お) 蒸留開始時に比べ，蒸留を続けるにつれて，沸騰により生じる混合気体が凝縮した液体中のヘキサンの割合が増加していく。

(か) 蒸留開始時に比べ，蒸留を続けるにつれて，沸騰により生じる混合気体が凝縮した液体中のヘプタンの割合が増加していく。

問5 文章［C］の下線部（ⅲ）の例として，**問4**と同じ混合溶液の蒸留を開始した。沸騰開始直後に発生した混合気体中のヘキサンの分圧を p^0_X を用いて表せ。

問6 **問5**で発生した混合気体が凝縮した液体中のヘプタンのモル分率を，p^0_X と p^0_Y の両者を用いた式で表せ。

（2010 北海道（後））

....

解答

....

［Ⅰ］**問1** （エ）　　**問2** （導出過程は解説を参照）

問3 $x_A = \dfrac{M_B W_A}{M_B W_A + M_A W_B}$，$x_B = \dfrac{M_A W_B}{M_B W_A + M_A W_B}$　（導出過程は解説を参照）

問4 $M_B = \dfrac{(P_0 - \Delta P) M_A W_B}{\Delta P W_A}$　（導出過程は解説を参照）

問5 3.31×10^2　（計算過程は解説を参照）

［Ⅱ］**問1** 5.2×10^{-1}〔K・kg/mol〕　　**問2** 100.031〔℃〕

問3(a) 3.20×10^{-2}　(b) 1.01×10^5　(c) 1.01×10^5

（ア）$\dfrac{n_A}{n_B}$　（イ）n_A　（ウ）w_B　（エ）$\dfrac{n_B}{n_A + n_B}$

（オ）$p_X + p_Y$　（カ）$\dfrac{n_X}{n_X + n_Y}$　（キ）$\dfrac{n_Y}{n_X + n_Y}$

問4 （え），（か）　**問5** $\dfrac{1}{3} p^0_X$　**問6** $\dfrac{2 p^0_Y}{p^0_X + 2 p^0_Y}$

［解説］

［Ⅰ］ **問1** モル分率は，mol の比率 $\left(\dfrac{\text{mol}}{\text{mol}}\right)$ で求めるため，<u>単位はない。</u>

問2 与式 $\dfrac{P}{P_0} = \dfrac{n_A}{n_A + n_B}$ ⇔ $P = \dfrac{n_A}{n_A + n_B} P_0$ より，

$\Delta P = P_0 - P = P_0 - \dfrac{n_A}{n_A + n_B} P_0 = P_0 \Big(1 - \dfrac{n_A}{n_A + n_B}\Big) = P_0 (1 - x_A)$

$= P_0 x_B$　（∵ $x_A + x_B = 1$）

問3 $n_A = \dfrac{W_A(\text{g})}{M_A(\text{g/mol})}$, $n_B = \dfrac{W_B(\text{g})}{M_B(\text{g/mol})}$ より，モル分率 x_A, x_B は，次式

により求められる。

$$
\begin{cases}
x_A = \dfrac{n_A}{n_A + n_B} = \dfrac{\dfrac{W_A}{M_A}}{\dfrac{W_A}{M_A} + \dfrac{W_B}{M_B}} = \dfrac{M_B W_A}{M_B W_A + M_A W_B} \\[4ex]
x_B = \dfrac{n_B}{n_A + n_B} = \dfrac{\dfrac{W_B}{M_B}}{\dfrac{W_A}{M_A} + \dfrac{W_B}{M_B}} = \dfrac{M_A W_B}{M_B W_A + M_A W_B}
\end{cases}
$$

問4, 5 問2, 3 より，

$$\Delta P = P_0 x_B$$

$$\Leftrightarrow \quad \Delta P = P_0 \times \dfrac{M_A W_B}{M_B W_A + M_A W_B}$$

$$\Leftrightarrow \quad \Delta P M_B W_A + \Delta P M_A W_B = P_0 M_A W_B$$

$$\Leftrightarrow \quad M_B = \underset{\text{問4}}{\dfrac{(P_0 - \Delta P) M_A W_B}{\Delta P W_A}} = \dfrac{(2.34 \times 10^3 - 17.3) \times 18 \times 137}{17.3 \times 1000} \leftarrow 1.00\text{kg}$$

$$= 3.310\cdots \times 10^2 \fallingdotseq \underset{\text{問5}}{\underline{3.31 \times 10^2}}$$

[Ⅱ] **問1** 水のモル沸点上昇を K_b 〔K・kg/mol〕とおくと，

$$\Delta t = K_b \times m$$

$$\Leftrightarrow \quad 100.026 - 100.000 = K_b \times \dfrac{5.00 \times 10^{-3}(\text{mol})}{\dfrac{100.0}{1000}(\text{kg})}$$

$$\therefore \quad K_b = \underline{5.2 \times 10^{-1}} \ (\text{K・kg/mol})$$

問2 Na_2SO_4 の電離後は粒子数が 3 倍になる（$Na_2SO_4 \longrightarrow 2Na^+ + 1SO_4{}^{2-}$）ことに注意すると，沸点上昇度 Δt は

$$\Delta t = K_b \times m$$

$$= (5.2 \times 10^{-1})(\text{K・kg/mol}) \times \dfrac{2.00 \times 10^{-2} \times 3(\text{mol})}{1.00(\text{kg})} = 0.0312 \ (\text{K})$$

よって，大気圧下における沸点〔℃〕は，

$$100 + 0.0312 = 100.0312 \fallingdotseq \underline{100.031} \ (\text{℃})$$

問3 (a) $\dfrac{p^0-p}{p^0} = \dfrac{2.000\times10^4-1.936\times10^4}{2.000\times10^4} = \underline{3.20\times10^{-2}}$

（ア）　(1)式より，

$$\frac{p^0-p}{p^0} = \frac{n_A}{n_A+n_B} = \frac{\dfrac{n_A}{n_B}}{\dfrac{n_A}{n_B}+1} \qquad \cdots(2)$$

（イ），（ウ）　題意より，$n_A \ll n_B$ のとき $\dfrac{n_A}{n_B}+1 \fallingdotseq 1$ となるため，(2) 式は，

$$\frac{p^0-p}{p^0} = \frac{n_A}{n_B}$$

$\Leftrightarrow \quad p^0 - p = \dfrac{n_A}{n_B} \times p^0$

$\boxed{n_B = \dfrac{w_B}{M_B}\ を代入}$

$\Leftrightarrow \quad p^0 - p = \dfrac{n_A}{\dfrac{w_B}{M_B}} \times p^0$

$\Leftrightarrow \quad p^0 - p = \dfrac{n_A}{w_B} \times M_B \times p^0 \qquad \cdots(3)$

(c)　「蒸気圧」＝「大気圧（$1.01\times10^5\,\mathrm{Pa}$）」となるとき，沸騰が開始する。

（エ）　(1)式より，

$$\frac{p^0-p}{p^0} = \frac{n_A}{n_A+n_B} \quad \Leftrightarrow \quad p^0 - p = \frac{n_A}{n_A+n_B} \times p^0$$

$\Leftrightarrow \quad p = p^0 - \dfrac{n_A}{n_A+n_B} \times p^0 \quad \Leftrightarrow \quad p = \dfrac{n_B}{n_A+n_B}\,p^0 \quad \cdots(5)$

（オ）　成分 X と Y からなる混合気体の全圧 p は，ドルトンの分圧の法則より，

$p = p_X + p_Y$

（カ），（キ）　(5)式と(オ)より，

$$p = \underset{(カ)}{\frac{n_X}{n_X+n_Y}} \times p^0{}_X + \underset{(キ)}{\frac{n_Y}{n_X+n_Y}} \times p^0{}_Y \qquad \cdots(6)$$

問4　（え），（か）　この混合溶液の沸騰は $69\,℃$ と $98\,℃$ との間から始まり，初めのうちは沸点が低い成分 X（ヘキサン）を多く含む混合気体が揮発してくる。沸騰を続けると徐々に沸点が高い成分 Y（ヘプタン）の割合が増えてきて，$98\,℃$ で溶液はすべて揮発する。そのため，蒸留液には初め成分 X が多いが，沸騰を続けるうちに成分 Y の割合が増加してくる。

問5 混合溶液の沸騰開始直後のヘキサンの分圧 p_X は，(6)式より，

$$p_X \fallingdotseq \frac{n_X}{n_X + n_Y} \times p^0{}_X = \frac{1}{1+2} p^0{}_X = \underline{\frac{1}{3} p^0{}_X}$$

問6 成分 Y（ヘプタン）の蒸気圧 p_Y は，(6)式より，

$$p_Y \fallingdotseq \frac{n_Y}{n_X + n_Y} \times p^0{}_Y = \frac{2}{1+2} p^0{}_Y = \frac{2}{3} p^0{}_Y$$

ここで，「凝縮した液体（蒸留液）中の物質量〔mol〕比」=「混合気体中の物質量〔mol〕比」なので，混合気体中の成分 Y（ヘプタン）のモル分率を x_Y とおくと，

$$x_Y = \frac{n_Y}{n_X + n_Y} = \frac{p_Y}{p_X + p_Y} = \frac{\dfrac{2}{3} p^0{}_Y}{\dfrac{1}{3} p^0{}_X + \dfrac{2}{3} p^0{}_Y}$$

$$\Leftrightarrow \quad x_Y = \underline{\frac{2 p^0{}_Y}{p^0{}_X + 2 p^0{}_Y}}$$

気液平衡③
（沸点上昇）

フレーム 56

◎沸点上昇とは

　大気圧下で純水は 100 ℃で「蒸気圧＝大気圧」となり，液体内部で気液平衡（⇨ P.278）となる。一方，溶質 A が溶けた水溶液では溶質 A がジャマしている分，液体内部で気化できる水分子の数が純水よりも少なくなってしまう（次図）。

　結果，A の水溶液を沸騰させるためには，純水の沸点（100 ℃）以上に温度を上げて熱エネルギーを加える必要がある。

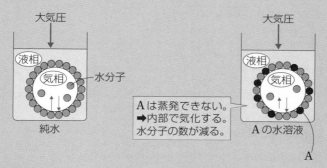

◎沸点上昇度 Δt_b

　純溶媒と溶液の沸点の差を沸点上昇度といい，一般的に Δt_b で表す。この Δt_b は溶質粒子の種類に関係なく，その溶液の質量モル濃度 m 〔mol/kg〕に比例する。

$$\Delta t_b = K_b m$$

※K_b〔K・kg/mol〕…不揮発性の非電解質の 1 mol/kg 溶液の沸点上昇度をモル沸点上昇といい，溶媒の種類により固有の値。

実践問題

1回目　2回目　3回目

目標：7分　実施日：　／　　／　　／

　次の文章を読み，［（ア）］には適切な語句，［（イ）］［（エ）］には有効数字 3 桁の数値，［（ウ）］には整数を入れよ。必要であれば次の原子量と数値を用いよ。

　　H = 1.00, C = 12.0, O = 16.0, Cl = 35.5, Ca = 40.1

　30 ℃のメタノール 100 mL に 0.957 g の純粋な塩化カルシウムを完全に溶かして溶液を調製した。この溶液の沸点を測定したところ，純粋なメタノールの沸

点よりも 0.274 K 高くなった。このように沸点が上昇するのは，溶液の （ア）
が純粋な溶媒の （ア） よりも低くなるためである。メタノールのモル沸点上昇
は 0.830 K·kg/mol であるから，この溶液に溶解しているイオン全体の質量モ
ル濃度は （イ） mol/kg と計算される。ここで，希薄なメタノール溶液中では
塩化カルシウムが完全に電離して溶解すると考えると， （イ） mol/kg の計算値
は溶液の塩化カルシウムの質量モル濃度の （ウ） 倍となる。したがって，30℃
のメタノールの密度は （エ） g/cm^3 と求められる。

（2011 慶應・理工）

解答

（ア） 飽和蒸気圧（または蒸気圧）　　（イ） 3.3×10^{-1}　　（ウ） 3

（エ） 7.83×10^{-1}

［解説］

（イ）　このメタノール溶液の沸点上昇度 Δt_b〔K〕について次式が成り立つ。

$$\Delta t_b = K_b m$$

$\Leftrightarrow$　$0.274 = 0.830 \times m$

$\therefore$　$m = 0.3301\cdots \fallingdotseq \underline{3.3 \times 10^{-1}}$〔mol/kg〕

（ウ）　塩化カルシウム $CaCl_2$ は強電解質であり，完全電離する場合，次式より
$CaCl_2$ を含んだ水溶液中に存在するイオンの総物質量〔mol〕は $1 + 2 = \underline{3}$〔倍〕
となる。

$$CaCl_2 \longrightarrow 1Ca^+ + 2Cl^-$$

（エ）このメタノール溶液中のイオン全体の質量モル濃度〔mol/kg〕について，
問（イ），（ウ）の結果より，密度 d〔g/cm^3〕は，次式で求まる。

$$\frac{\dfrac{0.957〔\text{g}〕}{111.1〔\text{g/mol}〕} \times 3}{d〔\text{g/cm}^3〕\times 100〔\text{cm}^3〕\times 10^{-3}} = 0.3301 〔\text{mol/kg}〕$$

$\therefore$　$d = 0.7828\cdots \fallingdotseq \underline{7.83 \times 10^{-1}}$〔g/cm^3〕

固液平衡
（凝固点降下）

フレーム 57

◎**凝固点降下とは**

　溶媒分子が融解する速度と凝固する速度が等しくなって固体と液体の平衡状態（＝固液平衡）になるとき，純水において凝固点は０℃だが（左下図），**溶質 A が溶けた水溶液では溶質 A は水分子とともに凝固できない分，０℃では水分子の凝固する速度が遅くなってしまう**（右下図）。

　結果，溶液を凝固させるためにはもっと温度を低くさせて凝固速度を大きくする必要がある。

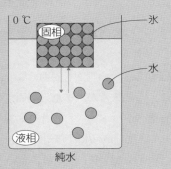

純水

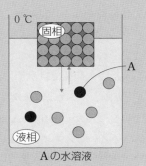

Aの水溶液

◎**凝固点降下 Δt_f**

　純溶媒と溶液の凝固点の差を凝固点降下度といい，一般的に Δt_f で表す。この Δt_f は溶質粒子の種類に関係なく，その溶液の質量モル濃度 m〔mol/kg〕に比例する（次式）。

$$\Delta t_f = K_f m$$

※ K_b〔K・kg/mol〕…不揮発性の非電解質の 1 mol/kg 溶液の凝固点降下度を**モル凝固点降下**といい，**溶媒の種類により固有の値**。

実践問題　　　　　　　　　　　　　　　　1回目　2回目　3回目

目標：10分　実施日：　　／　　　／　　　／

　水と，水 100 g に塩化カルシウム二水和物（CaCl$_2$·2H$_2$O）4.10 g を溶かして作った塩化カルシウム水溶液を，ゆっくり冷却しながら温度を精密に測定したところ，水と塩化カルシウム水溶液の温度変化は図１に示すような曲線になった。

以下の問（1）～（7）に答えよ。
ただし，水のモル凝固点降下を
1.85 K·kg/mol とし，塩化カル
シウムは水溶液中で完全に電離し
ているとする。計算問題では過程
も示し，有効数字3けたで答えよ。
原子量：H = 1.0，O = 16.0，
　Cl = 35.5，Ca = 40.0

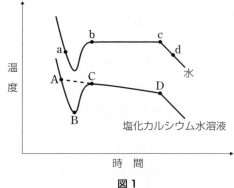

図 1

(1)　図1のaにおける水の状態，bからcの範囲における水の状態，dにおけ
　　る水の状態をそれぞれ説明せよ。
(2)　bからcの範囲では，周囲から冷却しているにもかかわらず温度は一定で
　　あった。その理由を説明せよ。
(3)　CからDの範囲では次第に温度が下がる。その理由を説明せよ。
(4)　塩化カルシウム水溶液の凝固はどこから始まるか。また，凝固点はどこの
　　温度とみなせるか。図1のA～Dから選べ。
(5)　この塩化カルシウム水溶液の質量モル濃度〔mol/kg〕を求めよ。
(6)　この塩化カルシウム水溶液の凝固点降下度 Δt〔K〕を求めよ。
(7)　溶液の凝固点を調べる時に，溶液の濃度としてモル濃度〔mol/L〕ではなく，
　　質量モル濃度が用いられる理由を説明せよ。

（2011 お茶の水女子）

....
解答
....
(1)　a…液体の状態（過冷却状態）　　bからc…固体と液体が共存している状態
　　d…固体の状態
(2)　水が凝固するときに発生する熱と冷却によって奪う熱が等しくなるため。
(3)　溶媒である水が先に凝固して溶液の濃度が大きくなっていくため，凝固点
　　降下がより進行して温度が下がっていく。
(4)　凝固が始まる点…B　　凝固点…A
(5)　2.76×10^{-1} mol/kg（計算過程は解説を参照）
(6)　1.53 K（計算過程は解説を参照）

(7)　温度が変化すると溶液の体積が変化してモル濃度は変動してしまうが，質量モル濃度は変化しないため正確な定量ができるから。

[解説]

(4)　点Bから急激に凝固が開始するため，冷却によって奪う熱よりも凝固によって放出される熱が上回るため温度が上がる。

(5)　水和物を水に溶かすと，水和物中の水和水（結晶水）が溶媒に加わり，水の質量が増加する。$CaCl_2 \cdot 2H_2O = 111 + 36 = 147$ より，

$$CaCl_2 \cdot 2H_2O = CaCl_2 \; [mol]$$

$$\cfrac{\cfrac{4.10\,[g]}{147\,[g/mol]}}{\cfrac{100 + 4.10 \times \cfrac{36}{147}}{1000}\,[kg]} \overset{\text{水和水から}}{=} 2.761 \cdots \times 10^{-1} \fallingdotseq \underline{2.76 \times 10^{-1}}\;[mol/kg]$$

(6)　塩化カルシウム $CaCl_2$ は強電解質であり，完全電離すると水溶液中に存在するイオンの総物質量 $[mol]$ は $1 + 2 = 3$ $[倍]$ となる。

$$CaCl_2 \longrightarrow 1Ca^{2+} + 2Cl^-$$

よって，問(5)の結果より，$\Delta t_f\,[K]$ は次式で求まる。

$$\Delta t_f = K_f m$$
$$= 1.85 \times (2.761 \times 10^{-1} \times 3) = 1.532 \cdots \fallingdotseq \underline{1.53}\;[K]$$

(7)　温度が変化することで溶液の体積 $[L]$ は変動する。そのため，モル濃度 $[mol/L]$ は温度変化が著しい実験には不向きである。一方，温度が変化しても溶媒の質量 $[kg]$ は変動しないため，質量モル濃度 $[mol/kg]$ も変動せず，正確な定量を行うことができる。

液液平衡
（浸透圧）

フレーム 58

◎浸透とは

　純水だけを半透膜で仕切ると膜の両側を行き来する水分子の数は等しくなり，平衡状態（液液平衡）になる（左下図）。純水と溶質 A を溶かした水溶液を半透膜で仕切ると，水分子は半透膜を通って行ったり来たりできるが，溶質 A は半透膜を通れずジャマになり，水溶液側から移動する水分子よりも純水側から移動する水分子のほうが多くなってしまう（右下図）。結果，溶媒分子が濃度の小さい溶液から濃度の大きい溶液に移動する。

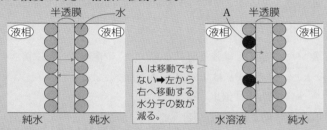

◎ファントホッフの法則

　希薄溶液の浸透圧 Π〔Pa〕は溶液のモル濃度 C〔mol/L〕と絶対温度 T〔K〕に比例する（次式）。

$$\Pi = CRT \quad \left(\Pi = \frac{n}{V} RT \iff \Pi V = nRT \right)$$

※ R：気体定数，V：溶液の体積〔L〕，n：溶質の物質量〔mol〕

◎浸透圧の測定実験

　純水と水溶液を半透膜などで仕切って生じた液面差を測定し，その水溶液の溶質の分子量を求めさせる（測定の都合上，高分子化合物が多い）。

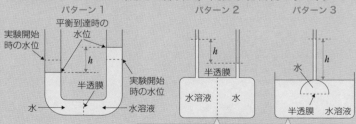

移動した水の量は（少量であるとして）基本的には考えないことが多い。➡ 浸透前後で水溶液の濃度（C）変化はないものとする。

《計算解法1（分子量測定）》

Step1　生じた液面差（or 変化した水位）を，与えられた水溶液と水銀 Hg の密度を用いて Hg 柱の高さに変換する。

Step2　Hg 柱の高さ（圧力単位で cmHg）を浸透圧 Π〔Pa〕に変換する。

Step3　ファントホッフの式（$\Pi V = \dfrac{w}{M}RT$）に条件の数値を代入して分子量 M を求める。

《計算解法2（密閉させた U 字管）》

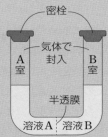

　右図のような密閉状態で平衡に達したとき，両室の液面の高さが同じであれば，各室の気体の圧力 P_A，P_B と，各溶液 A，B の浸透圧 Π_A，Π_B には，次式のような関係が成り立つ。

$$P_A + \Pi_B = P_B + \Pi_A$$

実践問題　　　　　　　　　　　　　　　1回目　2回目　3回目

　　　　　　　　　　　目標：25分　実施日：　／　　　／　　　／

[I]　デンプン水溶液に関する以下の文章を読んで，問い(1)～(4)に答えよ。

　デンプン 1.34 g を含む 10.0 mL のデンプン水溶液をつくった。右の図に示すような断面積 1.00 cm^2 の U 字管の中央部に水分子のみを通す半透膜をおき，左側にこのデンプン水溶液を入れ，右側に同じ高さになるように純水を入れた。

　300 K で十分な時間放置したところ，両液面の差が 6.80 cm になった。実験は気圧 1.01×10^5 Pa のもとで行った。デンプン水溶液および純水の密度は常に 1.00 g/cm^3 とする。

(1) U 字管内のデンプン水溶液の浸透圧 π〔Pa〕を計算し，有効数字 3 桁で答えよ。ただし，水銀の密度は 13.6 g/cm^3 で，76.0 cmHg は 1.01×10^5 Pa に等しい。

(2) 十分な時間放置したあとのデンプン水溶液の全体積 V〔mL〕を計算し，有効数字 3 桁で答えよ。

(3) 浸透圧は，気体定数を比例定数として，水溶液のモル濃度と絶対温度に比例する。浸透圧 π をデンプン水溶液の体積 V，水溶液中のデンプンの質量 w，デンプンのモル質量 M，絶対温度 T，気体定数 R を用いて表せ。

（4）デンプンのモル質量 M〔g/mol〕を計算し, 有効数字 3 桁で答えよ。ただし, 気体定数 R は 8.31×10^3 Pa·L/(K·mol) とする。　　　　　　　　（2007 佐賀）

［Ⅱ］　中央部の丈夫な半透膜（分子量 300 未満の化合物だけを透過）によって, A 室と B 室の 2 つの部分に仕切られた U 字管がある（右図）。A 室と B 室の断面積は同じとする。A 室は, ピストンによって容積が増減でき, B 室には栓が装着できる。この装置を用いた実験に関する次の文を読んで, 以下の問に答えよ。ただし, 液体の総体積は実験のあいだ変化せず, 気体の溶解度, 水と溶質の飽和蒸気圧, ピストンの質量は無視でき, 気体は理想気体として

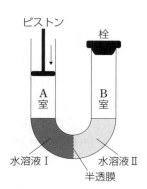

取り扱うものとする。また, 理想気体の圧力 P〔Pa〕, 体積 V〔L〕, 物質量 n〔mol〕, 絶対温度 T〔K〕, 気体定数 R, 希薄溶液の浸透圧 Π〔Pa〕, 溶液中の溶質モル濃度 M〔mol/L〕について次の関係式が成り立つ。

$$PV = nRT$$
$$\Pi = MRT$$

［実験］

ア）分子量 300 以上の化合物 X を 4.70 g 用意し, そのうち 4.60 g を水 1 L に溶解して水溶液Ⅰとした。また, 残りの量すべてを水 1 L に溶解し, 水溶液Ⅱとした。

イ）標準状態（0 ℃, 1.01×10^5 Pa）で, U 字管からピストンおよび栓を外し, 水溶液Ⅰの全量を A 室に, 水溶液Ⅱの全量を B 室に入れた。十分時間が経過すると, 両室の液面の高さは異なった位置で安定となった。ここで, 再びピストンおよび栓を装着した。このとき, A 室, B 室ともに気体の体積は 4.20 L であった。

ウ）続いて, 全体の温度を T_1〔K〕とし, A 室の気体の体積が 3.00 L となるようにピストンを押し込み十分時間が経過すると, 図に示すように, 両室の液面は同じ高さで安定した。このとき, B 室の気体の体積は 3.50 L であった。

数値による解答は, 有効数字 3 桁とせよ。必要ならば, 次の値を用いよ。

標準状態（0 ℃, 1.01×10^5 Pa）における 1 mol の理想気体の体積は 22.4 L

気体定数　8.31×10^3 Pa·L/(K·mol)

問1 下線部について，この時のＡ室の気体の圧力を T_1，R を用いて表せ。ただし，解答が数字を含む分数となる場合は，数字部分は既約分数（それ以上約分できない分数）とすること。

問2 下線部について，この時のＢ室の気体の圧力を T_1，R を用いて表せ。ただし，解答が数字を含む分数となる場合は，数字部分は既約分数（それ以上約分できない分数）とすること。

問3 化合物Ｘの分子量を求めよ。ただし，この化合物は，水溶液中で電離しないものとする。

問4 下線部の状態から，さらに，Ａ室のピストンをＡ室の容積が $2.00\,\mathrm{L}$ となるまで押し込んだ。このあと，液面を同じ高さに維持するためにＢ室に気体を追加で注入するとする。ただし，Ａ室のピストンは，Ａ室の容積が $2.00\,\mathrm{L}$ を保つように動くものとする。この場合に必要な気体の量［モル］を記せ。

（2012 名古屋市立・薬）

解答

［Ⅰ］(1)　$6.64 \times 10^2\,\mathrm{Pa}$　　(2)　$1.34 \times 10\,\mathrm{mL}$　　(3)　$\pi = \dfrac{1000wRT}{MV}$

(4)　3.75×10^5

［Ⅱ］**問1**　$\dfrac{1}{16}RT_1$　　**問2**　$\dfrac{3}{56}RT_1$　　**問3**　5.04×10^2

問4　$1.09 \times 10^{-1}\,\mathrm{mol}$

［解説］

［Ⅰ］(1)　両液の液面差が $6.80\,\mathrm{cm}$ になっとき，この水溶液柱の高さ（$6.80\,\mathrm{cm}$）を Hg 柱での高さ h〔cm〕に変換すると，圧力を与える単位面積当たりの質量〔g/cm²〕について次式が成り立つ。

$$1.00\ \text{〔g/cm}^3\text{〕} \times 6.80\ \text{〔cm〕} = 13.6\ \text{〔g/cm}^3\text{〕} \times h\ \text{〔cm〕}$$

水溶液中の質量〔g/cm²〕　　　Hg 柱の質量〔g/cm²〕

$$\therefore\quad h = \frac{6.80}{13.6}\ \text{〔cm〕}$$

よって，この Hg 柱の圧力〔cmHg〕を浸透圧 π〔Pa〕に変換すると，

$$76.0\ \text{〔cmHg〕}:1.01 \times 10^5\ \text{〔Pa〕} = \frac{6.80}{13.6}\ \text{〔cmHg〕}:\pi\ \text{〔Pa〕}$$

$$\therefore \quad \pi = 6.644\cdots \times 10^2 \fallingdotseq \underline{6.64 \times 10^2} \ [\text{Pa}]$$

(2)　両液の液面差が $6.80\,\text{cm}$ になったとき，水位の変化はその $\dfrac{1}{2}$ の $3.40\,\text{cm}$ であることに注意すると，体積 $V\,[\text{mL}]$ は次式で求められる。

$$V = 10.0\,[\text{mL}] + 3.40\,[\text{cm}] \times 1.00\,[\text{cm}^2] = 13.40 \fallingdotseq \underline{1.34 \times 10}\,[\text{mL}]$$

(3)，(4)　体積 V の単位が L ではなく mL であることに注意すると，(1)，(2) の結果から，ファントホッフの法則（⇨ P.300）より次式が成り立つ。

$$\pi\,\frac{V}{1000} = nRT \quad \Leftrightarrow \quad \pi\,\frac{V}{1000} = \frac{w}{M}\,RT \quad \Leftrightarrow \quad \pi = \frac{1000wRT}{MV}$$

$$\Leftrightarrow \quad M = \frac{1000wRT}{\pi V} = \frac{1000 \times 1.34 \times (8.31 \times 10^3) \times 300}{(6.644 \times 10^2) \times 13.4}$$

$$= 3.752\cdots \times 10^5 \fallingdotseq \underline{3.75 \times 10^5}$$

[Ⅱ]　**問1**　気体 A は標準状態で封入したため，モル体積（22.4 L/mol）を用いると気体 A の圧力 $P_A\,[\text{Pa}]$ は，

$$P_A = \frac{n_A RT}{V_A} = \frac{\dfrac{4.20}{22.4} \times R \times T_1}{3.00} = \frac{1}{16}\,RT_1\,[\text{Pa}]$$

問2　気体 B も標準状態で封入したため，モル体積（22.4 L/mol）を用いると気体 B の圧力 $P_B\,[\text{Pa}]$ は，

$$P_B = \frac{n_B RT}{V_B} = \frac{\dfrac{4.20}{22.4} \times R \times T_1}{3.50} = \frac{3}{56}\,RT_1\,[\text{Pa}]$$

問3　Point　密閉状態で平衡に達したときに各室の気体の圧力 P と水溶液の浸透圧 Π の間に成り立つ関係（液面の高さが一致するとき）

⇨　$P_A + \Pi_B = P_B + \Pi_A$

　化合物 X の分子量を M_X，各水溶液の浸透圧をそれぞれ Π_A，Π_B とおくと，$\Pi V = \dfrac{w}{M}\,RT$ より，

$$\begin{cases} \Pi_A \times 1 = \dfrac{4.6}{M_X} \times RT_1 \\[3mm] \Pi_B \times 1 = \dfrac{4.7-4.6}{M_X} \times RT_1 \end{cases}$$

ここで，栓をした密閉状態で平衡に達すると，各室の気体の圧力と溶液の浸透圧について次式が成り立つので，**問 1**，**2** の結果より，

$$P_A + \Pi_B = P_B + \Pi_A$$

$$\Leftrightarrow \quad \frac{1}{16}RT_1 + \frac{4.7-4.6}{M_X}RT_1 = \frac{3}{56}RT_1 + \frac{4.6}{M_X}RT_1 \quad \cdots(*)$$

$$\therefore \quad M_X = \underline{5.04 \times 10^2}$$

問 4　ピストンを押し込んで，B 室に気体を追加したときの A 室と B 室の圧力をそれぞれ $P_A{}'$，$P_B{}'$ とおき，B 室に追加した気体の物質量〔mol〕を n とおくと，各室の気体の圧力は次のようになる（ピストンを押し込んで気体を追加した後も液面差は変わっていないため，栓で密閉されている B 室の気相の体積は 3.50 L のままで不変）。

$$\begin{cases} P_A{}' = \dfrac{n_A RT}{V_A} = \dfrac{\dfrac{4.20}{22.4} \times R \times T_1}{2.00} = \dfrac{2.1}{22.4}RT_1 \ \text{〔Pa〕} \\[4mm] P_B{}' = \dfrac{n_B RT}{V_B} = \dfrac{\left(\dfrac{4.20}{22.4}+n\right) \times R \times T_1}{3.50} = \dfrac{\dfrac{4.20}{22.4}+n}{3.50}RT_1 \ \text{〔Pa〕} \end{cases}$$

よって，**問 3** の結果と（ $*$ ）式から，

$$P_A{}' + \Pi_B = P_B{}' + \Pi_A$$

$$\Leftrightarrow \quad \frac{2.1}{22.4}RT_1 + \frac{4.7-4.6}{504}RT_1 = \frac{\dfrac{4.20}{22.4}+n}{3.50}RT_1 + \frac{4.6}{504}RT_1$$

$$\therefore \quad n = 0.1093\cdots \fallingdotseq \underline{1.09 \times 10^{-1}} \ \text{〔mol〕}$$

さくいん

MEMO

MEMO

【著者紹介】

首藤 大貴（しゅとう・だいき）
◉──1992年東京生まれ（享年27）。大分県育ち。元河合塾化学科講師。早稲田大学先進理工学部卒。東京大学大学院修士課程修了。
◉──「化学は暗記ではない。体系的に理解すれば、すべての物事はつながっている。」という信念の元に行われる授業は、化学が苦手な受験生でも確実に力がつくと評判であった。
◉──医学部クラスおよび最上位クラスなども担当しつつ、化学が得意ではない受験生のクラスも担当し、幅広いレベルの生徒に授業を行っていた。

犬塚 壮志（いぬつか・まさし）
◉──現役専門塾「ワークショップ」講師、オンライン予備校「JUKEN 7」特別講師。福岡県久留米市生まれ。元駿台予備学校化学科講師。東京大学大学院学際情報学府修了。
◉──大学在学中から受験指導に従事し、業界最難関といわれている駿台予備学校の採用試験に当時最年少の25才で合格。駿台予備校時代に開発したオリジナル講座は、開講初年度で申込当日に即日満員御礼となり、キャンセル待ちがでるほどの大盛況ぶり。その講座は3,000人以上を動員する超人気講座となり、季節講習会の化学受講者数は予備校業界で日本一となる（映像講義除く）。
◉──さらに大学受験予備校業界でトップクラスのクオリティを誇る同校の講義用テキストや模試の執筆、カリキュラム作成にも携わる。
◉──「教育業界における価値協創こそが、これからの日本を元気にする」をモットーに研修講師として独立。「大人の学び方改革」を目的に事業を興す。その傍ら、教える人がもっと活躍できるような世の中を創るべく、現在は企業向け人材育成のプログラム開発の支援なども行う。
◉──おもな著書は『国公立標準問題集CanPass 化学基礎＋化学』（駿台文庫）、『偏差値24でも、中高年でも、お金がなくても、今から医者になる法』（共著、KADOKAWA）など。
●株式会社ワークショップ：https://workshop-prep.com
●合同会社JUKEN 7：https://juken7.net

化学の解法フレーム [理論化学編]

2024年6月17日　　第1刷発行

著　者──首藤　大貴／犬塚　壮志
発行者──齊藤　龍男
発行所──株式会社かんき出版
　　　　　東京都千代田区麹町4-1-4 西脇ビル　〒102-0083
　　　　　電話　営業部：03(3262)8011代　編集部：03(3262)8012代
　　　　　FAX　03(3234)4421　　　　　　振替　00100-2-62304
　　　　　https://kanki-pub.co.jp/

印刷所──ベクトル印刷株式会社